はじめに

　本書は移動式クレーン運転士の学科試験対策用の参考書です。

　本書の構成は、前半第Ⅰ部が学科試験で出題される4科目のそれぞれ重要なポイントをまとめたテキストパートになっており、後半第Ⅱ部では年2回公表される試験形式の問題とその解説を収録した練習問題集となっています。公表問題は**過去6回分を収録**しています。

　テキストの**太字部分**は、試験問題でよく問われる部分です。前後の文と合わせてしっかり覚えましょう。

　また、テキストパートにおいて ★**よく出る!** マークのついた項目は、近年において特に出題頻度の高い傾向にありますので、重点的な学習をオススメします。

【本書の構成】

第Ⅰ部　移動式クレーン運転士テキスト（学科）

　第1章　移動式クレーンに関する知識

　第2章　原動機及び電気に関する知識

　第3章　関係法令

　第4章　移動式クレーンの運転のために必要な力学に関する知識

第Ⅱ部　練習問題集

　第1回目　令和　5年10月公表問題（問題と解説）

　第2回目　令和　5年　4月公表問題（問題と解説）

　第3回目　令和　4年10月公表問題（問題と解説）

　第4回目　令和　4年　4月公表問題（問題と解説）

　第5回目　令和　3年10月公表問題（問題と解説）

　第6回目　令和　3年　4月公表問題（問題と解説）

　移動式クレーン学科試験では、同じ範囲から繰り返し問題が出題される傾向にあります。つまり、要点を抑えて学習することが合格への近道だといえます。

　合格ラインは**全体で60点以上**必要です。特に配点の高い、第1章と第2章の知識問題は確実に解けるよう、繰り返し重点的に学習しておくことをオススメします。一方で、**各科目4割**の正答率が必要なので、いずれにせよ、まんべんなく学習する必要はありますが（科目免除者を除く）、試験の際に"関係法令"と"力学"をのぞむうえで、気持ちに余裕が生まれるはずです。

　また、試験では必ず**問題文をよく読ん**で、小さな間違いを見逃さず、焦らないでゆっくり解きましょう。

　繰り返しテキストを読み、過去問を解いて自信をつけてください！

クレーン運転士学科試験 編集部

受験ガイド

1 移動式クレーン運転士免許について

◆ 移動式クレーン運転士免許は、**つり上げ荷重が5トン以上**のトラッククレーンやラフテレーンクレーン、クローラクレーンなどのクレーンを操縦するために必要な免許です。これらのクレーンは、現在も建設現場や港湾作業場などにおいて広く使われています。一方で、作業現場へクレーン車を移動させるために公道を走行する際には、大型や大型特殊といった自動車の運転免許も必要となりますので、注意が必要です。なお、玉掛業務に就く際も、技能講習や特別教育等を修了していなければなりません。

2 試験科目及び合格基準

◎学科の試験時間は2時間30分（1科目免除者（＊）は2時間）であり、次の試験科目が出題されます。

種類	試験科目	出題数（配点）	合格基準
学科	移動式クレーンに関する知識	10問（30点）	科目毎の得点が**40%以上**で、その合計が**60点以上**であること
	原動機及び電気に関する知識	10問（30点）	
	関係法令	10問（20点）	
	移動式クレーンの運転のために必要な力学に関する知識	10問（20点）	

（＊）科目の免除については、厚生労働大臣指定試験機関であり、労働安全衛生法に基づく免許試験の実務を行っている「公益財団法人 安全衛生技術試験協会」のホームページを参照。

※参考：実技試験についても次のような内容で行われています。また、クレーン学校の実技教習を受けることにより、実技試験を免除することもできます。

種類	試験科目	合格基準
実技	移動式クレーンの運転	減点の合計が40点以下であること
	移動式クレーンの運転のための合図	

❸ 近年の合格率（学科試験） ※公論出版調べ

◎近年の受験者数、合格者数及び合格率は次のとおり。

実施年	受験者数	合格者数	合格率
令和4年／2022年	5,188人	3,270人	63.0%
令和3年／2021年	5,519人	3,475人	63.0%
令和2年／2020年	5,359人	3,467人	64.7%
令和元年／2019年	5,522人	3,604人	65.3%

❹ 受験資格

◎不要。何歳でも受験は可能です。ただし、満18歳に満たない者については免許の交付を受けることができません（受験は可能です）。また、初めて受験される際は住民票などの本人確認証明書の添付が必要となります。

❺ 試験受験手数料

種類	手数料
学科	8,800円
実技	14,000円

❻ 試験申請の流れ

◎労働安全衛生法に基づく免許試験の実務については、厚生労働大臣の指定試験機関及び指定登録機関である「公益財団法人 安全衛生技術試験協会」が行っており、次の手順で受験申請を行います。

1. 安全衛生技術試験協会へ受験申請書類を請求。
2. 受験申請書類を作成し、受験を希望する各安全衛生技術センターに受験申請書類を提出。必要添付書類は次のとおり。
   - 本人確認証明書（マイナンバーが記載されていない住民票や住民票記載事項証明書　など）
   - 免除資格がある方は必要な証明書（事業者証明書や学校等の卒業証明書　など）
   - 試験手数料
   - 証明写真（30mm × 24mm）
3. 受験票が郵送で送られてきます。

※詳細は、「公益財団法人 安全衛生技術試験協会」HP 参照。

⇒　https://www.exam.or.jp/index.htm

目次

第I部　移動式クレーン運転士教本（学科）

第Ⅱ部　練習問題集

第I部 移動式クレーン運転士教本（学科）

第1章　移動式クレーンに関する知識

◆目次と近年の出題歴・傾向　※傾向：★＝頻出度／数字＝関連する設問数

ポイント

この科目では、移動式クレーンを取り扱う際に理解しておかないといけない "専門用語" に関する問題が多く出てくる。実物をイメージして、パートごとにまとめて覚えよう！

1　移動式クレーンとは

1 移動式クレーンの定義

◆移動式クレーンとは、原動機を内蔵し、かつ、不特定の場所に移動させることができるクレーンをいう。

〈労働安全衛生法施行令・第1条1-8より〉

※編注：公道の走行や玉掛け業務には、それぞれ別の免許や資格が必要となる。「3章2節 7 特別の教育及び就業制限、3章6節 5 就業制限」を参照。

2 移動式クレーンの用語　　　　　　　　　　　★よく出る！

作業半径及びジブの傾斜角

◆**旋回中心**から、**フックの中心より下ろした鉛直線**までの水平距離のことを**作業半径**という。

※編注：旋回中心とは、上部旋回体の回転中心を指す。

◆**ジブの基準線**と**水平面がなす角**を**ジブの傾斜角**という。

◆作業半径が伸びると、ジブの傾斜角は小さくなる。

◆作業半径は旋回半径とも呼ばれ、最大となる作業半径を最大作業半径、最小となるものを最小作業半径という。

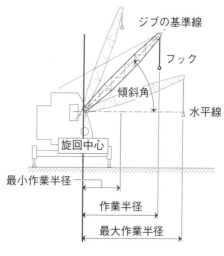

【傾斜角及び作業半径】

■ ジブ

◆上部旋回体の一端（ジブ取付ブラケット）を支点として荷をつる腕を**ジブ**いう。

◆ジブには、**箱形構造ジブ（伸縮ジブ）**と**トラス（ラチス）構造ジブ**とがある。

■ ジブ長さ

◆**ジブフートピン**から**ジブポイント**までの**距離**を**ジブ長さ**という。

◆最も短い長さを基本ジブ長さ、最も伸ばした時の長さを最大ジブ長さという。

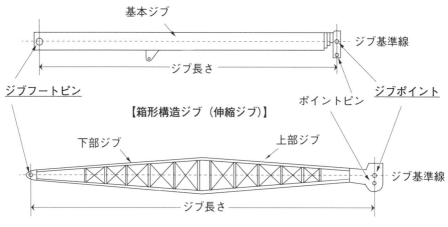

【箱形構造ジブ（伸縮ジブ）】

【トラス（ラチス）構造ジブ】

■ 主巻・補巻

◆移動式クレーンには、一般的に巻上装置として主巻と補巻が設けられている。巻上げ用ワイヤロープの**巻掛け数を増やして重い荷をつる**ロープ側のことを**主巻**といい、単索で定格荷重の小さい荷をつるロープ側を**補巻**という。

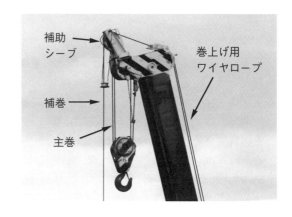

■ 地切り

◆巻上により荷を地上から少し離れた位置まで上げ、一旦停止することを**地切り**という。

つり上げ荷重

◆アウトリガーまたは、クローラを最大に張り出し、ジブ長さを**最短**に、傾斜角**最大時**（作業半径最小時）に負荷させることができる最大の荷重を**つり上げ荷重**という。

◆つり上げ荷重にはフック、グラブバケット等の**つり具の質量が含まれる。**

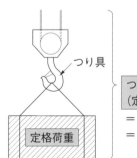

定格荷重

◆移動式クレーンの構造及び材料並びに傾斜角及びジブ長さに応じて負荷させることができる最大の荷重から、フック、グラブバケット等の**つり具の質量を除いた荷重を定格荷重**という。

【つり上げ荷重と定格荷重】

定格総荷重

◆移動式クレーンの構造及び材料並びに傾斜角及びジブ長さに応じて負荷させることができる、つり具等の質量も含めた最大の荷重を**定格総荷重**という。

◆定格総荷重の最大値が作業半径最小時のつり上げ荷重と等しい値となる。

定格速度

◆**定格荷重に相当する**荷をつり、つり上げ、走行、旋回等を行う時のそれぞれの**最高速度を定格速度**という。

揚程

◆ジブ長さ、ジブの傾斜角に応じてフック、グラブバケット等のつり具を有効に上下させることができる**上限と下限との垂直距離を揚程**という。地面から上の揚程を地上揚程、下の揚程を地下揚程といい、それらを合わせて**総揚程**という。

◆上記の上限は、巻過防止装置が作動する位置で、なおかつ下限はドラムに**2巻以上**の捨て巻を残さなければならないため、巻かれたロープによって変動する。

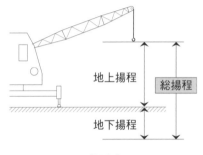

【揚程】

▌玉掛け

◆**玉掛け**とは、玉掛け用ワイヤロープや玉掛け用つり
チェーン、その他の玉掛け用具を使用して荷をクレー
ンのフックに掛けたり外したりする作業をいう。

◆業務で使用する移動式クレーンのつり上げ荷重に応
じた技能講習や特別の教育等を修了していなければ、
玉掛け業務に就くことはできない（※3章6節**5**就
業制限　参照）。

- -

3 移動式クレーンの運動 　　　　　　　　　　　　☆よく出る！

▌ジブの起伏

◆フートピンを支点としてジブの
傾斜角を変える運動を**ジブの起
伏**という。

◆傾斜角を大きくすることを**ジブ
上げ（起し）**傾斜角を小さくす
ることを**ジブ下げ（伏せ）**という。

◆起伏シリンダの作動、あるいは
起伏用ワイヤロープの巻取り、
巻戻しによって傾斜角を変える
ことができる。

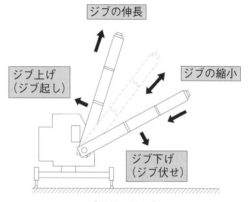

【起伏と伸縮】

▌ジブの伸縮

◆ジブの長さを変える運動をジブの伸縮といい、ジブ長さを長くする（伸ばす）
ことを**ジブ伸長**といい、ジブを短くする（縮める）ことを**ジブ縮小**という。

▌旋回

◆上部旋回体が旋回中心を軸として回る運動
を**旋回**という。

◆右図のように、移動式クレーンを真上から
見て時計回りを**右旋回**、その反時計回りを
左旋回といい、つり上げた荷は旋回中心を
軸に円を描く軌道となる。

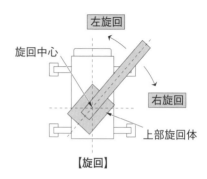

【旋回】

走行

◆移動式クレーン全体が移動することを**走行**という。

巻上げ・巻下げ

◆巻上装置（ウインチ）のドラムに巻上げ用ワイヤロープを巻き取り、巻き戻す作動によって**荷を垂直につり上げる運動を巻上げ、下ろす運動を巻下げ**という。

◆巻下げには、巻上げドラムを油圧モータで回転させて降下させる動力降下と、ウインチのクラッチを切りフックブロック等の自重で降下させる自由降下（フリーフォール）がある。

◆降下速度の制御はそれぞれ、動力降下では油圧モータ回転数の変更で、自由降下はフートブレーキによって行われる。

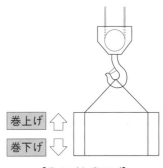

【巻上げと巻下げ】

| 2 | 移動式クレーンの種類及び形式 |

◆移動式クレーンは、その用途に適するように様々な構造、形状のものがある。

◆移動式クレーンの構造、形状及び用途によって、次図のように大きく分類される。

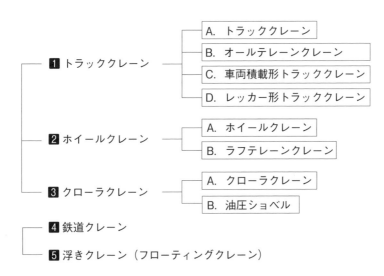

【移動式クレーンの分類】

1 トラッククレーン

★よく出る！

A. トラッククレーン

◆専用のクレーン用キャリアがあり、その上に旋回サークル、アウトリガー等を装備した**クレーン装置（上部旋回体）を架装したもの**をトラッククレーンと呼ぶ。

◆運転室は、**走行用とクレーン操作用でそれぞれ別**に設けられている。

◆機動性に富んでいることから、現在でも幅広く使用されている。

【トラッククレーン】

B. オールテレーンクレーン

◆オールテレーンクレーンは基本的にトラッククレーンと同様の構造であるが、特殊な操向機構とハイドロニューマチック・サスペンション（油空圧式サスペンション）装置を有しているため、機動性に優れ、**一般道路上**と**不整地上**どちらの走行性も兼ね備えている。

◆大型のものが多く、全装備状態では公道走行が難しいため、カウンタウエイト、ジブ、上部旋回体等を分解して輸送する。そのため、着脱するための各種機構を装備している。

◆最大つり上げ荷重が概ね100t以上の機種は、キャリア用原動機とクレーン作業用原動機の2基を装備している事が多い。

©2021 城西運輸機工（株）

©2021 城西運輸機工（株）

【オールテレーンクレーン】

C. 車両積載形トラッククレーン

◆トラックの**荷台と運転室の間**に小型のクレーン装置を搭載したものを車両積載形トラッククレーンという。クレーン操作は車体の側方で行う構造になっているが、安全面からクレーン操作をリモコンやラジコン等で行うものも多い。

【車両積載形トラッククレーン】

◆クレーン作動は**走行用原動機からP.T.O※を介して油圧装置により**行われている。この形式のものは積卸用のクレーン装置と貨物積載用荷台を備えているのが特長で、つり上げ能力は**3t未満**のものが多い。

> ※編注：ユニックという名称で知られている機種はこのタイプに属する。また、
>   P.T.O（Power Take of）とは原動機から動力を取り出す装置のこと。

D. レッカー形トラッククレーン

◆交通事故車や故障車等の救難作業、または建屋内の機械設備等の据付工事等に使用されるものをレッカー形トラッククレーンという。ジブ長さは通常10m程度で、シャシ後部に事故車けん引用のピントルフックやウインチ等を装備しているのが一般的である。

©2021 堀尾物産（株）

【レッカー形トラッククレーン】

・・

❷ ホイールクレーン

A. ホイールクレーン

◆**一つの運転室で走行とクレーン操作が行える**ものをホイールクレーンという。
◆走行車輪が四輪式と三輪式（前二輪・後一輪）のものがある。また、アウトリガーを装備したもののほかに、タイヤの外側に鉄輪を装着して、この鉄輪が接地することで安定を増す構造のものがある。

B. ラフテレーンクレーン

◆ホイールクレーンのなかで、以下の特徴を持ったものをラフテレーンクレーンという。

◆一般的に**ステアリング機構（操向機構）**に特長を持ち、大型タイヤを装備し前後輪駆動によって不整地や比較的軟弱な地盤でも走行できる。

◆4種類のステアリングモード（操向方式）を備えているため**狭あい地**での**機動性も優れている**。

©2021（株）越智運送店

【ラフテレーンクレーン】

> ※編注：オールテレーンクレーンに比べて移動速度は遅いが、小回りが効くものが多い。

❸ クローラクレーン

◆クローラクレーンは、起動輪、遊動輪、下部ローラ、上部ローラにクローラベルト（履帯）を巻いた装置で構成する**下部走行体の上にクレーン装置（上部旋回体）を架装**した形式のものである。

◆起動輪の同転力によってクローラベルトの上を下部ローラで転がって走行する。

◆上部旋回体に運転室、巻上装置及び原動機を装備している。

◆ホイール式等に比べ、クローラ式は左右のクローラベルトの接地面積が広い。そのため**安定性が良く**、接地圧が低いため、不整地や比較的軟弱な地盤でも走行ができるが**走行速度は極めて遅く**なる。

【クローラクレーン】

> ※編注：接地圧については、後述する本章「3節❶下部走行体　クローラベルト」の項目を参照。

4 鉄道クレーン

◆線路などのレール上を走行する車輪を
持った台車にクレーン装置を架装したも
のを鉄道クレーンという。

◆鉄道の救援用、橋梁の架設工事等に使用
されている。

©2021 （株）アクティオ

【鉄道クレーン】

5 浮き（フローティング）クレーン ★よく出る！

◆長方形の箱型等の台船にジブクレーン装置を搭載した形式のものを浮きクレー
ンという。

◆主に港湾、河川、海上等の工事やサルベージ作業等に用いられ、**自航式**と**非自
航式**があり、**クレーン装置が旋回するもの**と**旋回しないもの**、また、**ジブが起
伏するもの**と**固定したもの**など用途によりいくつか種類がある。

©2021 三国屋建設（株）

【浮きクレーン 自航式】

©2021 三国屋建設（株）

【浮きクレーン 非自航式】

用途によっていろんな
種類があるワン！

<table>
<tr><td>**3**</td><td>**移動式クレーンの構造と機能**</td></tr>
</table>

◆移動式クレーンは主に、下部走行体・
　上部旋回体・フロントアタッチメント
　の3つの構造に分類される。

3 フロントアタッチメント

2 上部旋回体

1 下部走行体

構造	主な機能
1 下部走行体	◆上部旋回体を搭載して走行、移動する部分
2 上部旋回体	◆旋回フレームと呼ばれる架台にクレーン装置等を設置し、旋回支持体を介して下部機構の上に架装したもの。全体が左右に旋回運動をする。
3 フロントアタッチメント	◆移動式クレーンの作業装置で、ジブ、フックブロック、ジブ支持用ワイヤロープまたはジブ起伏シリンダ、倒れ止め装置等を含む。

1 下部走行体 ☆よく出る！

オールテレーンクレーン用キャリア

◆オールテレーンクレーンの下部走行体は、ステアリング性能に優れているため、
　通常操向だけでなく様々な特殊操向機能によって、大型機種でありながら**狭所進
　入が可能**となっている。

【オールテレーンクレーン用キャリア】

▌トラッククレーン用キャリア

◆移動式クレーンの**最大つり上げ荷重が10t以下**のものは、通常の荷物運搬トラックのシャシに**サブフレームで補強**して使用し、それ以上のものは、トラッククレーン専用に製作されたキャリア（シャシ）を用いている。

◆架装する上部旋回体の質量によって、前輪が１軸〜３軸、後輪が１軸〜４軸になる。

◆後輪駆動式で、アウトリガー（※後述）を装備している。

▌ホイールクレーン用キャリア

◆ホイールクレーンの下部走行体は、ホイールクレーン専用に製作したキャリアを用い、**車軸は通常２軸**である。基本的に前輪駆動、後輪操行でアウトリガー（※後述）を備えている。

◆**一つの運転席から**走行、クレーン操作の両方を行う。

◆一方で、ホイールクレーンのうちラフテレーンクレーンと呼ばれるものは、**２軸〜４軸の車軸**を装備し、**常時全軸駆動方式**のほかに遊動軸の一部を駆動軸に切り換えることで悪路走行などに対応できる**パートタイム駆動方式**がある。

▌アウトリガー

◆移動式クレーンのうち、トラッククレーンやホイールクレーンには車体の安定性を図るため通常、アウトリガーと呼ばれる脚を装備している。

◆アウトリガーはほとんどが**油圧式**（※積載形トラッククレーンの横張出しは、手動式）で、**H形**アウトリガーと**X形**アウトリガーがある。

◆トラッククレーン等には、前方領域での定格総荷重を側方や後方領域と同一にするためにフロントジャッキを備えたものもある。

【アウトリガー張出し】

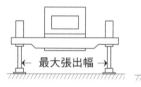

【H形アウトリガー】

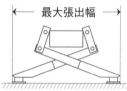

【X形アウトリガー】

クローラクレーン用下部走行体

◆クローラクレーンの下部走行体は、走行フレームの**後方に起動輪**、**前方に遊動輪**を装備し、これにクローラベルト（履帯）を巻き、起動輪を動力で回転することによって走行フレームのローラの回りをクローラベルトが転がって前後進する構造である。

クローラベルト（履帯）

◆鋳鋼または鍛鋼製の**シュー**（ゴム製のものもある）**をエンドレス状につなぎ合わせたもの**をクローラベルトという。

◆シューを**リンクにボルト**で取り付ける**組立型**とシューを**ピン**でつなぎ合わせる**一体型**がある。

◆**左右クローラベルトの中心距離**をクローラ中心距離という。

◆クローラ中心距離が大きいほど安定性に優れているため、この距離を油圧シリンダで左右の走行フレーム間隔を拡大又は収縮することで**変えられる**。

【クローラベルト】

◆ただし、前後の**遊動輪と起動輪の間を変えることはできない。**

◆シューには幅の狭いものと広いものがあり、シューを取り換えることで、**接地圧が変わる**。

◆接地圧とはクローラベルトが地面に及ぼす圧力を指し、一般に次の式で表すことができる。

$$平均接地圧（kPa）= \frac{全装備質量（t）\times 9.8}{総接地面積（m^2）}$$

◆全装備質量とは、作業装置をつけてクレーン作業を行うときの移動式クレーンの総質量に、**運転士、燃料、潤滑油、冷却水などの質量を加えたもの**を指す。

浮きクレーン用台船

◆浮きクレーンの下部走行体は、浮きクレーンの能力に適した浮力をもつ箱形の浮船となっている。

鉄道クレーン用台車

◆鉄道クレーンの下部走行体は、レールの上を走行できるよう、台車に車輪を装備している。

❷ 上部旋回体

◆**旋回支持体（ベアリング）**を介して下部走行体の上に架装した旋回フレームと呼ばれる**溶接構造の架台**にジブ、巻上装置や起伏装置等を設置したものを上部旋回体といい、全体が右左に旋回運動をする。

◆トラッククレーンやオールテレーンクレーンの上部旋回体には、旋回フレームに**巻上装置、運転室（クレーン操作室）**

【上部旋回体】

などを装備し、後方にはカウンタウエイトを取り付けている。

◆クローラクレーンの上部旋回体には、上記のほかにジブ起伏のための A（ガントリ）フレームまたはマストブームと呼ばれるものも装備している。

旋回支持体

◆旋回支持体は上部旋回体が下部走行体の上で左右に滑らかに旋回運動ができるように、ボールベアリング式の構造のものが主流である。

◆ボールベアリング式の旋回支持体は**旋回モータの動力を減速機に伝えて、旋回ベアリングの旋回ギヤに噛み合うピニオンを回す**ことで、上部旋回体は旋回する。

【旋回ベアリング】

旋回フレーム

◆旋回フレームは上部旋回体の骨組みで、巻上装置等の機械装置を設置しており、旋回ベアリングを介して下部走行体にボルトで取り付けられている。

◆旋回フレームには、ジブを取り付けるブラケットがあり、見通しの良い箇所には運転室を設けている。また、後部にはカウンタウエイトが取り付けられている。

◆装備しているジブの種類により、旋回フレームの構造は異なる。

① 〈箱形構造ジブ〉取り付け構造
- 箱形構造ジブは旋回フレーム中央の上方端部に機械加工した穴にフートピンで接合する。

② 〈トラス（ラチス）構造ジブ〉取付け構造
- ジブ取り付けブラケットはジブを旋回フレームに取り付けるためのもので、下部ジブはこのブラケットにジブフートピンで接合する。
- **ジブ作業以外の、例えばくい打ち機のくい打ちリーダ用キャッチフォーク等を取り付けるために"補助ブラケット"を装備している**ものもある。

▌巻上装置

◆荷の巻上げや巻下げを行う装置を巻上装置（ウインチ）という。

◆巻上装置（ウインチ）のレバーを操作するとウインチ用**油圧モータ、減速機、クラッチ、ドラムの順**に駆動力が加わる。

◆ドラムは、巻上げ用ワイヤロープを巻き取る**鼓状のもの**で、ロープが滑らかに巻けるように**溝がついている**タイプのものが多い。

◆またドラムには、安全のために**ラチェットによるロック機構**が備わっている。

◆減速機は、歯車を用いて油圧モータの回転数を減速して必要なトルクを得るためのものである。主に**平歯車減速式**と、**遊星歯車減速式**がある。

▌クラッチ装置

◆ライニング（摩擦板）をクラッチ（巻上げ）**ドラムの内側に接触させることで回転動力を伝え、離すことで回転動力を遮断する**機構をクラッチ装置という。

◆クラッチ作動用の油圧シリンダに圧油を送ると、シリンダが伸び、ライニング（摩擦板）を広げて、ドラム内面に接触する。その摩擦力によって駆動軸の回転をドラムに伝達する。圧油がなくなるとバネの力で摩擦板がドラム内面から離れる。つまり、油圧シリンダに圧油を送らない限り、巻上装置の駆動軸が回転しても巻上ドラムは回転しない。

▌ブレーキ装置

◆巻上、旋回装置などの回転を制動、停止させるための装置をブレーキ装置という。

◆主にブレーキバンド式が用いられるが、ディスクブレーキを用いた構造もある。

◆巻上装置のブレーキバンド方式では、**スプリング力によってクラッチドラム外側をブレーキバンドで締め付け、摩擦力で常時ブレーキが効いている自動ブレーキ方式**が多く用いられている。作動時は**スプリングを油圧シリンダで押し戻す**ことで**ブレーキが開放**する。

◎巻上装置の駆動力伝達順◎

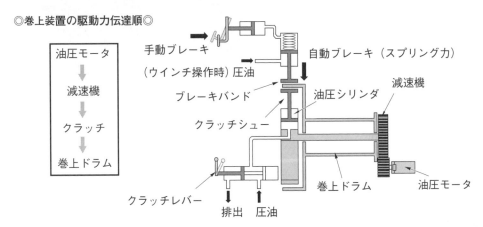

旋回装置

◆旋回フレームに取り付けて、下部走行体上で上部旋回体を水平に旋回し、つり荷を**左右の水平方向に移動**させる装置を旋回装置という。

運転室

◆運転室には、旋回や巻上などを行うクレーン作動用の操作レバー、ブレーキペダル、スイッチ類、計器類及び過負荷防止装置などのモニター、警報装置等を備えている。

◆ホイールクレーンなど、機種によって車室に走行装置を備えているものもある。

【運転室】

A（ガントリ）フレーム

◆Aフレーム（ガントリフレーム）は、ワイヤロープでジブの起伏を行う機種に装備されている。

◆**ジブ起伏用のワイヤロープを段掛けする下部ブライドル（スプレッダ）を取り付けた**フレームで、高さを調整できる。

◆作業時（長尺ジブの**引き起こし**を含む）は、**Aフレームを高い位置**（ハイAフレーム、またはハイガントリ）**にセット**して、**固定ピンを確実に挿入する。**

◆また、ジブを解体してクローラクレーン本体をトレーラ等で輸送する場合には、Aフレームを低い位置（ローガントリ）にセットし直して、クレーンの全高を低くする。

下部ブライドル

A（ガントリ）フレーム

カウンタウエイト

【A（ガントリ）フレーム及びカウンタウエイト】

カウンタウエイト

◆移動式クレーンの作業中の安定性を保つための重りを**カウンタウエイト**といい、旋回フレーム後部に規定質量のカウンタウエイトが取り付けられている。

3 フロントアタッチメント

◆フロントアタッチメントは、各種作業を行うための作業装置。

◆主にジブ、フックブロック、ジブ支持用ワイヤロープまたは起伏シリンダ、ジブ倒れ止め装置（ジブバックストップ）等で構成されている。

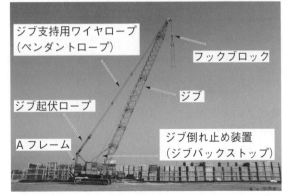

ジブ支持用ワイヤロープ（ペンダントロープ）

フックブロック

ジブ起伏ロープ

ジブ

A フレーム

ジブ倒れ止め装置（ジブバックストップ）

【クローラクレーンのフロントアタッチメント】

ジブ

◆上部旋回体のジブ取付けブラケットにフートピンで取り付けられている。

◆ジブ材は強度面及び軽量化のために**高張力鋼（ハイテン材）**が使用されている。

◆トラス（ラチス）構造と箱型構造がある（※参考イラストは、前述の1節**2**移動式クレーンの用語の「ジブ長さ」P.9 参照）。

① トラス（ラチス）構造ジブ

▪ 通常、基本ジブの間に継ぎジブを挿入して、作業に応じて長さを選択する方式で、ほとんどがピンによってジブを継ぎ合わせる。

> ※編注：一般的に継ぎジブの長さは、3.05m、6.1m、9.14m の3種類がある。

② 箱形構造ジブ（伸縮ジブ）

▪ 基本ジブに2段目ジブを挿入し、3段目ジブを2段目ジブに、また4段目ジブは3段目ジブに挿入しており、必要なジブ長さに応じて2段目以降のジブがしゅう動するしくみになっている。

▪ ジブの伸縮方式は、2段目、3段目、4段目と順番に伸縮する**順次伸縮方式**と各段のジブが同時に伸縮する**同時伸縮方式**がある。

▪ ジブの伸縮は、ジブ内部に装備したジブ伸縮シリンダ（油圧シリンダ）で行うが、自重を軽くするため油圧シリンダと伸縮用ワイヤロープを併用して行うものもあり、この方式のものはすべて同時伸縮方式となる。

▪ つり荷用のフックブロックはジブの伸縮運動に伴って、**伸ばすと巻上げ状態になり、縮めると巻下げ状態になるので、フックブロックの位置に注意**しながらジブの伸縮を行う必要がある。

③補助ジブ

- 必要な揚程に応じてジブの先端に装着して、**揚程を増すことができるもの**を補助ジブという。

④ラッフィングジブ

- 補助ジブのひとつで、取付角（オフセット）を**5度**から**60度**まで油圧シリンダ等により、無段階に設定できるものをラッフィングジブという。

ジブ起伏装置

◆ジブ起伏装置は、ジブの構造によって起伏装置の機構が異なる。

①箱形構造ジブの起伏装置

- 箱形ジブの傾斜角は、ジブの下面に取り付けられた起伏シリンダ（油圧シリンダ）の伸縮によって変えることができる。

②トラス（ラチス）構造ジブの起伏装置

- 通常トラス（ラチス）構造ジブはジブ起伏ドラムを回転させ、**上部・下部ブライドル（スプレッダ）の滑車を通した起伏用ワイヤロープの巻取り、巻戻しによって**ジブの傾斜角を変える。

上下
ブライドル

【ジブ起伏用ワイヤロープ】

ジブ支持用ワイヤロープ

◆ジブ上端とブライドル（スプレッダ）をつないでいるワイヤロープをジブ支持用ワイヤロープ（**ペンダントロープ**）といい、通常は継ぎジブの長さに応じて3.05m、6.1m、9.14mの3種類がある。

◆接続はピンによる構造のものが多く、ジブ支持用ワイヤロープで圧縮止めになっているものは、金具のロープ側つけ根部分における素線の切断や、さびの進行に注意する。

ジブ倒れ止め装置（ジブバックストップ）

◆トラス（ラチス）構造ジブに装備され、ジブが後ろへ倒れるのを防止するための支柱をジブ倒れ止め装置（ジブバックストップ）という。

◆これはジブを起こして荷をつっている状態のときに、ワイヤロープの切断、つり荷の落下などで急に荷がなくなると、ジブが反動であおられるため、これを受け止めるための装置である。

◆ジブが後ろへ倒れるときの**全質量を受けるためのもの**ではない。

【ジブ倒れ止め装置】

■ フックブロック

◆移動式クレーンに用いられるフックは、片フックが一般的でフックには玉掛け用ワイヤロープの外れ止めを備えている。

◆フックブロックは、主巻用フックブロックと補巻用フックブロック（ボールフック）があり、**主巻用フックブロックには、ロープの掛け数によって定格荷重を使い分ける**ようになっているものがある。

【ワイヤロープの外れ止め装置（例）】

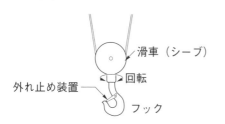

■ グラブバケット

◆グラブバケットは、ばら物（穀物、土砂、鉱石等）の荷を自力でつかむ装置である。

◆グラブバケットのヘッド部分に連結された主巻ワイヤロープ（支持ロープ）で昇降し、グラブバケットの開閉はメーンシャフト上の滑車（シーブ）とヘッドの下の滑車間を段掛けされた補巻ワイヤロープ（開閉ロープ）の巻取り、巻戻しによって行われる。**支持と開閉を1本づつのロープで行う開閉方式を、複索式二線型という。**

◆複索式二線型の場合、同じ方向よりのワイヤロープを支持用と開閉用に使用すると支持ロープと開閉ロープがからみ合うことがあるため、片側の開閉ロープをSよりにすることもある。

【複索式グラブバケット】

◆複索式二線型グラブバケットには**タグライン**を備えることが多い。タグラインは、グラブバケット等をつって旋回、ジブ起伏を行う際に**グラブバケット等が振れたり回転したりするのを制御するため、ワイヤロープで軽く引っ張っておく装置**をいう。

◆タグライン装置は、スプリング式または油圧式がある。

◆グラブバケットの大きさは、バケットの容積（立方メートル）で表示されている。

◆リフティングマグネットは、**電磁石によって鋼材等（くず鉄）を吸着させる構造**で、フックにかけて使用することが多い。

◆電流を通じると磁力が生じて鋼材やくず鉄を吸いつけ、電流を切ると磁力がなくなり吸着力がなくなる。そのため、不意の停電に対して、バッテリによるつり荷落下防止装置（停電保護装置）を備えたものもある。

◆このつり具を使用しているときに、つり荷の下に入ることは禁止されている。

©2021（株）金沢柿田商店

【リフティングマグネット】

---

4 ワイヤロープ

1 ワイヤロープの構造　　　　　★よく出る！

◆ワイヤロープは、クレーンの巻上げ、起伏用として使用される柔軟で強靱なもので、構成や素線の強さ等によって品質が定められているため、定められたものを使用しなければならない。

◆ワイヤロープは、良質の**炭素鋼等を伸線（線引）した素線を数十本より合わせてストランド（子なわ、より線）をつくり**、更に**ストランドを数本一定のピッチで心綱により合わせて製造**されている。

◆クレーンに用いられることの多いフィラー形ワイヤロープは、ストランドを構成する素線の間にフィラー線を組合せて素線同士が互いに線状に接触するようにより合せたものである。

◆心綱は、ワイヤの形状を保持し柔軟性を与えるとともに、衝撃や振動を吸収し、ストランドの切断を防止するために**ワイヤロープの中心に入れられている**もので、繊維ロープの繊維心やワイヤロープのロープ心（鋼心）等がある。

心綱　ワイヤロープ　ストランド（子なわ）　素線

【ワイヤロープの構造】

◆同じ径のワイヤロープでも、素線が細く数の多いものほど柔軟性がある。

◆ストランド数が6、ストランドの素線数が29のワイヤロープの構成記号は6 ×
29となる

素線の本数

IWRC 6 Fi 29

ストランドの本数　　フィラー形 表記

【ワイヤロープの構成記号】

《断面》
ストランド
フィラー線
心綱

【フィラー形ワイヤロープの断面】

・・・

▋2 ワイヤロープのより方　　　　　　★よく出る！

◆より方及びよりの方向は次のようにそれぞれ2種類ある。

▋ ワイヤロープのより方

①**普通より**
- ワイヤロープのよりの方向とストランドの**より
  の方向が反対**になっているもの。移動式クレー
  ンで用いられるのは、一般にこのタイプ。

②**ラングより**
- ワイヤロープのよりの方向とストランドの**より
  の方向が同じ**もの。電柱やロープウェイなどに
  使われる。
- 素線が平均に摩耗を受けるので「普通より」の
  ワイヤロープより耐摩耗性に優れる。

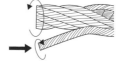

ワイヤロープのより方向

ストランドのより方向
【普通より】

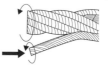

ワイヤロープのより方向

ストランドのより方向
【ラングより】

▋ ワイヤロープのより方向

①**Zより**
- ロープを縦にして見たとき、**右上から左下**
  へストランドがよられているもの。

②**Sより**
- ロープを縦にして見たとき、**左上から右下**
  へストランドがよられているもの。

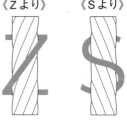

《Zより》　《Sより》

【ワイヤロープのより方向】

◆より方、及びよりの方向の組合せにより普通Ｚより、普通Ｓより、ラングＺより、ラングＳよりの４種類あり、移動式クレーンでは一般的に「**普通Ｚより**」が用いられている。

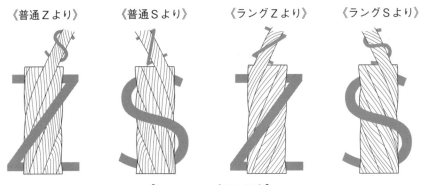

《普通Ｚより》　　《普通Ｓより》　　《ラングＺより》　　《ラングＳより》

【ワイヤロープのより方】

３ ワイヤロープの測り方

◆ロープの径には設計・製造段階の公称径（呼び径）と、実際に測定した実際径（実測径）とがある。

◆実際径の測定方法は、ワイヤロープの同一断面の外接円（山の高い箇所）の**直径を３方向からノギスで測定**し、その**平均値を算出**する。

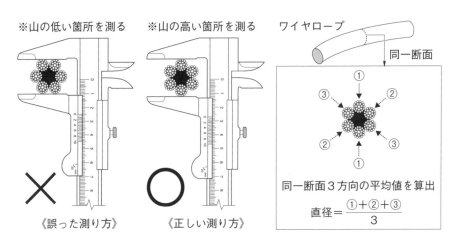

※山の低い箇所を測る　　※山の高い箇所を測る　　ワイヤロープ

同一断面

同一断面３方向の平均値を算出

$$直径＝\frac{①＋②＋③}{3}$$

《誤った測り方》　　《正しい測り方》

【ワイヤロープ直径の測り方】

❹ ワイヤロープの端末処理と使用時の留意点

◆荷重の掛かる本体側のワイヤロープに
Uボルトを当てて締めるとワイヤロー
プに型崩れを起こし、ワイヤロープの
強度が低下するおそれがあるため、ク
リップは**Uボルトがワイヤロープの端
末側（短い方）に並ぶ**ようにし、**本体
側ワイヤロープの方に座金を当てて締
め付ける。**

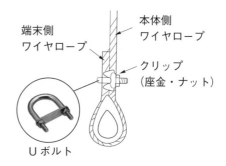

【ワイヤロープの端末処理】

◆クリップの個数や間隔、締め方は正しく行う。クリップは**座金・ナットが引張
側**にくるようにする。

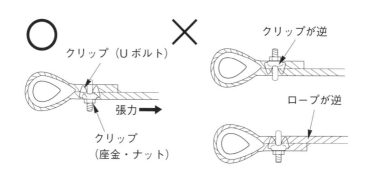

【クリップ止め】

◆新しい巻上げ用ワイヤロープは、ねじれが発生しないように巻き込む。
◆新しい巻上げ用ワイヤロープを取り付けた直後は、**定格荷重の半分程度の荷を**
つって、巻上げ、巻下げの操作を数回行うことで**ワイヤロープを慣らす。**
◆ねじれが取れない場合は、新しいワイヤロープと取り替える。
◆ワイヤロープの谷断線の点検は、ロープの小さな半径に曲げると断線した素線
がはみ出すので、目視により確認する。
◆巻上げ用のワイヤロープは、ドラムに巻下げたときに**最低2巻以上がドラムに
残る**ように調節する。（※1節❷移動式クレーンの用語の「揚程」参照）。
◆巻上げ用ワイヤロープを巻上げドラムに取り付けるときは、ワイヤロープの端
を針金で巻いて、くさびを用いて端がドラムの外周から出ないよう取り付ける。

5 | 移動式クレーンの安全装置等

◆移動式クレーンには荷役作業を安全に行うために、安全装置が取り付けられている。安全装置は、性能以上の作業を行ったときや定められた範囲を超えて運転操作を行ったときなどに、自動的に停止させたりする機能を持っている。

◆機械に無理な力が作用しないように保護するものや、圧力が異常に低下したときや、荷の急激な落下を防止するための安全装置もある。

. . . .

■ 巻過警報装置と巻過防止装置　　　　　★よく出る！

◆移動式クレーンにおいて、**フックブロックの巻過ぎによる**巻上げ用ワイヤロープの切断やフックブロック・トップシーブ等の破損等を防止するための装置を、巻過警報装置、あるいは巻過防止装置という。

◆一般的には、フックブロックが上限の高さまで巻き上がると、巻上げ用ワイヤロープにそって下げられているおもりを押し上げて作動する、**直働式**のものが多い。

巻過警報装置

◆警報を発する装置を巻過警報装置という。

◆フックブロック等の**つり具の上面と、ジブ先端のシーブ下面との間隔が、最高つり上げ速度（メートル／秒）の1.5倍**（つり具の巻上げ、またはジブの伸長がひと操作で停止するものは**1.0倍**）に等しい値の長さ（メートル）に達するまで警報を発するように調整しなければならない。

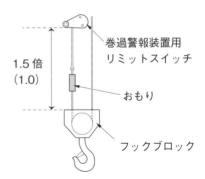

【巻過警報装置の場合】

巻過防止装置

◆作動時にフックブロックが上限の高さまで上がると、自動的に動力を遮断し、巻上げの作動を停止するものを巻過防止装置という。

◆フックブロック等の**つり具のシーブ上面と、ジブ先端のシーブ下面との間隔**が、**0.25**（直働式のものは**0.05**）**メートル以上**となるように調整できる構造でなければならない。

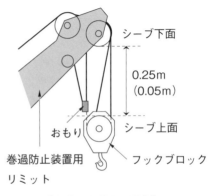

【巻過防止装置の場合】

30　移動式クレーンに関する知識

② 過負荷防止装置

◆定格荷重を超えることによる転倒、破壊等を未然に防止するための安全装置を、過負荷防止装置という。

◆ジブを倒していく場合のように、定格荷重を超えるような場合は、転倒モーメントの大きさが安定モーメントの大きさに近づき、転倒する危険性が生じる。そのため移動式クレーンでは、ジブの各傾斜角において、転倒モーメントの大きさが安定モーメントの大きさに近づくと、**警報を発して運転士に注意を喚起**し、つり荷の巻上げ、転倒モーメントが大きくなるジブの伏せ及び伸ばしの作動を**自動的に停止**するようにした過負荷防止装置を備えている。

◆移動式クレーンでは、主に以下の検出装置によって構成され、そこで得た情報によって作動するようになっている。

①作業領域検出装置　　②ジブ傾斜角検出装置　　③ジブ長さ検出装置
④総合モーメント検出装置　　⑤巻過防止検出装置

③ 警報装置（旋回警報装置）

☆よく出る！

◆移動式クレーンには、旋回時に挟まれる等の災害を防止するため、周囲の作業員に危険を知らせる警報装置が備えられている。通常、警報スイッチは**旋回操作レバーに取り付けられている。**

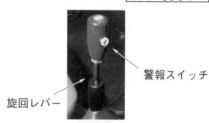

警報スイッチ

旋回レバー

【警報スイッチの取り付け（例）】

④ ジブ起伏停止装置

◆起伏用ワイヤロープによってジブの起伏を行う移動式クレーンに装備されたもので、ジブの起こし過ぎによるジブの折損や後方への転倒を防止するための装置をジブ起伏停止装置という。

◆ジブを起こした際の角度が、操作限界（約70°～80°）になったとき、そのまま操作レバーを引いても自動的にジブの作動を停止させる。

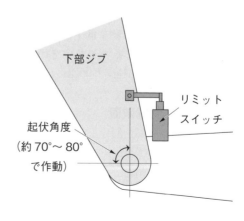

下部ジブ

リミットスイッチ

起伏角度
（約70°～80°
で作動）

【ジブ起伏停止装置】

5 ワイヤロープの外れ止め装置

★よく出る！

◆ワイヤロープの外れ止め装置は、移動式クレーンの**フックから玉掛け用ワイヤロープが外れるのを防止する装置**である。

【ワイヤロープの外れ止め装置（例）】

フック　外れ止め

6 安全弁等

◆移動式クレーンにおいて、各装置を油圧によって駆動させる機種には、油圧回路に安全弁を装備している。

◆クレーン装置等にオーバーロード（過負荷）又は衝撃荷重がかかった時、油圧回路内に異常に高い圧力が発生し、機器を破損させるおそれがあることから、安全弁はこうした現象を防止するための保護装置である。

◆安全弁は各油圧回路に取り付けられており、回路内の**油圧が設定圧力になった場合に、安全弁が開く**ことで圧油を油タンクに戻し、常に回路内の**油圧を設定圧力以上にならないようにしている**（※「2章2節**6**油圧制御弁」 参照）。

◆油圧式の移動式クレーンでは、**カウンタバランス弁**や**逆止め弁**を備えており、これはクレーン作業中に、配管の連結部が外れたり、**油圧ホースの破損等による回路内油圧の急激な低下**でつり荷、ジブの降下、又は機体の傾き等を防止するためのものである（※2章2節**6**油圧制御弁〈A.圧力制御弁④カウンタバランス弁〉〈C.方向制御弁②逆止め弁〉 参照）。

7 作動領域制限装置

◆あらかじめ登録・設定したジブの起伏角度、揚程、作業半径、旋回位置などの作業可能範囲にクレーンの**作動を制限する装置**を作動領域制限装置という。

◆高架下や架線超え、架線下などの障害物がある場合に、作業範囲を自動的に制御し、作動を停止させる。

6 | 移動式クレーンの取扱い

◆移動式クレーンの取扱いにおいて、運転する移動式クレーンの性能、機能、作業環境等を十分に把握し、安全に留意し作業を行う事が必要である。

··

1 移動式クレーンの性能

◆移動式クレーンの性能は、下記の3つの要素の値のうち最も小さい値によって決められている。

①機体の安定
　（クレーンが転倒するかどうか）
②機械装置・ジブ等の構造部材の強度
　（破損するかどうか）
③巻上装置の能力とワイヤロープの強度
　（荷重の巻き上げ力の有無）

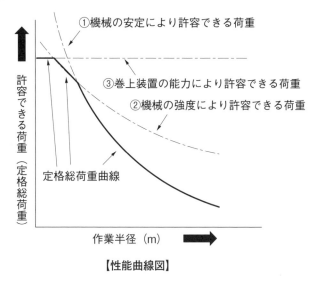

①機械の安定により許容できる荷重
③巻上装置の能力により許容できる荷重
②機械の強度により許容できる荷重
定格総荷重曲線
許容できる荷重（定格総荷重）
作業半径（m）

【性能曲線図】

◆移動式クレーンの定格総荷重は、**作業半径が大きい範囲では安定度**により規定され、**作業半径が小さい範囲ではジブその他の強度**により規定されている。

安定度

◆安定側モーメントを分子、転倒側モーメントを分母とする比の値で示され、移動式クレーンの転倒に対する安定性を示すものを安定度といい、値が大きいほど安定性は増す。

$$安定度＝\frac{安定モーメント}{転倒モーメント}$$

強度

◆移動式クレーンの強さの度合を示すものをクレーンの強度といい、ジブ、上部旋回体等の材料や構造によって強度には限度がある。同じつり荷でも、ジブ長さを長くしたり、ジブ角度を小さくすると、強度不足で部材が破損することがある。

巻上装置の能力

◆クレーンの巻上装置の巻上げ力には限度があり、またワイヤロープの強度にも限度がある。

---

② 定格総荷重表の見方　　　　　　　　　★よく出る！

◆移動式クレーンの定格総荷重表は、アウトリガーの張出し幅の状態、ジブ長さ、補助ジブ長さ、補助ジブオフセット角度及び作業半径などの作業条件ごとのつり上げ能力を表にまとめたものである。

（例）ラフテレーンクレーン定格総荷重表

アウトリガー最大張出（6.5 m）				（全周）
		ジブの長さ		
		9.35 m	16.4 m	23.45 m	30.5 m
作業半径	6.0 m	16.3	15.0	12.0	8.0
	6.5 m	15.1	15.0	11.6	8.0
	7.0 m	境界線	14.0	10.6	8.0
	8.0 m		11.3	9.6	8.0
	9.0 m		9.2	8.6	7.6
	10.0 m		7.5	7.6	6.9
	11.0 m		6.3	6.5	6.3
	12.0 m		5.35	5.5	5.6
	13.0 m		4.6	4.75	4.9

（単位：t）

【例題】上記の表におけるラフテレーンクレーンのアウトリガー最大張出し時に、ジブ長さ 16.4m、作業半径 8m での定格総荷重は何トンになるか。

《解答》

▪ ジブ長さ 16.4m の欄と作業半径が 8.0m の欄が交差する欄の数値を読む。
▪ この場合、定格総荷重は **11.3 トン** となる。
▪ なお、この数値は定格総荷重でありフックやつり具等の質量は含まれている。
▪ したがって、この数値からフックやつり具等の質量を除いた数値が「つり上げる荷の最大質量」となる。
▪ 定格総荷重表内の**境界線より上はクレーンの強度**によって定められ、**境界線より下はクレーンの安定**によって定められている。

---

③ 移動式クレーンの作業時の速度

◆移動式クレーンにおける荷の巻上げ、巻下げ、ジブの起伏、伸縮及び旋回の作業速度は、移動式クレーンが**無負荷時**、かつエンジンの回転数を**最高に上げた**状態での値で示されるため、荷をつった状態では速度を調節する必要がある。

▌巻上げ速度

◆**ウインチが1分間に巻き上げるワイヤロープ長さ**を表示している（m/min）。

◆ドラムに巻かれたワイヤロープの層数により巻上げ速度は変わる。

▌フック巻上げ速度

◆フックを巻き上げることができる最高速度を表示している（m/min）。

◆巻上げ用ワイヤロープの掛数によりフック巻上げ速度は変わる。

▌ジブ起し（上げ）速度

◆ジブ起伏速度は、ジブ長さが最短かつ、ジブ傾斜角度が最小（起伏シリンダが一番縮んだ状態）から最大（起伏シリンダが一番伸びた状態）までに要する時間（秒）を、ジブ傾斜角の変化と併せて表示している。

▌ジブ伸縮速度

◆ジブ伸縮速度は、ジブの傾斜角を60°～70°に保ち、ジブ最短から最長まで伸長するのに要する時間（秒）を、ジブの伸長量と併せて表示している。

▌旋回速度

◆旋回速度は、無負荷でエンジンを最高回転数にして旋回レバーをいっぱい入れたときの1分間あたりの旋回数で、min^{-1} の単位で表示している。

- -

❹ 移動式クレーンの作業領域　　★よく出る！

◆荷をつって旋回する場合、作業領域（前方、後方、側方）によって機体の安定度等は異なるため、つり上げ性能も異なってくる。

◆**トラッククレーンの場合**、基本的に**後方が最も安定がよく**、次に側方となっており、**前方領域は側方、後方よりも安定が悪い**ので、別の定格荷重があり、側方、後方領域の定格総荷重のおよそ半分以下の安定度しかない。

前方領域（側方・後方領域の定格総荷重の 20 ～ 50％程度）

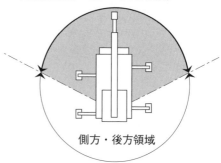

側方・後方領域

安定度：後方＞側方＞前方

【トラッククレーンの作業領域】

◆ラフテレーンクレーンの場合、アウトリガー最大張出し時は全周共通の定格総荷重で作業ができるが、**中間～最小張出し時は定格総荷重が小さくなる**。

◆**クローラクレーンは**、ジブ長さと作業半径に応じて、**全周共通**の定格総荷重で作業ができる。

5 移動式クレーンの作業と注意 ★よく出る！

◆作業を開始する前に、安全に作業が完了するよう作業方法の作成、確認を行う。

使用前確認

①設置位置、地盤調査、それに伴うアウトリガーの張出し条件を確認する。

②作業領域の決定（機種により最適な方向を選ぶ）。

③つり荷、フックブロックやつり具等の質量の確認。

④作業半径を確認する（荷をつり上げる位置、下ろす位置を比較して、**大きい側を基準にする**）。

⑤荷をつり上げる位置と荷を下ろす位置が異なる場合は、作業半径の**大きい方の定格荷重以下**で荷をつり上げる。

⑥作業揚程を確認する。

作業手順

①移動式クレーンの地盤が強固であることを確かめ、軟弱な所では地盤を養生する等の適切な措置をする。

> ※編注：鉄板で地盤を養生する場合、鉄板は隙間なく整然と敷くことが望ましい。一方、クローラクレーンの場合は移動時に、鉄板の**長手方向を走行方向に直角に交わるように敷く（シングル敷き）方式**と、隙間を開けて並べてその上に**向きを変えて交差するように重ねる（ダブル敷き）方式**とがあり、作業方法に準じた処置を行う。

②**荷重が集中しないよう、広くて丈夫な敷鉄板をアウトリガーの下に敷く**。アウトリガーフロートは敷鉄板の端部に設置しないこと。敷板の場合は板の中央に**アウトリガーフロートを設置**すること。

> ※編注：アウトリガーに加わる荷重は、**つり方向（旋回角度）によって変化する**。荷をつってジブを旋回した際に、ジブの向いた側のアウトリガーフロートに集中してかかる**最大荷重**は全装備質量と実際につり上げている荷の質量の合計の**7〜8割に相当する力**になるといわれている。

③アウトリガーを伸ばす際は、レベルゲージを見て機体が**水平になるよう**ジャッキ操作を行い、**タイヤを地上から浮かす**。

④フックブロックを固定用リングから外す場合は、アウトリガーを張り出しているかを必ず確認。

⑤ジブの組み立て、解体をする場合は作業指揮官を定めて立ち入り禁止措置を行う。

⑥ワイヤロープによりジブの起伏を行う場合は、Aフレームを高い位置（ハイガントリ）にセットする。また、固定ピン挿入を確認する。

⑦アウトリガー張出しを行う（アウトリガーは左右均等に最大に張り出す）。設置後は、アウトリガービームにロックピンをセットする。

作業時の注意事項

◆遠心力、慣性力等が働くような乱暴な運転操作は行わない。また、自由降下の方法でつり荷の降下を行わない（つり荷をつって自由降下の途中、急激にブレーキをかけると大きな慣性力がジブに加わり、ジブの破損や機体の損壊等のおそれがある）。

◆旋回するときは低速で行うこと（旋回速度が早いと荷が遠心力で外に振り出され、その分だけ作業半径が大きくなり、機体の安定が悪くなり、転倒させるおそれがある）。

◆箱形構造ジブの場合、ジブ伸縮運動で**フックブロックは伸ばすと巻上げ、縮めると巻下げの状態になる**ので、**フックブロックの位置に注意**する。

◆地切りの際は、巻上げ操作やジブ上げ操作、旋回操作等による**荷の横引き**などは脱索によるワイヤロープの損傷、ジブの折損等につながるので**絶対に行ってはならない**。

◆フックブロックは、つり荷の重心の真上に付ける（フックの中心から下ろした鉛直線と荷の重心がずれていると、荷振れが起こって危険である）。

◆**荷をつったままの状態で、運転士は運転位置をはなれてはいけない**。

◆基本的に、つり荷の下に作業者を立ち入らせてはならない。

◆旋回時は、警報を鳴らして周囲の人に注意を促す。

◆荷の巻き上げは、一気に巻き上げず、地切りして一旦停止させ、状態を確認してから合図に従い、巻き上げる。

◆つり荷の着床は、低速で巻き下げ、床から少し離した位置で一旦停止させて、安定を確認してから合図に従って、荷を静かに着床させる。また、着床したところで一旦停止し、荷のすわり具合を確認してからフックを巻き下げる。

◆移動式クレーンの設置面より下に荷を下ろす場合は、巻上げ用ワイヤロープを最大に巻き下げたとき、巻上げドラムに**最低2巻以上**の巻上げ用ワイヤロープ**を残す**。

◆つり荷から玉掛け用**ワイヤロープを引き抜く際**に、**絶対にクレーンで引き抜いてはならない**（玉掛け用ワイヤロープが荷に引っかかって荷崩れが起きる）。

◆移動式クレーンの作業中も機体の振動や異常な音、臭気、熱などに注意する。

◆移動式クレーンの作業において、**原則的に共づりを行うことは禁止**されている。

◆移動式クレーンで**荷をつったまま走行**することは転倒の危険があるので**原則として禁止**されている。

▌作業終了時の注意事項

◆作業終了時は、フックブロックの巻上げを行い、作業場所を移動する際に、箱形構造ジブを装備した移動式クレーンは、ジブ、アウトリガー等を収納し旋回装置をロックしておく。

◆P.T.O を備える機種では、走行する前に P.T.O 操作レバーを OFF（断）にする。

▌走行時の注意事項

◆クローラクレーンを他の作業場所に移動させる場合は、ジブを 30°〜 70°程度に保持する。また、フックブロックを上部に巻き上げ、旋回ロックをして、走行モータ（起動輪側）を後方にして走行する。

◆ガード下等を通行する際は、制限高さに注意し、ジブ等が接触しないように徐行する。

◆視界が良くないないので、見通しの悪い所では安全を確認して運転する。

◆坂道を下る際は、エンジンブレーキとエキゾーストブレーキを併用して、スピードの出し過ぎに注意して、安全な速度で下る。

▌悪天候時の注意点

◆移動式クレーンの作業は、**10 分間の平均風速が 10 メートル／秒以上の場合は作業を中止する**こと。目安としては、大枝が動く、電線が鳴る、傘がさしにくいなどの状態である。

◆ジブが箱形構造の機種において、**強風が予測される場合は走行姿勢にする**。また、ジブがトラス（ラチス）構造の機種は、**ジブを地上に伏せる**等の転倒防止措置をとる。

◆雨量が1回につき50ミリを超える、または**1回の積雪量が25センチメートルを超える場合は、作業を中止**すること。

◆落雷のおそれがある時は、作業を中止して、ジブを走行姿勢にして退避する。

【箱型構造ジブ搭載車の走行姿勢】

クローラクレーンの積下ろし時の注意点

◆原則として、**平坦で堅固な地盤の上で積下し**を行う。

◆積み込むトレーラ等は必ず駐車ブレーキをかけ、タイヤに歯止めをする。

◆クローラクレーンはトレーラの中心線に、登板用具はクローラベルトの中心線に置く。

◆積み込むクローラクレーンは、上部旋回体が回転しないようロックをかける。

◆**登板途中での方向転換は行わず、低速で一気に登りきる。**

◆移送中にクローラクレーンが動かないよう、クローラベルトの前後に歯止めをして、ワイヤロープ等で固定する。

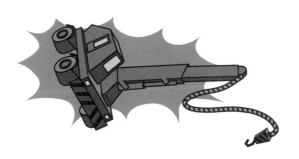

第2章　原動機及び電気に関する知識

◆**目次と近年の出題歴・傾向**　※傾向：★＝頻出度／数字＝関連する設問数

 ポイント

移動式クレーンでは、主に軽油などの燃料や油圧によるエネルギーを動力としているものがほとんど。だから、電気に関する知識よりも内燃機関や油圧装置に関する知識が問われる傾向にあるよ。

1 内燃機関

1 原動機

◆原動機は、燃焼エネルギーや電気などのエネルギーを機械的エネルギーに変える働きを持つものである。

◆移動式クレーンは主に、内燃機関と油圧装置が電動機として用いられている。

◆内燃機関は軽油、ガソリンなどの燃焼エネルギーを機械力に変える（一次原動機）。

◆油圧装置は、内燃機関からのエネルギーをいったん油圧に変換し、さらにこの油圧を機械力に変える（二次原動機）。

◆そのほかに、電気エネルギーを機械力に変えるモータ等の電動機や、蒸気のエネルギを機械力に変える働きをもつ蒸気機関を用いる移動式クレーンもある。

ディーゼルエンジンとガソリンエンジン

◆移動式クレーンでは現在、燃費などの利点からディーゼルエンジンが用いられているものが多い。

〔ディーゼルエンジンとガソリンエンジンの違い〕

項目	ディーゼルエンジン	ガソリンエンジン
燃料の種類	軽油・重油※	ガソリン
着火方式	空気の圧縮による自己着火	電気火花による着火
使用部品による違い	噴射ポンプ・噴射ノズル	キャブレタ・スパークプラグ
馬力当りのエンジン質量	大	小
馬力当りの価格	高い	安い
熱効率	良い（30～40％程度）	悪い（22～28％程度）
運転経費	安い	高い
火災時の危険度	低い	高い
騒音・振動	大きい	小さい
始動性（冬季）	やや悪い	良い

※重油は主に船などの燃料に用いられる。

第2章 原動機及び電気に関する知識

原動機及び電気に関する知識　41

❷ ディーゼルエンジンの作動　　　　　★よく出る！

◆ディーゼルエンジンは、**高温高圧**の空気の中に**高温高圧の軽油や重油を噴射**して燃焼させる。

４サイクルディーゼルエンジン

◆移動式クレーンは、ほぼ４サイクルエンジンが用いられている。

◆４サイクルディーゼルエンジンは、**①吸入⇒②圧縮⇒③燃焼⇒④排気**の１循環を**ピストンの４工程**（ピストンが４回上下に働く）で行い、クランク軸が**2回転**し、**カム軸が1回転**するうちに**1回の動力を発生**する。

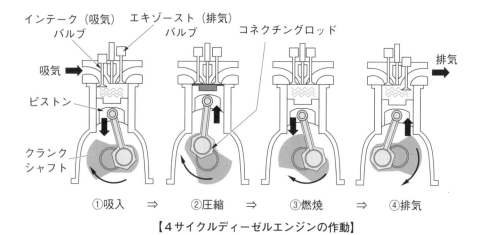

【４サイクルディーゼルエンジンの作動】

２サイクルエンジン

◆２サイクルディーゼルエンジンは、吸入、圧縮、燃焼、排気の１循環を**ピストンの2工程**で行い、**クランク軸が1回転**するうちに**1回の動力を発生**する。

❸ ディーゼルエンジンとは

◆ディーゼルエンジンは、シリンダの中をピストンが往復運動し、その運動をコネクチングロッド、クランク軸により回転運動に変える。

◆空気の吸込みや燃焼ガスの排出のためバルブの開閉は、クランク軸の回転をタイミングギアでカム軸に伝え、カムの動きがプッシュロッド、ロッカーアームを経て、バルブに伝えられてバルブを開き、ばねの力によりバルブを閉じる。

◆エンジンは燃焼ガスで加熱されるため、その外側にウォータージャケットを設けて冷却水を循環させている。シリンダ下のクランクケースは、潤滑油溜め（オイルパン）や潤滑油ポンプが設けられている。

◆また、ディーゼルエンジンには燃料を噴射する噴射ポンプ及び噴射ノズルが取り付けられている。

4 ディーゼルエンジンの構造と機能 ★よく出る！

◆ディーゼルエンジンには下記のような装置等が取り付けられている。

エアクリーナ

◆燃焼に必要な空気をシリンダに吸い込む際に、**ちりやほこりを吸い込まないようにろ過し、シリンダ、ピストン等の摩耗を防ぐ働きをする装**置をエアクリーナという。

【エアクリーナ】

燃料供給装置

◆燃料供給装置は、燃料タンク（フューエルタンク）の燃料を、燃料供給ポンプ（フィードポンプ）⇒②燃料フィルタ（フューエルフィルタ）⇒③燃料噴射ポンプ（インジェクションポンプ）⇒④燃料噴射ノズル（インジェクションノズル）を経て、燃料室に送る装置である。

◆燃料供給装置は、その他に①ガバナやオートタイマなどで構成されている。

◆近年では、公害物質を大幅に減少させることが可能な電子制御化された燃料装置が増えている。

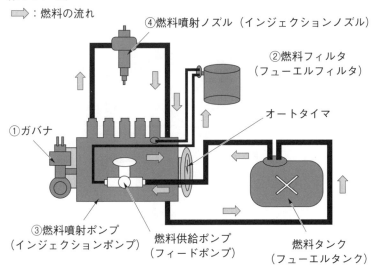

【燃料供給装置の構造（簡易図）】

①ガバナ

- ディーゼルエンジンは、燃料の噴射と負荷の程度によって回転速度が決まり、ガバナは**燃料の噴射量を加減して負荷の変動による回転速度を調整**するものである。また、調速機ともいう。

②燃料フィルタ（フューエルフィルタ）

- 燃料に混入している**ちりやほこり、あるいは水分を除去する**装置を燃料フィルタという。

③燃料噴射ポンプ（インジェクションポンプ）

- ガバナの作動によりエンジン運転中の回転数、負荷の大小に応じて燃料の噴射量を調整して、**燃料を高圧にして燃焼室に送る**装置を燃料噴射ポンプという。

④燃料噴射ノズル（インジェクションノズル）

- 燃料噴射ポンプから送られた**高圧の燃料を、燃焼室内へ噴射させる**装置を燃料噴射ノズルという。

| 過給器 |

◆4サイクルエンジンでは**エンジンの出力を増加**させて、2サイクルエンジンでは**掃気を行う**ために、**高い圧力の空気をシリンダ内に強制的に送り込む装置**を過給器という。

◆動力は、**タービンを排気の圧力で回転**させて得るものと、**クランクシャフト**により得るものがある。

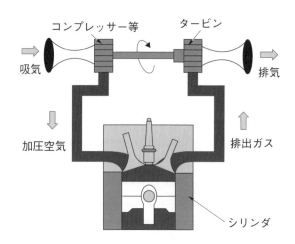

コンプレッサー等　　タービン

吸気　　　　　　　　　　排気

加圧空気　　　　　　　排出ガス

シリンダ

【過給器（ターボチャージャ）の例】

タイミングギヤ

◆インテーク（吸気）バルブやエキゾースト（排気）バルブの開閉は、各工程の必要な時期に行われる。この時期はカム軸（シャフト）とクランク軸（シャフト）の間に組み込まれた**ギヤの噛み合い**によって決まり、このギアをまとめてタイミングギヤという。

◆燃料噴射ポンプの噴射時期もタイミングギヤによって制御されている。

【タイミングギヤ】

クランク軸（シャフト）

◆エンジン内部にあり、往復運動をするピストンの力をコネクティングロッドが伝達することで、**連動して動いて回転運動に変える回転軸**のことをクランク軸（シャフト）という。

フライホイール

◆クランク軸（シャフト）の**後端に取り付けられている円盤状の回転体**で、ピストンの燃焼工程のエネルギーを一時蓄えて**クランク軸の回転を円滑にする**部品をフライホイールという。

フライホイール

クランク軸（シャフト）

【クランク軸とフライホイールの構成例】

エンジン停止装置

◆燃料噴射ポンプへの**燃料供給をカットする方式**のものと、**空気の吸込みを停止させる方法**等がある。

◆最近では、ストップ・モータやソレノイド・バルブなどにより燃料をカットする方式のものが一般的である。

潤滑装置

◆ベアリングやピストンリング、シリンダ壁などの摩擦部分に潤滑油（エンジンオイル）を与え、**摩擦損失や焼付きなどを防止するための装置**を潤滑装置という。クランクケース下部の潤滑油溜め（オイルパン）に蓄えられ、潤滑油ポンプ（オイルポンプ）により各部分に送られる。

◆エンジンオイルは、**潤滑作用**、**冷却作用**、**密封作用**、**腐食防止作用**、**洗浄作用**を行う。

冷却装置

◆燃焼により高温になったシリンダを冷却する装置を冷却装置という。

◆空冷式と水冷式とがあり、**移動式クレーンでは主に水冷式**が用いられている。

◆空冷式エンジンでは、シリンダの外側に設けられたフィンに風を送り冷やす。

◆水冷式エンジンでは、シリンダの外側に設けられたウォータジャケットに水（冷却水）を通して冷やし、温められた水はラジエーターを通して冷却し、ウォータポンプによって循環させている。

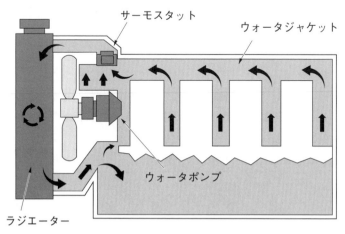

【水冷式冷却装置の例】

電気装置

◆ディーゼルエンジンは、ガソリンエンジンにおけるスパークプラグのような点火装置がないため、一度始動すれば電気系統がなくても連続運転ができる。

◆したがって、ディーゼルエンジンで使用される電気装置は主に始動のための装置である。

①バッテリ

- バッテリは、スターティングモータなどの電源となるものである。

- 圧縮力が高く、始動クランキングのトルクが著しく大きいディーゼルエンジンにおいては、一般的に **12 ボルトを 2 個直列に接続**して **24 ボルト（V）**を用いる。

【12V バッテリ】

②スターティングモータ

- スターティングモータ（スタータ）は、**モータ部とピニオン部により構成**されている。
- ピニオンはモータが回転すると**フライホイールのリングギヤに噛み合い**、始動が完了すると**噛合いが外れて元の位置に戻る**。

③オルタネータ

- オルタネータは**交流式直流出力発電機**で、エンジンの回転をファンベルトから受けて駆動するしくみで、直流電気を発生させている。

④レギュレータ

- レギュレータは**電圧調整器**とよばれ、発電電圧を制御して、**各電気装置に適正電力を供給する**働きがある。

【オルタネータ】

⑤始動補助装置

- 始動補助装置は、寒冷時などに始動を補助する装置で、エンジンを始動する前に燃焼室、または吸気を暖めることで**燃料の着火を助ける**ものである。
- **保護金属管の内部のヒートコイルに電流を通して、副室内を加熱させる方式のグロープラグ**と、**直接式噴射エンジンのマニホールド内にある吸気通路に取り付けられ、発熱体に通電することで吸気を均一に加熱させる電熱式エアヒータ**がある。

【グロープラグ】

【電熱式エアヒータ】

5 エンジンの点検と始動

◆ディーゼルエンジンは、次表の各タイミングにおいて点検事項に沿った点検を実施する必要がある。

〔エンジンの点検表〕

点検時期	点検項目	点検事項
始動前	エンジンオイル	▪油量計により規定量であることを確認し、不足の場合は適宜補充する。
	冷却水	▪不足している場合は適宜補充する。
	燃料	▪燃料計（フューエルゲージ）で燃料の量を確認し、不足している場合は適宜補充する。
	ファンベルト	▪緩みや損傷はないか、ごみや油等が付着していないかを確認し、調整する。
アイドリング時	油圧	▪異常がないか（油圧警告ランプが点灯していないか等)。
	エンジン	▪異音がないか。
	排気	▪色は問題ないか。
	冷却水	▪液漏れがないか。
	燃料	
	オイル	
運転時	油圧	▪異常がないか（油圧警告ランプが点灯していないか等)。
	冷却水	▪温度が適当であるか。
	バッテリ	▪しっかり充電されているか。
	エンジン	▪異音がないか。
作業終了時	エンジンキー	▪メインスイッチを切って、エンジン停止後、エンジンキーをはずして保管する。
	燃料	▪残量を確認し、適宜補充する。
寒冷時	冷却水	▪冷却水に不凍液を入れる。 ▪バッテリは低温で容量が低下するため、寒冷地などで長時間運転をしない場合は、クレーンから取り外し、保温するなどの措置をとる。
その他	バッテリ	▪常にほこりや汚れを取ってきれいにしておく（リーク（＊）のもとになる)。 ▪バッテリの液面が**上限と下限のレベルの間に**あることを確認して、不足の場合は補給する。 ▪接触不良を起こさないようにターミナルを時々締め直す。 ▪スパナ等でショートしないように注意する。

＊リーク…液漏れのこと。

2	油圧装置

1 油圧装置の長所と短所

◆移動式クレーンの原動機には、さまざまな利点から油圧装置が用いられているが、いくつか不便な点もあるため、取り扱う上で装置の構造や機能等についてしっかりと理解する必要がある。

〔油圧装置の長所と短所〕

	主な特徴
長所	▪ 機械式や電気式※に比べて、**小形でシンプルな装置**で、大きな力を出すことができる。 ▪ 力の向きや速さ及び大きさを、小さな力で容易に操作が可能である。 ▪ 無段変速や遠隔操作が可能である。 ▪ リリーフ弁によって装置の破壊を防ぐことができる。 ▪ 配管や作動油の分流が自由にでき、動力の分配が容易である。 ▪ 油圧機器を自由に配置することができる。
短所	▪ 配管が面倒である。 ▪ 作動油は可燃性で、**油漏れを生じやすくごみやさびに弱い**。 ▪ 作動油の温度によって機械の効率は変化する。

※機械式、電気式は天井式クレーン等に用いられている。

2 油圧装置の原理　　　　　　　　　　★よく出る！

◆油圧装置は、パスカルの原理によって小さな力で大きな力を生み出すことができる。

| パスカルの原理 |

◆パスカルの原理は「密閉した容器内で静止している流体の一部に圧力を加えると、その**圧力は同じ強さで流体のどの部分にも伝わる**」というもの。

◆右図のような水圧機で、パスカルの原理を考えてみる。

◆左側のピストン断面積が 60cm²、作用する外力をF1として、右側のピストン断面積が 600cm²、作用外力は 100kN であるとする。

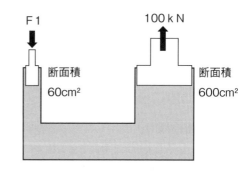

【水圧機におけるピストン面積と力の関係】

◆パスカルの原理により、両ピストンにかかる圧力は同じなので以下の式が成り立つ。

$$\frac{F1}{60\ (cm^2)} = \frac{100\ (kN)}{600\ (cm^2)}$$

$$F1 = 60 \times \frac{1}{6} = 10\ (kN)$$

◆つまり、100kN の圧力はわずか 10 分の 1 の 10kN の圧力によって持ち上げることができる。

【例題】油で満たされた二つのシリンダが連絡している図の装置で、ピストンA（直径 2 cm）に 10N の力を加えるとき、ピストンB（直径 4 cm）に加わる力は何 N になるか。

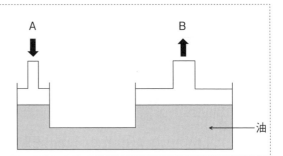

油

《解答》

▪ 示された数値を式に当てはめてみる。
　ピストンの断面積＝半径×半径×3.14（π）
　⇒ピストン A の断面積＝1×1×3.14 = 3.14（cm²）
　⇒ピストン B の断面積＝2×2×3.14 = 12.56（cm²）

$$\frac{B の圧力}{12.56\ (cm^2)} = \frac{10\ (N)}{3.14\ (cm^2)}$$

$$B の圧力 = 12.56 \times \frac{10}{3.14} = \underline{\mathbf{40\ (N)}}$$

ポイント

油圧装置は、このパスカルの原理を応用することで、少ない力でも大きな力を生み出すことができるのよ。
計算問題はよく出るから計算式をしっかりとおぼえてね！

❸ 油圧装置のしくみと構成

◆油圧装置は、以下のように作動油が配管を循環することで作動するしくみとなっている。

- ▪ エンジンの動力等によって油圧ポンプが回る。
- ▪ 油圧ポンプで加圧された作動油は方向切換弁などの制御ユニットを経て油圧シリンダ、または油圧モータに流れる。
- ▪ 油圧シリンダの伸縮、または油圧モータの回転によって各装置を駆動させる。
- ▪ 駆動させた作動油は低圧となり、配管等を経て作動油タンクに戻る。

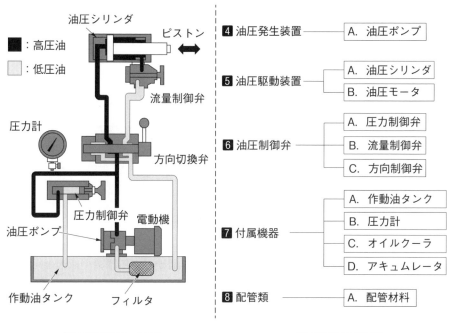

【油圧装置のしくみ】　　　　　　【油圧装置の構成】

❹ 油圧発生装置

▌ A. 油圧ポンプ

◆エンジンや電動機などにより駆動し、**作動油タンクから吸い込んだ圧油を吐き出す装置**を油圧ポンプという。

◆移動式クレーンに用いられる油圧ポンプは、容積式（ポンプ内部にピストンやシリンダなどの部品で仕切られた空間を有している）のものが用いられ、**定容量形**（駆動軸１回転あたりの吐出油量が一定である）のものと、**可変容量形**（吐出油量を変動させられる）のものがある。

①ねじポンプ（スクリューポンプ）

- ケース内でねじを回転させて、油等を
  ねじ軸方向に移送させる。
- エンジンの補機として潤滑油や燃料の
  ポンプに用いられる。

②歯車ポンプ（ギヤポンプ）

- 歯車ポンプは、内接形と外接形のもの
  があり、移動式クレーンでは**外接形**が
  使われている。
- 外接形歯車ポンプは、歯車が回転する
  と歯車の**噛み合いの隙間に空間がで
  き**、その空間に**吸込口から油が吸い
  込まれて歯溝を充満**し、**歯車の回転に
  よって吐出口に運ばれ、押し出される。**
- 移動式クレーンの主ポンプに用いら
  れ、ジブの伸縮や起伏、巻上げ等の動
  力源として用いられている。

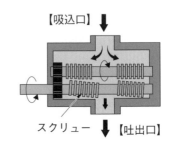

【ねじポンプ】

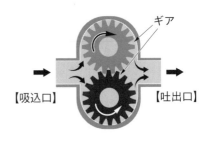

【歯車ポンプ】

③プランジャポンプ（ピストンポンプ）

- ピストンの**往復運動**によって**油の吸い込み、吐き出し**を行う。
- プランジャポンプには、ラジアル形とアキシャル形があり、さらに斜軸式
  と斜板式に分類されるが、移動式クレーンでは**アキシャル形斜板式**が多く
  使われている。
- 斜板式は、駆動中に斜板の角度を変えることができる構造のものが可変容
  量形、変えられないものが定容量形である。
- 歯車ポンプと同様、ジブ伸縮や起伏、巻上げ等の動力源として用いられる。

④ベーンポンプ

- ロータの回転により、羽根状の部品（ベーン）がケース内を自由に動ける
  構造となっている油圧ポンプ。

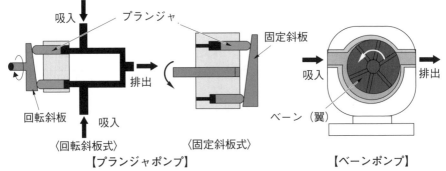

〈回転斜板式〉　　　　〈固定斜板式〉

【プランジャポンプ】　　　　　【ベーンポンプ】

〔油圧ポンプの長所と短所〕

名称	長所	短所
ねじポンプ （スクリューポンプ）	▪ 構造が簡単で、保守が容易。	▪ 容積効率は高くない。
歯車ポンプ （ギヤポンプ）	▪ 比較的に**小型かつ軽量**。 ▪ **構造が簡単**で丈夫。 ▪ 比較的に故障しにくく、**保守が容易**。	▪ 高圧で大容量のものは作れない。 ▪ **キャビテーション**（*）等により騒音、振動が起こる。 ▪ 効率は、**油の粘度による影響を受けやすい**。
プランジャポンプ （ピストンポンプ）	▪ 大容量かつ脈動が少ない圧油が得られる。 ▪ **ポンプ効率がよく**、20～30MPaの高圧が容易に得られる。 ▪ シリンダとプランジャの**摺動部分が長い**ので、**油漏れが少ない**。 ▪ 可変容量形のものは、絞り弁や流量調整弁を備えなくても、吐出量を加減することができる。	▪ 大型で重量がある。 ▪ **部品の点数が多く、構造は複雑で保守が困難**。
ベーンポンプ	▪ 連続運転時における油温、圧力の変化に対して、容積効率が優れている。 ▪ 異物に強いため、ベーンが摩耗しても効率が低下しにくい。	▪ 構造上、高圧のものには向かない。

*キャビテーション…空洞現象ともよばれ、圧力低下による発泡のこと。

5 油圧駆動装置

◆油圧ポンプから送られた**圧油を機械的な運動に変える装置**を油圧駆動装置といい、油圧の力を直線運動に変える油圧シリンダと、回転運動に変える油圧モータがある。

A. 油圧シリンダ

◆油圧シリンダには、**単動形**と**複動形**があり、複動形はさらに片ロッド式と両ロッド式、差動式に分類されるが、**複動形片ロッド式**は一般的に**大型**の移動式クレーンで多く使われている。

◆複動形片ロッド式はピストンロッドが**シリンダの片側**から出ており、**シリンダ両側に設けられた出入り口から作動油の流入と排出を行い**、シリンダ両側に圧力が作用することで往復運動を行う構造である。

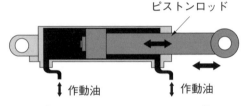

【複動形片ロッド式油圧シリンダ】

B. 油圧モータ

◆油圧モータは、油圧ポンプとは逆に圧油を油圧モータに押し込むことで、駆動軸を回転させている。

◆油圧モータには、歯車モータ、ベーンモータ、プランジャモータがある。

◆油圧モータのうち、プランジャモータが移動式クレーンにおける荷の巻上げや旋回、走行用として多く用いられている。

◆プランジャモータにはラジアル形とアキシャル形があり、**ラジアル形**はプランジャが**回転軸に対し直角方向**に配列されており、**アキシャル形**はプランジャが**回転軸と同一方向**に配列されている。

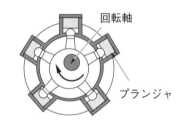

【ラジアル形プランジャモータ】

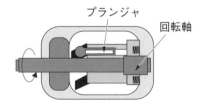

【アキシャル形プランジャモータ】

6 油圧制御弁 　　　　　　　　　　　★よく出る！

◆油圧ポンプから流れる作動油を、油圧駆動装置の各動作に応じて制御するバルブ（弁）を油圧制御弁という。

◆その機能や特性から、「A.圧力制御弁」、「B.流量制御弁」「C.方向制御弁」の3つに大きく分けることができる。

▌A. 圧力制御弁

①安全弁（リリーフ弁）

- 機器の安全確保のために取りつけるバルブで、**設定された圧力に達すると**作動し、**作動油を逃す働き**をする弁を安全弁という。（※1章5節**6**安全弁等　参照）。

②減圧弁

- 巻上装置（ウインチ）のクラッチ回路などに用いられるバルブで、油圧回路の**油圧を他よりも低い圧力で使用**する場合に、この弁により減圧する。

③シーケンス弁

- 移動式クレーンではジブの伸縮回路のように、別々に作動する2つの油圧シリンダの一方の作動終了後、もう一方の油圧シリンダを作動させる場合などの**順次制御**に用いられる（※1章3節**3**フロントアタッチメント〈ジブ②箱形構造ジブ（伸縮ジブ）〉　参照）。

④カウンタバランス弁

- 移動式クレーンではジブ起伏用シリンダなどに用いられ、**一方向の流れに設定された背圧を与えて、逆方向の流れは自由にする**弁をカウンタバランス弁という（※1章5節**6**安全弁等　参照）。

⑤アンロード弁

- アキュムレータと併用して用いられることが多く、油圧回路が規程の圧力に達したとき、この圧力を低下させずに**ポンプ吐出量を低圧のまま作動油タンクに戻す働き**をする弁をアンロード弁という（※次項**7**付属機器等〈D.アキュムレータ〉　参照）。

▌B. 流量制御弁

①絞り弁（ストップ弁）

- **流量調整ハンドルを操作**することで、**絞り部の開きを変えて流量の調整を行う**弁を絞り弁という。
- 移動式クレーンの管路を損傷などで部分的に取り換える際に、作動油の流出などを防ぐために用いられる。

C. 方向制御弁

①パイロットチェック弁

- 油圧を作動させて、ある条件下で逆方向にも作動油を流せるように制御する機能をもつものをパイロットチェック弁という。
- 移動式クレーンにおいては、アウトリガーの**配管が破損した場合に、垂直シリンダが縮小するのを防ぐ**目的で使用される。

②逆止め弁

- 一定の圧力に達すると、油圧ポンプから油圧シリンダなど**一方方向へは、作動油を通過させ、その逆方向の流れを完全に止める**弁を逆止め弁という。
- 移動式クレーンでは単独、または他の弁に組み込まれて使われる場合もある（※1章1節**6**安全弁等　参照）。

③方向切換弁

- 油圧シリンダの運動方向や油圧モータの回転方向を変えるために、**作動油の流れの方向を切り替える**ための弁を方向切換弁という。
- 方向切換弁には直線形と回転形があるが、移動式クレーンでは直線形が多く用いられている。

- -

7 付属機器等　　　　　　　　　★よく出る！

A. 作動油タンク

◆**作動油を貯蔵しておく容器**を作動油タンクといい、常に浄化または冷却された適切な作動油が供給されるようエアブリーザ、油面計、フィルタ等の付属品によって構成されている。

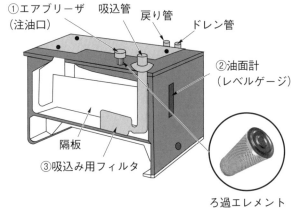

①エアブリーザ（注油口）　吸込管　戻り管　ドレン管
②油面計（レベルゲージ）
隔板
③吸込み用フィルタ
ろ過エレメント
【作動油タンク】

①エアブリーザ

- タンク内油面の上下動に伴いタンクに出入りする空気をろ過して、**タンク内にちりやごみが入らないようにするための部品**で、**ろ過エレメントを備えている**。
- 作動油タンクの上部に取り付けられており、**注油口**としても使用される。

②油面計
- タンク側面に取り付けられ、タンク内の油量が正常であるかどうかを点検するための機器。

③フィルタ
- 作動油を**ろ過して金属粉などのごみを取り除く**もので、吸込みフィルタ（サクションストレーナ）と管路用に使われるラインフィルタがある。
- **吸込み用フィルタ**はポンプ**吸込み側**に取り付けるもので、エレメントは**金網式**のものや**ノッチワイヤ式**のもののほか、マグネットを内蔵して鉄粉を吸引させる方式のものもある。
- **ラインフィルタ**はポンプ**吐出し側**に取り付けるもので、**圧力管路用**と**戻り管路用**（リターンフィルタ）のものがあり、エレメントは**ろ過紙**、**ノッチワイヤ**、**焼結合金**等が用いられる。

油入口

油出口

【吸込み用フィルタ】

マグネット

エレメント

【リターンフィルタ】

B. 圧力計

◆**回路内の圧力を計る計器**を圧力計といい、**ブルドン管圧力計**が広く用いられている。

> ※編注：圧力には大気圧を「0」とした、**ゲージ圧力**と真空を「0」とした**絶対圧力**がある。圧力計はこのゲージ圧力を示すため、圧力計の値は絶対圧力から大気圧（空気中で働く圧力のこと）の数値を引いた値となる。

【ブルドン管圧力計】

C. オイルクーラ

◆作動油は配管を循環することで油温が上昇するが、この油温は定められた上限値（概ね55℃〜60℃）をこえると種々の障害が起こるため、**発熱量が多い使用状況の場合は強制的に冷却**する。そのための装置をオイルクーラという。

D. アキュムレータ

◆窒素ガスの圧縮性で**圧油を貯蔵する機能**をもつ機器をアキュムレータ（蓄圧器）という。

◆シェル内をブラダ（気体と作動液を分離するゴム製の隔壁）により**油室とガス室に分けて**、ガス室に**窒素ガスを封入**している。

◆アキュムレータは主に、「**衝撃圧の吸収**」、「**圧油脈動の減衰**」、「**油圧ポンプ停止時の油圧源**」の3つの働きがある。

◆設定圧力に達したとき、エンジンの負荷を軽減するためにアンロード弁が用いられる。（※前項**6**圧力制御弁〈⑤アンロード弁〉 参照）。

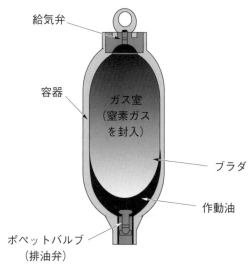

【アキュムレータ】

・・・

8 配管類

A. 配管材料

◆移動式クレーンに用いられる配管材料には、油圧装置の各部をつなぎ作動油を流す「①**管**」、その配管同士を接続する（密封性を保つ）ための「②**継手**」と、油圧機器の油漏れやゴミ、水分などの侵入を防ぐための「③**シール材**」がある。

①管

名称	特徴及び用途
鋼管(炭素鋼)	▪安価である。
ステンレス管	▪炭素鋼よりもさびにくく、強度に優れるが高価。
高圧用ゴムホース	▪鋼管の**配管取付が困難な場所**や、装置の可動部分の配管連結用に使われる。

【鋼管】

【高圧用ゴムホース】

②継手

名称	特徴及び用途
ねじ継手	• **ねじが切ってあり**、ねじ込んでシール（密封）する。
フランジ管継手	• 接続部が**つば状**になっており、ボルトやナットでしめつけてシールする。
フレア管継手	• 管の先端を**ラッパ状に広げて**、この部分を継手本体に設けたナット側テーパ部にねじで締め上げ、押し付けてシール（密封）する。
くい込み継手 （フレアレス管継手）	• 管に取り付けたスリーブをナットで締め上げ、その先端に管をリング状にくい込ませてシールする。

【ねじ継手】　　　　【フランジ管継手】　　　　【フレア管継手】

③シール材

名称	特徴及び用途
パッキン	• 綿布や石綿織布にゴムを含ませ成形したものや、合成ゴムや皮を成形したものがある。 • 断面形状はV形、U形、L形がある。 • **回転軸部**に用いられる。
Oリング	• リング状に、合成ゴムを成形したもので、丸形断面のものが広く用いられる。 • 固定部分、しゅう動部分に用いられる • **中速**回転以上には適さない。
オイルシール	• 合成ゴムを成形したもので断面はコの字形である。 • **回転部分やしゅう動部分**に用いられる。
ガスケット	• 板状のシールで石綿、合成ゴム、金属等種々の材質のものがある。 • **容器のふたなどの合わせ目**の密封に用いられる。

【パッキンの断面】　　　【Oリング】　　　【オイルシール】　　　【ガスケット】

9 作動油の性質　　　　　　　　　　　　　　　　　　★よく出る！

◆作動油は油圧駆動装置を動かすための媒体として、**高温や低温状態を繰り返し、**金属や空気あるいは湿気に接しながら激しく**かくはん状態**で使用されているので、**劣化や酸化が起こりやすい。**

◆作動油の温度が使用限界温度の上限より**高くなる**と、**潤滑性が悪くなる**ほか、劣化を促進する。

◆したがって、作動油の性質を理解して、適切な管理と選択を行う必要がある。

〔作動油の性質〕

名称	性質
粘度（※1）	▪粘度は温度によって変化し、温度が上がるほど粘度は低くなり、さらさらと流れやすくなる一方、**温度が下がると粘度は高まり、ポンプの運転に大きな力が必要**となる。
比重	▪作動油の**比重は 0.85 〜 0.95** 程度である。（※2）
引火点	▪**引火点は 180 〜 240℃**程度である。（※3） ▪作動油の漏れなどで、周辺の火気により引火する危険がある。
酸化作用	▪作動油は高温で空気や湿気、金属などに接し、かつ激しいかくはん状態で使用されるので**酸化（劣化）が起こりやすい。**

※1：流体が流動する際に、スムーズな流れを妨げようとする性質を**粘性**といい、この粘性の程度を示す度合いを**粘度**という。

※2：油は水に浮く性質のため、比重は**1**より小さくなる。

※3：引火点の180℃とは、およそ天ぷらを揚げる際の温度と同等である。

10 油圧装置の保守　　　　　　　　　　　　　　　　　★よく出る！

◆油圧装置における故障は、作動油中の異物や管路の油漏れによるものが多いため、作動油や管路の保守を重点的に行う必要がある。

作動油の保守

◆作動油タンクに入り込む空気はごみや水分を含み、油圧機器も作動中に少しづつ摩耗粉を発生するため、作動油やフィルタは**定期的に交換する**必要がある。

◆汚れの程度によっては、交換時期の前でも交換やクリーニング、フィルタ交換を行う。

◆異物の混入した作動油を使用し続けると、異物が駆動系統の内部や摺動部に入り込んでさらに**金属粉を発生**させる。その結果、油圧ポンプや駆動装置の**異常音や異常発熱、速度低下、圧力上昇不良、油漏れ**などの原因となる。

◆配管を取り外した後、配管内に空気が残ったまま組み立てて、エンジンを高速回転し**全負荷運転**すると、**ポンプの焼付きの原因**となる。したがって、配管等を取り外した後は**配管内の空気を十分に抜く**こと。

◆作動油の劣化状況の確認や使用可能かどうかは、新しい作動油と比較して、作動油を目視により判定（官能検査）するか、物理化学的に分析して判定（性状検査）を行う。

◆作動油の劣化とは、作動油中の成分が化学反応を起こして、その生成物が溜まっている状態を指し、作動油中に水や金属粉が混入したり、油温が高いと劣化を起こしやすい。

◆目視による判定は、運転中の油タンクから採取した作動油と新しい作動油（同じ銘柄）をそれぞれ試験管に入れて、下記の表により比較する。

〔目視による作動油の判定基準〕

外観	におい	状態	対策
透明、色彩変化なし	変化なし	良好	▪継続使用可。
透明、色が薄い	変化なし	異種油の混入	▪粘度を調査し、良好な場合は継続使用可。不良の場合は交換する。
透明、小さな黒点	変化なし	異物の混入	▪作動油の交換、またはろ過
乳白色に変化	変化なし	**気泡・水分*の混入**	▪作動油の要交換
黒褐色に変化	悪臭	**劣化**	▪作動油の要交換
泡立ち	悪臭	**グリースの混入**	▪作動油の要交換

＊ただし、正常な作動油は通常**0.05%程度の水分を含んでいる**。

作動油に関する問題は試験で頻出しているよ。要点をおさえて、しっかりと特性を頭に入れておこう！

◆作動油漏れや圧力降下、動作不良等、故障の原因となるため、劣化や破損したシールなどの不良品は交換する。

■ 配管の保守

◆油圧配管の接続部は**ゆるみやすいため**、**毎日の点検**が必要である。また、ホースの接触やねじれ、変形、傷や圧油の漏れがないかを注意する。

■ 油圧発生装置・油圧駆動装置・油圧制御弁の保守

◆油圧ポンプや駆動装置、弁類などの機器は、精密な部品で構成されているため、**現場で簡単に分解修理をすることができない。**したがって、修理工場やメーカーでの大がかりな修理やメンテナンスが必要となる場合がある。

◆油圧ポンプは、ポンプを**作動させた状態での**異音や発熱の有無、接合部及びシール部の油漏れの有無の検査等を点検する必要がある。

■ フィルタ

◆フィルタは**3ヶ月に1回程度**の頻度で**エレメント取り外して掃除**する。ただし、汚れ等が著しい場合は**新品と交換**する。

◆作動油の劣化によって発生した不溶性の異物に細かいごみが粘着して、これがエレメントのすきまに入り込んだ場合は、エレメントの洗浄が難しいため、作動油とエレメントは新しいものに交換する。

◆フィルタエレメントは、溶剤に長時間浸した後、ブラシ洗いをしてエレメントの**内側から外側へ**圧縮空気で吹いて除去する。

配管はクレーンにとって、
人間の血管のようなものなんだ。
だから毎日点検して、不具合
がないようにしないとね！

1 電気の種類（電流） ★よく出る！

◆銅のように自由電子を多く持っている金属の導線で、ランプとバッテリーを接続すると、導線中の自由電子は、バッテリーのプラス（＋）に引かれてマイナス（－）からプラスへ向かって移動する。この電子の移動現象を電流といい、電流の方向は電子の流れとは逆にプラスからマイナスへ流れると定められている。

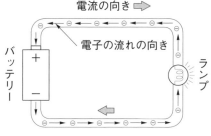

【電子の流れの向きと電流の向き】

◆電流には**直流**（Direct Current 略して **DC**）と**交流**（Alternating Current 略して **AC**）があり、電流の大きさの単位は**アンペア（A）**が用いられている。

直流

◆直流は、回路の中を常に一定の向きに流れる電流、または電流の強さと向きを一定に保って流れる電流をいう。

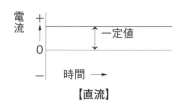

【直流】

◆直流は、乾電池やバッテリー及び直流発電機から得られるほか、シリコン整流器などにより交流を整流しても得られる。交流を整流器で直流に変換して得られた直流は、完全に平滑ではなく波が多少残るため、脈流と呼ばれる。

交流

◆交流は、**電流及び電圧の大きさ並びにそれらの方向が周期的に変化**する電流をいう。

◆発電所から消費地の変電所までの送電には、電力の損失を少なくするため、**特別高圧の交流が使用**されている（※後述の「送電・配電」の項を参照）。

◆交流は、変圧器によって電圧を容易に変えることができる。

◆交流には波形の数により単相交流と三相交流がある。

①単相交流

- 単相交流は、電流等の周期的な変化が一つの波形で表されるものをいう。
- 電灯やテレビなど、家庭用のほとんどが単相交流であり、2本の電線によって供給される。

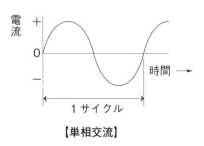

【単相交流】

②三相交流

- 三相交流は、単相交流3つを一定間隔にして集めたものをいい、3本の電線により供給される。
- **工場の動力用電源**には、一般に、**200 V 級又は 400 V 級**の三相交流が使用されている。

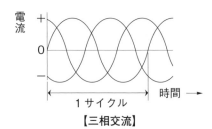

【三相交流】

| 周波数

◆交流において、電流及び電圧の大きさ並びにそれらの方向の周期的な変化は、一定時間ごとに規則的に繰り返され、1秒間に繰り返される数を周波数（サイクル）といい、単位は Hz（ヘルツ）で表す。日本において電力として配電される交流の周波数には、**東日本は 50Hz**（1秒間に 50 サイクル）、**西日本は 60Hz**（1秒間に 60 サイクル）がある。

| 送電・配電

◆**発電所から**変電所や開閉所等に電力を送ることを**送電**という。

◆**変電所や開閉所等から**家庭や工場などに電力を送ることを**配電**という。

◆一般家庭への供給は、**変電所や開閉所までの送電は特別高圧**（7,000V 超）で送られ、そこから高圧（6,600V）で送られたものを柱上変圧器（電柱）でさらに 100V に降圧して送っている。

◆産業用には、200V ～ 400V または 6,000V で供給されている。

② 電圧

◆電流が電子の移動によって生じることは先に述べたが、この電子をマイナスからプラスへ移動させるためには、電線の両端に電子を移動させようとする力が働いていると考えられる。この電気的な圧力を電圧という。

◆例えば、右図のようにAとBのタンクをパイプでつなぐと、水位の高い方から低い方へ水が流れる。これと同じように、水位の差に相当する電位の差があり、電圧の高いものと、低いもの導線でつなぐと、高い方から低い方へ電流が流れる。この場合、電位の高い方をプラス、低い方をマイナスという。

◆電圧の単位はボルト（V）が用いられている。

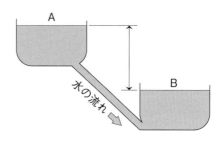

【水位の差と水の流れ】

③ 抵抗

◆下図のように、上下のタンクを太いパイプでつなげた場合と、細いパイプでつなげた場合とでは、単位時間に流れる水の量が違ってくる。また、パイプの長さによっても違う。これは、流れを妨げる作用、すなわち、抵抗が異なるためである。

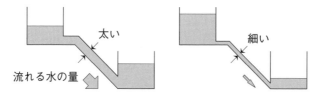

【導管の太さと抵抗】

◆電気の場合もこれと同じように、電位差のある2つのものの間を導線でつなぎ電流を流すと同じ電位差でも、つなげた導線の電気抵抗によって電流の大きさが違ってくる。

◆導線の電気抵抗は、物質によって異なるが、同じ物質の導体の場合、抵抗の値は、長さに比例し、断面積に反比例する。すなわち、長さが2倍になると電気抵抗も2倍になり、断面積が2倍になると電気抵抗は半分になる。
　従って、円形断面の電線の場合、断面の直径が同じまま長さが2倍になると抵抗の値は2倍になり、長さが同じまま断面の直径が2倍になると抵抗の値は4分の1になる。

◆また、電気抵抗は、同じ物質でも温度によって異なる。一般に、抵抗は温度が
　上がると、金属では増加し、半導体等では減少する性質を持っている。

◆抵抗の単位は**オーム（Ω）**が用いられている。

合成抵抗

◆合成抵抗とは、回路中にある複数の抵抗を合成したときの大きさのことをいう。

◆電気回路における抵抗の接続には、**直列または並列接続**とがある。

①直列接続の合成抵抗

- 直列接続の合成抵抗は、接続さ
  れた抵抗値の総和になる。

  合成抵抗 $R = R_1 + R_2 + R_3$

合成抵抗 $= R_1 + R_2 + R_3$

【直列接続の合成抵抗】

②並列接続の合成抵抗

- 並列接続の合成抵抗は、接続された抵抗値の逆数の和になる。従って、抵
  抗を並列につないだときの合成抵抗の値は、個々の抵抗の値のどれよりも
  小さい。

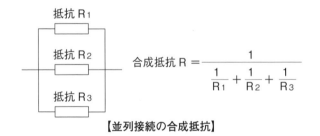

合成抵抗 $R = \dfrac{1}{\dfrac{1}{R_1} + \dfrac{1}{R_2} + \dfrac{1}{R_3}}$

【並列接続の合成抵抗】

③直列と並列接続を組み合わせた合成抵抗

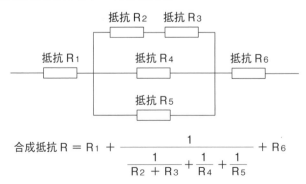

合成抵抗 $R = R_1 + \dfrac{1}{\dfrac{1}{R_2 + R_3} + \dfrac{1}{R_4} + \dfrac{1}{R_5}} + R_6$

【直列と並列接続を組み合わせた合成抵抗】

【例題】図のような回路について、AB 間の合成
抵抗 R の値はいくつか。

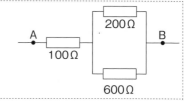

《解答》

$$合成抵抗 R = 100\ \Omega + \cfrac{1}{\cfrac{1}{200\ \Omega} + \cfrac{1}{600\ \Omega}} = 100\ \Omega + \cfrac{1}{\cfrac{3+1}{600\ \Omega}}$$

$$= 100\ \Omega + \cfrac{1}{\cfrac{4}{600\ \Omega}} = 100\ \Omega + \cfrac{600\ \Omega}{4}$$

$$= 100\ \Omega + 150\ \Omega = \underline{\textbf{250 Ω}}$$

※編注："逆数"はその数に掛け合わせると 1 となる数を指す。また、例題の計算式にあるように、合成抵抗を求める際には"通分"が必要になる場合が多い。"通分"とは、複数の分数の分母を揃えることをいう。

4 オームの法則

◆電流、電圧及び抵抗の間には、一定の関係がある。
「回路に流れる電流の大きさは、回路にかかる**電圧に比例**し、回路の**抵抗に反比例**する。」
これをオームの法則といい、次式で表される。

$$電流 (I) = \frac{電圧 (V)}{抵抗 (R)}$$

◆また、上記の式を変形させると、次のようになる。これらの式により、電流、電圧または抵抗のうち、いずれか 2 つ分かれば残りの 1 つが求められる。

$$電圧 (V) = 電流 (I) \times 抵抗 (R)$$

$$抵抗 (R) = \frac{電圧 (V)}{電流 (I)}$$

5 電力及び電力量

電力

◆電球、電熱器や電動機等に電流を流すと、電気の持つエネルギーは光や熱エネルギーや機械エネルギーに変わり仕事をする。この電気エネルギーの単位時間あたりの量を電力といい、その単位はワット（W）が用いられている。

◆電球や電熱器には、「100V　60W」や「100V　500W」等と表示してあるが、100V は 100V の電圧で使用する機械であることを表しており、60W や 500W は電球や電熱器等が消費する電力を表している。

◆回路が消費する電力は、回路にかかる電圧と回路に流れる電流の積で求められる。従って、回路の抵抗が同じ場合、回路に流れる電流が大きいほど回路が消費する電力は大きくなる。

電力 ＝ 電圧 × 電流＝（電流）^{2}×抵抗＝（電圧）^{2}／抵抗

電力量

◆一定の単位時間内に消費する電力の量は、電力量と呼ばれ、電力と時間の積で求められる。電力量の単位は、W·h（ワット時、またはワットアワー）が用いられている。

電力量〔W・h〕＝ 電力〔W〕× 時間〔h〕

6 単位の接頭語

◆電流、電圧、抵抗及び電力等の数値が小さすぎる場合や、大きすぎる場合、基本となる単位と共に国際単位系 (SI) における接頭語を付けたものが用いられる。
〔単位の接頭語〕

接頭語	記号	十進数表記	使用例
メガ	M	1,000,000（百万）	1,000,000 Ω＝1 MΩ（メガオーム）
キロ	K	1,000（千）	1,000V ＝ 1 kV（キロボルト）
			10,000V ＝ 10kV（キロボルト）
ミリ	m	0.001（千分の一）	1 A ＝ 1,000mA（ミリアンペア）
			0.001A ＝ 1 mA（ミリアンペア）

7 絶縁

◆物体（物質）には、電気をよく通す導体（電導体）と、通しにくい不導体（絶縁体）及びその中間の性質を持つ半導体がある。

〔導体と半導体及び絶縁体〕

導体（電導体）の例	半導体の例	不導体（絶縁体）の例
・**アルミニウム**	・ゲルマニウム	・**空気**
・**ステンレス**	・シリコン	・**雲母**（鉱物の一種）
・**鋳鉄**	・セレン	・**磁器**
・**銅**	…ほか	・が̇い̇し̇
・**鉛・黒鉛**		・ゴム
・**海水**		・ビニール
・**大地**		・ポリエチレン
・銅		・樹脂
・鉄		・ガラス
・ニクロム線		・大理石
・銀		・セラミック
…ほか		・ベークライト
		・木材
		…ほか

◆電気は、一般に金属の導体を通じて供給しているため、必要以外の箇所へ電気が流れないようにしなければならない。そのため電線や電気機器の線間などを絶縁体で包む必要がある。この絶縁体を用いて目的以外の箇所へ電流を流さない処置を**絶縁**という。

ポイント

『ほとんどの金属類、大地、磁石、海水』が電気をよく通す導体（電導体）、それ以外は電気を通しづらい（半導体）、あるいは通さないもの（不導体）という具合に覚えておくといいかもしれないね！

. . . .

1 漏えい電流

◆絶縁物は、抵抗が非常に大きく電気を通しにくいものであるが、電気が全く流れないのではない。普通の使用状態であっても、ごくわずかではあるが電気は絶縁体の内部や表面に沿って流れている。このわずかに流れる電流を漏えい電流という。

◆絶縁体が湿気を帯びたり、熱（日光）などにより劣化すると、漏えい電流が多くなる。また、絶縁体の表面がカーボンなどの導体で覆われる事により漏えい電流が多くなる場合もある。

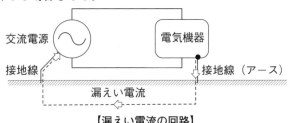

【漏えい電流の回路】

◆また、電気の漏えいを遮る力の大きさを絶縁抵抗といい、回路の電圧と、漏えい電流の比で表すことができる。

$$絶縁抵抗 = \frac{回路の電圧}{漏えい電流}$$

◆漏えい電流が多くなると、いわゆる漏電事故を起こし、感電や災害の原因となる。メガーと呼ばれる絶縁抵抗計により定期的に点検を行い、電気機器の絶縁状態を良好に保つ必要がある。

. . . .

2 感電

◆感電とは、人体に電流が流れて苦痛や硬直その他の影響を受けることをいう。

◆感電による被害の程度は、人体に流れる電流の経路、電流の大きさ、通電時間、電源の種類（直流もしくは交流）、体質及び健康状態等により異なる。その中で、最も人体に影響を与えるのが「電流の大きさ」と「通電時間」である。

◆電気火傷はアークなどの高熱による熱傷のほか、電流通過によるジュール熱※によって生じる皮膚や内部組織の傷害がある。

◆電気火傷は、外部からの火傷と同様に**皮膚深部まで及ぶ**ことがあり**危険**である。

> ※編注：電熱器のニクロム線（電熱線）のような抵抗に電流が流れると、電力のほとんどが熱となる。このときに発生する熱をジュール熱という。

◆感電による死亡原因は、電圧により次のように分けられる。

〔電圧と死亡原因〕

電圧	死亡原因
低い	心室細動※ 及び呼吸停止
高い	接触によるアーク熱と通過によるジュール熱による火傷

※**心室細動**とは、いわゆる心臓麻痺のことで、心臓の筋肉がけいれんをしたような状態になる致死性不整脈の一つ。心臓の収縮・膨張が起こらず、血液の循環機能が失われて死に至る。感電状態を取り除き、AED（自動体外式除細動器）を用いて除細し、正常なリズムに戻すことが必要となる。

人体反応曲線図

◆感電の危険を評価する基準は、IEC（国際電気標準会議）による人体反応曲線図により示されている。この図によると、50mA の電流が人体を流れた場合では通電時間約1秒で心室細動を起こす可能性があることが分かる。同様に、100mA では 0.5 秒となる

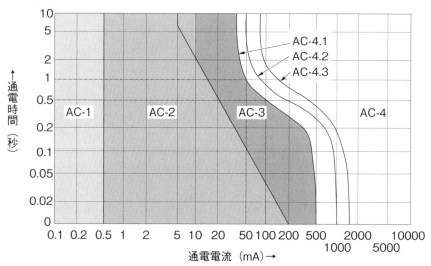

【国際電気標準会議（IEC）による人体反応曲線図】

《電流／時間領域と人体の反応》
AC-1…無反応
AC-2…有害な生理的影響はない
AC-3…人体への障害は予期されないが、電流が2秒以上継続すると痙攣性（けいれんせい）の筋収縮や呼吸困難、あるいは一時的な心拍停止や心房細動を含んだ回復可能な心臓障害が生じる
AC-4…AC-3 の反応に心停止、呼吸停止、重度の火傷が加わる。
　AC-4.1：心室細動の確率が約5％まで増加。
　AC-4.2：心室細動の確率が約50％まで増加。
　AC-4.3：心室細動の確率が約50％以上を超えて増加。

安全限界

◆人体に 50mA の電流が流れた場合、通電時間が 3 秒を超えると心室細動を起こして死に至る。このため、**50mA 秒を安全限界**と定めている。

人体の通電電流

◆人体に流れる電流の大きさは、オームの法則により、人体の内部抵抗と電圧により求めることができる。

◆人体の抵抗は、内部組織と皮膚の抵抗で決まり、皮膚の抵抗は乾湿、電極との接触面積などの条件により大幅に変動して、特に**乾湿による影響が大きい**。

◆一般に、手〜足間で約 500 Ω とされているが、人体の内部組織を覆っている皮膚の抵抗値は、乾燥している場合は約 4,000 Ω、湿潤時は約 2,000 Ω とされ条件により異なる。従って、感電災害は汗を掻いて皮膚が湿潤状態になり抵抗値が下がっている夏場に多く発生している。

◆仮に人体の抵抗を 500 Ω として 100V の電圧に感電した場合、人体の通過電流は次のとおりとなる。

$$電流（I）= \frac{電圧（E）}{人体の抵抗（R）} = \frac{100V}{500\ Ω} = 200mA$$

3 感電の防止と対策

◆移動式クレーンの作業における感電災害や停電事故は、ジブや巻上げ用ワイヤロープが送電・配電線などに接近することによる放電、あるいは接触することなどによって起こる。したがって、感電の危険性を下げるには作業をするうえで、定められた**離隔距離（安全距離）**を保ち、これを順守することが大事である。

離隔距離（安全距離）

◆架空送電線は、移動式クレーンのジブ、巻上げ用ワイヤロープなどが送電線表面に**直接接触しなくても放電することがある**ため、感電災害を防止するための離隔距離をとる必要がある。

◆離隔距離は**電力会社によって異なる**ため、事前に確認が必要である。

〔離隔距離（安全距離）とがいし数（※）〕

電圧の種類	公称電圧	離隔距離（安全距離）	がいし数 （参照値）
低圧（配電線）	100V	2 m	1 個
高圧（配電線）	6,600V		1 個
特別高圧（送電線）	11,000V 〜 500,000V	2 m〜 11 m	2 〜 35 個

※がいしとは、鉄塔や電柱などに設置する絶縁機器を指す。

防止対策

◆移動式クレーンの作業の現場やその周辺に送電線や配電線がある場合は、事前にその位置やクレーンの作業範囲を把握し、電力会社などと十分協議したうえで作業計画を立てて、適正な作業を行うこと。

◆作業を開始する際は、以下の点に注意する。

　①電路等から十分に離した安全な位置にクレーンを設置し、運行経路を定める。

　②ジブに控えロープや警報装置等を取り付けて、ジブがこの範囲を超えることがないようにする（適切な作業範囲を設定する）。

　③危険範囲を明示するため、**ロープや柵あるいはポール**などを立てる。

　④やむを得ず、ロープや柵などの囲いを設けることができない場合は、現場の全ての人員に絶縁保護具を装着し、**監視員を配置しその者の監視下**で作業する。

　⑤市街地の電柱上に設けられた 6,600 V の高圧架空配電線の直近で、移動式クレーンを用いた作業を行う場合は、**電線防護管を設ける**（※ジブが電線に直接接触するおそれが少ない作業方法の場合でも設けること）。

接触時の措置

◆万一、ジブなどが送配電線に接触してしまった場合は、以下の措置をとること。

　①あわてずに、接触直前の操作と逆の操作（ジブ起こし時はジブを倒し、右旋回時は左旋回させる）を行い、ジブなどを電線から離す。

　②電線が切れた場合は、たれ下がった電線に近づかないように囲いを設置し、立入禁止の措置をとる。

　③すぐに現場責任者に報告して、電力会社に連絡して指示を受ける。

　④移動式クレーンの運転席に乗っている運転士は、抵抗の関係上、人体には電流が流れないため、**そこを動かない限り感電することはない**が、移動式クレーンを離れなければならない場合は、**機体と地面に同時に接触しないようできるだけ離れた位置に一気に飛び降りる**こと。

　⑤負傷者が出た際は、一刻も早く救急措置を行う（負傷者が心停止した際に、負傷者からの感電のおそれがないことが明らかな場合は、心臓マッサージ、AED あるいは人工呼吸などを適宜行いつつ、救急搬送を待つ）。

◆**略語について**

本章において、法令名称を次のように略し条文の末尾に記載している。

略語	正式名称
法	労働安全衛生法
令	労働安全衛生法施行令
規則	労働安全衛生規則
安全規則	クレーン等安全規則

◆**用語について**

法令では基準値を表す際、次のような用語がよく使用されている。また、クレーンに関する法令等において、重量を質量の意味で用いているものがある。

用語	定義	
▪超えない ▪以上、以下 ▪以内、以外	その基準点を含む	超えない 以下 以内 以上 以外 ◀──────●──────▶ 基準点を**含む**
▪未満 ▪下回る	その基準点を含まず、それより少ないこと	未満 下回る 超える 上回る ◀──────○──────▶ 基準点を**含まない**
▪超える ▪上回る	その基準点を含まず、それより大きいこと	

◆**法令文ついて**

法令は一部原文を省略、または適当な語句に言い換えているものもある。

◆**目次と近年の出題歴・傾向** ※傾向：★＝頻出度／数字＝関連する設問数

節目	項目	傾向	出題年月					
			R5.10	R5.4	R4.10	R4.4	R3.10	R3.4
① 製造 及び設置	**1** 製造許可 (P.76)			1				1
	2 製造検査 (P.76)	★★★	4	5	1	2	2	1
	3 使用検査 (P.77)	★★★	1	1	1	2	1	2
	4 移動式クレーン検査証 (P.77)	★★	1	1	1			
	5 設置報告書 (P.77)	★★	1	1				
② 使用 及び就業	**1** 製造許可検査証の備付け (P.78)						1	
	2 使用の制限 (P.78)	★★		1	1	1		
	3 巻過防止装置の調整 (P.78)						1	
	4 安全弁の調整 (P.78)	★★★	1	1	1	1	1	1
	5 作業の方法等の決定等 (P.78)							
	6 外れ止め装置の使用 (P.79)							
	7 特別の教育及び就業制限 (P.79)	★★★	3	3	3	3	1	1

		★						
	⑧ 過負荷の制限 (P.79)	★		1			1	
	⑨ 傾斜角の制限 (P.79)	★★★	1	1	1	1	1	1
	⑩ 定格荷重の表示等 (P.79)	★★★	1	1	1	1	1	
	⑪ 使用の禁止 (P.80)	★★★	1	1	1	1	1	
	⑫ アウトリガー等の張り出し (P.80)						1	
	⑬ 運転の合図 (P.80)				5			
	⑭ 搭乗の制限 (P.80)	★★	1		1	1	1	
	⑮ 立入禁止 (P.81)	★★★	1	2		1	1	1
	⑯ 強風時の作業中止・転倒の防止 (P.82)	★		1			1	
	⑰ 運転位置からの離脱の禁止 (P.82)			1				
	⑱ ジブの組立て等の作業 (P.82)							
③ 定期自主検査等	❶ 定期自主検査（年次の検査）(P.83)	★★★	1		1	1	1	1
	❷ 定期自主検査（月次の検査）(P.83)	★★★	1	2	3	2	1	1
	❸ 作業開始前の点検 (P.83)	★★★	1	1	1	1	1	1
	❹ 自主検査の記録 (P.84)	★★★	1	1		1	1	1
	❺ 補修 (P.84)	★	1	1				
④ 性能検査 (P.84)		★★★	2	1	2	2	2	2
⑤ 変更、休止、廃止等	❶ 移動式クレーンの変更 (P.85)	★★★	1	1	1	2	3	2
	❷ 休止の報告 (P.86)	★	1		1			
	❸ 移動式クレーンの使用再開 (P.86)	★★★	2	2	1	2	2	2
	❹ 検査証の返還 (P.86)	★★★	1	1			1	1
	❺ 移動式クレーンの譲渡・貸与 (P.86)	★	1	1				
⑥ 玉掛け	❶ 玉掛用具の安全係数 (P.87)	★★★	1	1	1	1	1	1
	❷ 不適格な玉掛用具 (P.88)	★★★	3	3	3	3	1	1
	❸ リングの具備等 (P.91)	★★			1	1		1
	❹ 使用範囲の制限 (P.92)						1	
	❺ 就業制限 (P.92)	★★★	2	2	2	2	1	1
⑦ 移動式クレーンの運転士免許	❶ 移動式クレーン運転士免許 (P.93)							
	❷ 免許の欠格事項 (P.93)							
	❸ 免許証の携帯 (P.93)	★★	1	1	1			
	❹ 免許証の再交付または書替え (P.93)	★★★	1	1	1		1	1
	❺ 免許の取消し等 (P.93)	★★	2	2	2			
	❻ 免許の取消しの申請手続 (P.94)							
	❼ 免許証の返還 (P.94)	★★★	1	1	1	5		1
⑧ その他関係条文（抜粋）	❶ 重量表示 (P.95)							
	❷ 安全装置等の有効保持 (P.95)	★	1	1				
	❸ 事故報告 (P.95)							

第3章 関係法令

ポイント

関係法令の問題では、選択肢の文章中に【〜とする。ただし〜の場合、この限りではない。】のように、正解の文章の後に、誤った一文を付け加えてくるパターンが多いのよ。例外があるのかまたはないのかをちゃんと把握しておくことが大事ね！

1 製造及び設置

※編注:本節における移動式クレーンとは、つり上げ荷重が3トン以上のものに限る。

- -

◢1◣ 製造許可

◆移動式クレーンを製造しようとする者は、その製造しようとする移動式クレーンについて、あらかじめ、**所轄都道府県労働局長の許可**を受けなければならない。ただし、既に当該許可を受けている移動式クレーンと型式が同一である移動式クレーンについては、この限りでない。〈安全規則・53条−1項〉

◆上記の許可を受けようとする者は、移動式クレーン製造許可申請書に移動式クレーンの組立図及び次の事項を記載した書面を添えて、所轄都道府県労働局長に提出しなければならない。〈安全規則・53条−2項〉
　①強度計算の基準
　②製造の過程において行なう検査のための設備の概要
　③主任設計者及び工作責任者の氏名及び経歴の概要

- -

◢2◣ 製造検査　　　　　　　　　　　　　　　　　★よく出る！

◆移動式クレーンを製造した者は、**所轄都道府県労働局長の検査**を受けなければならない。（製造検査）〈安全規則・55条−1項〉

◆製造検査においては、移動式クレーンの各部分の構造及び機能について点検を行なうほか、**荷重試験及び安定度試験**を行うものとする。〈安全規則・55条−2項〉

◆上記の荷重試験は、移動式クレーンに**定格荷重の1.25倍**に相当する荷重（定格荷重が200トンをこえる場合は、定格荷重に50トンを加えた荷重）の荷をつって、つり上げ、旋回、走行等の作動を行なうものとする〈安全規則・55条−3項〉

◆上記の安定度試験は、移動式クレーンに**定格荷重の1.27倍**に相当する荷重の荷をつって、当該移動式クレーンの安定に関し最も不利な条件で地切りすることにより行なうものとする。〈安全規則・55条−4項〉

製造検査を受ける場合（必要であると認められた場合）の措置　〈安全規則・56条 他〉

　①**検査しやすい位置に移す**こと。
　②荷重試験及び安定度試験のための**荷及び玉掛用具を準備する**こと。
　③安全装置を分解すること。
　④塗装の一部をはがすこと。
　⑤リベットを抜き出し、または部材の一部に穴をあけること。
　⑥ワイヤーロープの一部を切断すること。
　⑦前各号に掲げる事項のほか、当該検査のため必要と認める事項
　⑧製造検査を受ける者は、当該**検査に立ち会わなければならない。**

❸ 使用検査

★よく出る！

◆次の者は、当該移動式クレーンについて、**都道府県労働局長**の検査を受けなければならない。〈安全規則・57条−1項〉

①**移動式クレーンを輸入した者**

②製造検査または使用検査を受けた後設置しないで2年以上経過した移動式クレーンを設置しようとする者

③**使用を廃止した移動式クレーンを再び設置し、または使用しようとする者**

※編注：使用検査の内容は前項〈❷製造検査〉の内容と同じ。

❹ 移動式クレーン検査証

［交付］

◆**都道府県労働局長**は、製造検査または使用検査に合格した移動式クレーンについて、申請書を提出した者に対し、移動式クレーン検査証を交付するものとする。

〈安全規則・59条−1項〉

［再交付］

◆移動式クレーンを設置している者は、移動式クレーン検査証を**滅失しまたは損傷**したときは、移動式クレーン検査証再交付申請書に次の書面を添えて、**所轄労働基準監督署長を経由**し移動式クレーン検査証の交付を受けた**都道府県労働局長**に提出し、再交付を受けなければならない。〈安全規則・59条−2項〉

①移動式クレーン検査証を滅失したときは、その旨を明らかにする書面

②移動式クレーン検査証を損傷したときは、当該移動式クレーン検査証

［名義の書替え］

◆移動式クレーンを設置している者に**異動**があったときは、移動式クレーンを設置している者は、当該**異動後10日以内**に、移動式クレーン検査証書替申請書に移動式クレーン検査証を添えて、**所轄労働基準監督署長を経由**し移動式クレーン検査証の交付を受けた**都道府県労働局長**に提出し、**書替え**を受けなければならない。〈安全規則・59条−3項〉

▎ 検査証の有効期間

◆移動式クレーン検査証の有効期間は、2年とする。ただし、製造検査または使用検査の結果により当該期間を2年未満とすることができる。〈安全規則・60条〉

❺ 設置報告書

◆移動式クレーンを設置しようとする事業者は、**あらかじめ**、移動式クレーン設置報告書に移動式クレーン**明細書**及び移動式クレーン検査証を添えて、**所轄労働基準監督署長**に提出しなければならない。〈安全規則・61条〉

2 | 使用及び就業

1 製造許可検査証の備付け

◆事業者は、つり上げ荷重が３トン以上の移動式クレーンを用いて作業を行なうときは、当該移動式クレーンに、その移動式クレーン検査証を備え付けておかなければならない。〈安全規則・63条〉

2 使用の制限

◆事業者は、つり上げ荷重が３トン以上の移動式クレーンについては、厚生労働大臣の定める基準（移動式クレーンの構造に係る部分に限る。）に適合するものでなければ使用してはならない。〈安全規則・64条〉

◆事業者は、つり上げ荷重が 0.5 トン以上の移動式クレーンについては、厚生労働大臣の定める規格又は安全装置を具備したものでなければ、使用してはならない。〈規則・27条〉

3 巻過防止装置の調整

◆事業者は、移動式クレーンの巻過防止装置については、フック、グラブバケット等のつり具の上面または当該つり具の巻上げ用シーブの上面とジブの先端のシーブその他当該上面が接触するおそれのある物（傾斜したジブを除く）の下面との間隔が **0.25 m**（**直働式の巻過防止装置にあっては 0.05 m**）以上となるように調整しておかなければならない。〈安全規則・65条〉（※１章５節「巻過防止装置」の項参照。）

4 安全弁の調整　　　　　　　　　★よく出る！

◆事業者は、水圧または油圧を動力として用いる移動式クレーンの当該水圧または油圧の過度の昇圧を防止するための安全弁については、**最大の定格荷重**に相当する荷重をかけたときの水圧または油圧に相当する**圧力以下**で作用するように調整しておかなければならない。〈安全規則・66条〉

※編注：設定圧力 100 の場合、圧力 99 以下で安全弁が作動するように調整する。

5 作業の方法等の決定等

◆事業者は、移動式クレーンを用いて作業を行うときは、危険を防止するため、あらかじめ、当該作業に係る場所の広さ、地形及び地質の状態、運搬しようとする荷の重量、使用する移動式クレーンの種類及び能力等を考慮して、次の事項を定めなければならない。〈安全規則・66条の2〉

①移動式クレーンによる作業の方法

②移動式クレーンの転倒を防止するための方法

③移動式クレーンによる作業に係る労働者の配置及び指揮の系統

⑥ 外れ止め装置の使用

◆事業者は、移動式クレーンを用いて荷をつり上げるときは、外れ止め装置を使用しなければならない。〈安全規則・66条の3〉

⑦ 特別の教育及び就業制限　　　　　　　　　　　　★よく出る！

◆事業者は、**つり上げ荷重が1トン未満**の移動式クレーンの運転（公道の走行を除く。）の業務に労働者を就かせるときは、当該労働者に対し、当該業務に関する安全のための**特別の教育**を行わなければならない。〈安全規則・67条〉

◆（前略）**つり上げ荷重が1トン以上5トン未満**の移動式クレーンの運転の業務については、**小型移動式クレーン運転技能講習**を修了した者を当該業務に就かせることができる。〈安全規則・68条〉

※編注：上記をまとめると次表のとおり。

移動式クレーンのつり上げ荷重による区分	運転に必要な資格		
	特別の教育	技能講習	移動式クレーン運転士免許
つり上げ荷重5トン以上	運転不可	運転不可	運転可
つり上げ荷重1トン以上5トン未満		運転可	
つり上げ荷重1トン未満	運転可		

⑧ 過負荷の制限

◆事業者は、移動式クレーンにその定格荷重をこえる荷重をかけて使用してはならない。〈安全規則・69条〉

⑨ 傾斜角の制限　　　　　　　　　　　　★よく出る！

◆事業者は、移動式クレーンについては、移動式クレーン**明細書**に記載されている**ジブの傾斜角**（つり上げ荷重が3トン未満の移動式クレーンにあっては、これを製造した者が指定した**ジブの傾斜角**）の範囲をこえて使用してはならない。

〈安全規則・70条〉

⑩ 定格荷重の表示等

◆事業者は、移動式クレーンを用いて作業を行うときは、移動式クレーンの**運転者及び玉掛け**をする者が当該移動式クレーンの**定格荷重**を常時知ることができるよう、表示その他の措置を講じなければならない。〈安全規則・70条の2〉

Ⅲ 使用の禁止

◆事業者は、**地盤が軟弱**であること、埋設物その他地下に存する工作物が損壊するおそれがあること等により移動式クレーンが転倒するおそれのある場所においては、移動式クレーンを用いて**作業を行ってはならない**。ただし、当該場所において、移動式クレーンの転倒を防止するため必要な広さ及び強度を有する鉄板等が敷設され、その上に移動式クレーンを設置しているときは、この限りでない。〈安全規則・70条の3〉

Ⅻ アウトリガー等の張り出し

◆事業者は、アウトリガーを有する移動式クレーンまたは拡幅式のクローラを有する移動式クレーンを用いて作業を行うときは、当該アウトリガーまたはクローラを最大限に張り出さなければならない。ただし、アウトリガーまたはクローラを最大限に張り出すことができない場合であって、当該移動式クレーンに掛ける荷重が当該移動式クレーンのアウトリガーまたはクローラの張り出し幅に応じた定格荷重を下回ることが確実に見込まれるときは、この限りでない。

〈安全規則・70条の5〉

ⅩⅢ 運転の合図

◆事業者は、移動式クレーンを用いて作業を行なうときは、移動式クレーンの運転について一定の合図を定め、合図を行なう者を指名して、その者に合図を行なわせなければならない。ただし、移動式クレーンの運転者に**単独で作業を行なわせるとき**は、この限りでない。〈安全規則・71条〉

◆前項の指名を受けた者は、移動式クレーンを用いて行う作業に従事するときは、事業者が定めた「一定の合図」を行わなければならない。〈安全規則・71条の2〉

◆移動式クレーンを用いて行う作業に従事する労働者は、当該「合図を行う者」が行う合図に従わなければならない。〈安全規則・71条の3〉

ⅩⅣ 搭乗の制限

◆事業者は、移動式クレーンにより、労働者を運搬し、または労働者をつり上げて作業させてはならない。〈安全規則・72条〉

◆ただし、作業の性質上やむを得ない場合または安全な作業の遂行上必要な場合は、移動式クレーンの**つり具**に専用のとう乗設備を設けて当該とう乗設備に労働者を乗せることができる。〈安全規則・73条−1項〉

◆上記の場合、とう乗設備については、**墜落**による労働者の危険を防止するため、とう乗設備の転位及び脱落を防止する措置を講ずること、労働者に**要求性能墜落制止用器具等**（※編注：《**18** ジブの組立て等の作業》「編注の記載内容」参照）を使用させること、などの事項を行わなければならない。

〈安全規則・73条−2項　1、2号（3、4号は省略）〉

15 立入禁止 　　　　　　　　　　　　　　　　★よく出る！

◆事業者は、移動式クレーンに係る作業を行うときは、当該移動式クレーンの**上部旋回体と接触する**ことにより労働者に危険が生ずるおそれのある箇所に労働者を立ち入らせてはならない。〈安全規則・74条〉

◆事業者は、移動式クレーンに係る作業を行う場合であって、次のいずれかに該当するときは、つり上げられている荷の下に労働者を立ち入らせてはならない。

〈安全規則・74条の2〉

①**ハッカー**を用いて玉掛けをした荷がつり上げられているとき。

②**つりクランプ1個**を用いて玉掛けをした荷がつり上げられているとき。

③ワイヤーロープ等を用いて**1箇所に玉掛け**をした荷がつり上げられているとき（当該**荷に設けられた穴**または**アイボルトにワイヤロープ等を通して玉掛けをしている場合を除く。**）

④複数の荷が一度につり上げられている場合であって、当該複数の荷が結束され、箱に入れられる等により**固定されていない**とき。

⑤**磁力または陰圧**（編注：リフティングマグネット、バキューム式つり具等）により吸着させるつり具または玉掛用具を用いて玉掛けをした荷が、つり上げられているとき。

⑥**動力下降以外**の方法により荷またはつり具を下降させるとき。

①ハッカー
※個数問わず

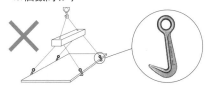

②つりクランプ1個

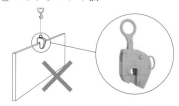

③1箇所の玉掛け

④複数の荷が固定されていない

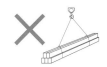

⑤磁力または陰圧

⑥自由降下によるつり荷下降時

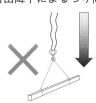

【つり荷の下への立入禁止】

※編注：原則的に、吊り荷の下に労働者を立ち入らせていはいけない。やむを得ず立ち入らせなければならない場合であっても、前述の①～⑥に掲げた条件下においては、絶対に立ち入ることは認められない。

🔟 強風時の作業中止・転倒の防止

◆事業者は、**強風**のため、移動式クレーンに係る作業の実施について危険が予想されるときは、当該**作業を中止しなければならない**。〈安全規則・74条の3〉

◆また、作業を中止した場合であって移動式クレーンが**転倒**するおそれのあるときは、当該移動式クレーンの**ジブの位置**を固定させる等により移動式クレーンの転倒による労働者の危険を防止するための措置を講じなければならない。

〈安全規則・74条の4〉

🔟 運転位置からの離脱の禁止

◆事業者は、移動式クレーンの運転者を、**荷をつったままで**、運転位置から離れさせてはならない。〈安全規則・75条－1項〉

◆上記の運転者は、**荷をつったままで**、運転位置を離れてはならない。

〈安全規則・75条－2項〉

🔟 ジブの組立て等の作業

▌ジブの組立てまたは解体作業時の措置 〈安全規則・75条の2－1項〉

①作業を指揮する者を選任して、その者の指揮の下に作業を実施させること。

②作業を行う区域に関係労働者以外の労働者が立ち入ることを禁止し、かつ、その旨を見やすい箇所に表示すること。

③強風、大雨、大雪等の悪天候のため、作業の実施について危険が予想されるときは、当該作業に労働者を従事させないこと。

▌作業を指揮する者の実施事項 〈安全規則・75条の2－2項〉

①作業の方法及び労働者の配置を決定し、作業を指揮すること。

②材料の欠点の有無並びに器具及び工具の機能を点検し、不良品を取り除くこと。

③作業中、要求性能墜落制止用器具等及び保護帽の使用状況を監視すること。

※編注：要求性能墜落制止用器具等とは、墜落による危険のおそれに応じた性能を有する墜落制止用器具のこと。ハーネスなどの安全帯を指す。

3	定期自主検査等

◼️ 定期自主検査（年次の検査）　★よく出る！

◆事業者は、移動式クレーンを設置した後、１年以内ごとに１回、定期に、当該移動式クレーンについて自主検査を行なわなければならない。ただし、１年をこえる期間使用しない移動式クレーンの当該使用しない期間においては、この限りでない。〈安全規則・76条－１項〉

◆事業者は、上記の移動式クレーンについては、その**使用を再び開始する際**に、自主検査を行なわなければならない。〈安全規則・76条－２項〉

◆事業者は、年次の自主検査においては、荷重試験を行わなければならない。ただし、当該自主検査を行う日**前２月以内**に性能検査における荷重試験を行った移動式クレーンまたは当該自主検査を行う日**後２月以内**に移動式クレーン検査証の有効期間が満了する移動式クレーンについては、この限りでない。

〈安全規則・76条－３項〉

◆上記の荷重試験は、移動式クレーンに**定格荷重**に相当する荷重の荷をつって、つり上げ、旋回、走行等の作動を**定格速度**により行なうものとする。

〈安全規則・76条－４項〉

◼️ 定期自主検査（月次の検査）　★よく出る！

◆事業者は、移動式クレーンについては、１月以内ごとに１回、定期に、次の事項について自主検査を行なわなければならない。ただし、１月をこえる期間使用しない移動式クレーンの当該使用しない期間においては、この限りでない。

〈安全規則・77条－１項〉

①巻過防止装置その他の安全装置、過負荷警報装置その他の警報装置、**ブレーキ及びクラッチ**の異常の有無
②ワイヤロープ及びつりチェーンの損傷の有無
③フック、グラブバケット等のつり具の損傷の有無
④配線、配電盤及びコントローラーの異常の有無

◆事業者は、１月をこえる期間使用しない移動式クレーンについては、その使用を再び開始する際に、上記の事項について自主検査を行なわなければならない。

〈安全規則・77条－２項〉

◼️ 作業開始前の点検

◆事業者は、移動式クレーンを用いて作業を行なうときは、その日の作業を**開始する前**に、**巻過防止装置**、過負荷警報装置その他の警報装置、**ブレーキ、クラッチ及びコントローラー**の機能について点検を行なわなければならない。

〈安全規則・78条〉

❹ 自主検査の記録　★よく出る！

◆事業者は、この節（※3節）に定める自主検査の結果を記録し、これを**3年間保存**しなければならない。〈安全規則・79条〉

❺ 補修

◆事業者は、この節（※3節）に定める自主検査または点検を行なった場合において、異常を認めたときは、**直ちに**補修しなければならない。〈安全規則・80条〉

4	性能検査	★よく出る！

※編注：本節における移動式クレーンとは、つり上げ荷重が3トン以上のものに限る。

性能検査

◆移動式クレーンに係る性能検査においては、移動式クレーンの各部分の**構造**及び**機能**について点検を行なうほか、**荷重試験**（※編注：本章3節『定期自主検査等』〈❶定期自主検査（年次の検査）〉参照）を行なうものとする。〈安全規則・81条〉

※編注：荷重試験は定期自主検査の規定を準用し、安定度試験は行わない。

性能検査の申請等

◆労働基準監督署長が行う、移動式クレーンに係る性能検査を受けようとする者は、移動式クレーン性能検査申請書を所轄労働基準監督署長に提出しなければならない。〈安全規則・82条〉

性能検査を受ける場合の措置

◆製造検査の規定（※編注：1節『製造及び設置』〈❷製造検査を受ける場合の措置〉参照）は、前条の移動式クレーンに係る性能検査を受ける場合について準用する。

〈安全規則・83条、56条準用〉

検査証の有効期間の更新

◆検査証の有効期間の更新を受けようとする者は、厚生労働省令で定めるところにより、（中略）厚生労働大臣の登録を受けた者（以下「**登録性能検査機関**」という。）が行う性能検査を受けなければならない。〈法・41条−2項〉

◆**登録性能検査機関**は、移動式クレーンに係る性能検査に合格した移動式クレーンについて、移動式クレーン検査証の有効期間を更新するものとする。この場合において、性能検査の結果により**2年未満または2年を超え3年以内の期間**を定めて有効期間を更新することができる。〈安全規則・84条〉

※編注：本節における移動式クレーンとは、つり上げ荷重が３トン以上のものに限る。

. . . .

1 移動式クレーンの変更　　　　　　　　　　　★よく出る！

┃ 変更届

◆事業者は、移動式クレーンについて、次の各号のいずれかに掲げる部分を変更しようとするときは、移動式クレーン**変更届**に移動式クレーン**検査証及び変更しようとする部分の図面**を添えて、**所轄労働基準監督署長**に提出しなければならない。〈安全規則・85条〉

①**ジブその他の構造部分**

②原動機

③ブレーキ

④つり上げ機構

⑤ワイヤロープまたはつりチェーン

⑥フック、グラブバケット等のつり具

⑦**台車**

┃ 変更検査

◆上記「変更届」①**ジブその他の構造部分**または⑦**台車**に該当する部分に変更を加えた者は、当該移動式クレーンについて、所轄労働基準監督署長の検査（変更検査）を受けなければならない。ただし、所轄労働基準監督署長が当該検査の必要がないと認めた移動式クレーンについては、この限りでない。

〈安全規則・86条－1項〉

◆変更検査を受けようとする者は、移動式クレーン変更検査申請書を所轄労働基準監督署長に提出しなければならない。〈安全規則・86条－3項〉

┃ 変更検査を受ける場合の措置

◆製造検査の規定（※編注：1節『製造及び設置』〈 2 製造検査を受ける場合の措置〉参照）は、変更検査を受ける場合について準用する。

〈安全規則・87条項、56条準用〉

┃ 検査証の裏書

◆所轄労働基準監督署長は、変更検査に合格した移動式クレーンまたは所轄労働基準監督署長が当該検査の必要がないと認めた移動式クレーンについて、当該移動式クレーン検査証に**検査期日**、**変更部分**及び**検査結果**について**裏書**を行なうものとする。〈安全規則・88条〉

② 休止の報告

◆移動式クレーンを設置している者が移動式クレーンの使用を休止しようとする場合において、その休止しようとする期間が移動式クレーン**検査証の有効期間を経過した後にわたるとき**は、当該移動式クレーン**検査証の有効期間中**にその旨を**所轄労働基準監督署長**に報告しなければならない。ただし、認定を受けた事業者については、この限りでない。〈安全規則・89条〉

③ 移動式クレーンの使用再開 　　　　　　★よく出る！

▌使用再開検査

◆使用を休止した移動式クレーンを再び使用しようとする者は、当該移動式クレーンについて、**所轄労働基準監督署長**の検査（使用再開検査）を受けなければならない。〈安全規則・90条-1項〉

◆使用再開検査を受けようとする者は、移動式クレーン使用再開検査申請書を**所轄労働基準監督署長**に提出しなければならない。〈安全規則・90条-3項〉

▌使用再開検査を受ける場合の措置

◆製造検査の規定（※編注：1節『製造及び設置』② 〈製造検査を受ける場合の措置〉参照）は、使用再開検査を受ける場合について準用する。〈安全規則・91条、56条準用〉

▌検査証の裏書

◆**所轄労働基準監督署長**は、使用再開検査に合格した移動式クレーンについて、当該移動式クレーン**検査証**に**検査期日**及び**検査結果**について**裏書**を行なうものとする。〈安全規則・92条〉

④ 検査証の返還

◆移動式クレーンを設置している者が当該移動式クレーンについて、その使用を**廃止したとき**、または**つり上げ荷重**を**3トン未満**に変更したときは、その者は、**遅滞なく**、移動式クレーン検査証を**所轄労働基準監督署長**に返還しなければならない。〈安全規則・93条〉

⑤ 移動式クレーンの譲渡・貸与

◆検査証を受けた移動式クレーンは、**検査証とともにする**のでなければ、譲渡し、又は貸与してはならない。〈法・40条-2項〉

1 玉掛用具の安全係数　　　　　　　　　　　　★よく出る！

玉掛け用ワイヤロープの安全係数

◆事業者は、移動式クレーンの玉掛用具であるワイヤロープの**安全係数**については、**6以上**でなければ使用してはならない。〈安全規則・213条−1項〉

◆上記の安全係数は、ワイヤロープの切断荷重の値を、当該ワイヤロープにかかる荷重の最大の値で除した値とする。〈安全規則・213条−2項〉

> ※編注：ワイヤロープの切断荷重が600kNの場合、当該ワイヤロープには100kNの荷重しかかけてはならないことになる。
>
> $$安全係数 = \frac{ワイヤロープの切断荷重の値}{ワイヤロープにかかる荷重の最大値} = \textbf{6以上}$$

玉掛け用つりチェーンの安全係数

◆事業者は、移動式クレーンの玉掛用具であるつりチェーンの安全係数については、次に掲げるつりチェーンの区分に応じ、各号に掲げる値以上でなければ使用してはならない。〈安全規則・213条の2−1項〉

①次のいずれにも該当する**つりチェーン**…**4以上**

- 切断荷重の2分の1の荷重で引っ張った場合において、その伸びが0.5％以下のものであること。
- その引張強さの値が400N/mm²以上であり、かつ、その伸びが、次の表の左欄に掲げる引張強さの値に応じ、それぞれ同表の右欄に掲げる値以上となるものであること。

引張強さ（N/mm²）	伸び（％）
400 以上　630 未満	20
630 以上 1,000 未満	17
1,000 以上	15

②上記①に該当しない**つりチェーン**…**5以上**

◆上記の安全係数は、つりチェーンの切断荷重の値を、当該つりチェーンにかかる荷重の最大の値で除した値とする。〈安全規則・213条の2−2項〉

玉掛け用フック等の安全係数

◆事業者は、移動式クレーンの玉掛用具である**フックまたはシャックル**の**安全係数**については、**5以上**でなければ使用してはならない。〈安全規則・214条−1項〉

◆上記の安全係数は、フックまたはシャックルの切断荷重の値を、それぞれ当該フックまたはシャックルにかかる荷重の最大の値で除した値とする。

〈安全規則・214条−2項〉

【シャックル】

・・

2 不適格な玉掛用具 　　　　　　　　★よく出る！

不適格なワイヤロープの使用禁止

◆事業者は、次のいずれかに該当するワイヤロープを移動式クレーンの玉掛用具として使用してはならない。〈安全規則・215条〉

　①**ワイヤロープ1よりの間**において素線（フィラ線を除く。以下本号において同じ。）の数の**10%以上**の**素線が切断**しているもの

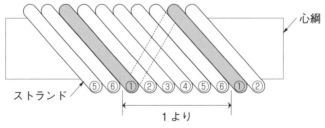

心綱

ストランド

⑤⑥①②③④⑤⑥①②

1より

【6ストランドのワイヤロープ1よりの間の例】

【素線の断線の例】

《例：構成記号6×37ワイヤロープ1より間の断線数》

◆構成記号6×37のワイヤロープは6ストランドで各ストランドの素線数が37本である。従って、1よりの間の素線数は222本（新品状態）である。

6（ストランド）×37（本）＝222（本）

◆法令により1より間の素線の10％以上断線していてはいけない。

222（本）×10（％）＝22.2（本）

◆従って、23本断線しているワイヤロープの使用はできない。

②**直径の減少**が公称径の**7％**をこえるもの

《例：直径10mmのワイヤロープの摩耗》

◆直径10mmのワイヤロープの7％である0.7mmを超えて摩耗したものは使用することができない。

10（mm）×7（％）＝0.7mm

◆従って、直径が9.3mm以上である必要がある。

10（mm）－0.7（mm）＝9.3（mm）

③キンク（＊）したもの

＊編注：キンクとはよれやよじれ等による形くずれのことであり、水道のホースなどもキンクにより形くずれを起こしやすい。また、一度でもキンク状態になったワイヤロープの引っ張り強度は、ほぼ半分にまで弱くなる。

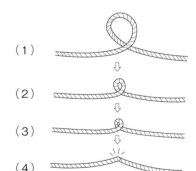

（1）

（2）

（3）

（4）

【キンク発生の行程】

④著しい形くずれまたは腐食があるもの

不適格なつりチェーンの使用禁止

◆事業者は、次のいずれかに該当するつりチェーンを移動式クレーンの玉掛用具として使用してはならない。〈安全規則・216条〉

①**伸び（＊）**が、当該**つりチェーン**が製造されたときの長さの**5%**をこえるもの

＊編注：伸びは、つりチェーンの任意の5リンクの長さを基準長さとする。

《例：5リンクの長さ240mmが250mmに伸びているつりチェーン》
◆250mm（伸びたチェーン）－240mm（新品のチェーン）＝10mm
◆10mm÷240mm×100＝4.16%　⇒**使用可**

②リンクの断面の直径の減少が、当該つりチェーンが製造されたときの当該**リンクの断面の直径**の**10%**をこえるもの

《例：リンクの直径10mmが8mmに減少しているもの。》
◆10mm－8mm＝2mm
◆2mm÷10mm×100＝20%　⇒**使用不可**

③き裂があるもの

不適格なフック、シャックル等の使用禁止

◆事業者は、フック、シャックル、リング等の金具で、変形しているものまたはき裂があるものを、移動式クレーンの玉掛用具として使用してはならない。

〈安全規則・217条〉

不適格な繊維ロープ等の使用禁止

◆事業者は、次のいずれかに該当する繊維ロープまたは繊維ベルトを移動式クレーンの玉掛用具として使用してはならない。〈安全規則・218条〉
①ストランドが切断しているもの
②著しい損傷または腐食があるもの

❸ リングの具備等

◆事業者は、**エンドレスでない**ワイヤロープまたはつりチェーンについては、**その両端にフック、シャックル、リングまたはアイ**（輪）を**備えているもの**でなければ移動式クレーンの玉掛用具として使用してはならない。〈安全規則・219条−1項〉

◆上記のアイは、アイスプライスもしくは圧縮どめまたはこれらと同等以上の強さを保持する方法によるものでなければならない。この場合において、アイスプライスは、ワイヤロープのすべてのストランドを3回以上編み込んだ後、それぞれのストランドの素線の半数の素線を切り、残された素線をさらに2回以上（すべてのストランドを4回以上編み込んだ場合には1回以上）編み込むものとする。〈安全規則・219条−2項〉

※参考：ワイヤロープの止め方と効率　　　　注：資料により数値は異なる。

止め方		効率（％）	備考
圧縮止め		95	アルミ素管をプレス加工する
アイスプライス		70 ～ 95	～ 15mm ϕ：95% 16 ～ 26mm ϕ：85% 28 ～ 38mm ϕ：80% 39mm ϕ ～ ：70 ～ 75%

【圧縮止め】

【アイスプライス】

4 使用範囲の制限

◆事業者は、磁力もしくは陰圧により吸着させる玉掛用具、チェーンブロックまたはチェーンレバーホイスト（玉掛用具）を用いて玉掛けの作業を行うときは、当該玉掛用具について定められた**使用荷重等**の範囲で使用しなければならない。

〈安全規則・219条の2－1項〉

◆事業者は、つりクランプを用いて玉掛けの作業を行うときは、当該つりクランプの用途に応じて玉掛けの作業を行うとともに、当該つりクランプについて定められた**使用荷重等**の範囲で使用しなければならない。〈安全規則・219条の2－2項〉

5 就業制限　　　　　　　　　　　　　　★**よく出る！**

つり上げ荷重1トン以上の玉掛け業務

◆事業者は、つり上げ荷重が**1トン以上**の移動式クレーン（編注①参照）の玉掛けの業務については、次の各号のいずれかに該当する者でなければ、当該業務に就かせてはならない。〈安全規則・221条、令・20条－16号〉

①**玉掛け技能講習**を修了した者
②普通職業訓練のうち、玉掛け科の訓練を修了した者
③その他厚生労働大臣が定める者

つり上げ荷重1トン未満の玉掛け業務

◆事業者は、つり上げ荷重が**1トン未満**の移動式クレーン（編注①参照）の玉掛けの業務に労働者をつかせるときは、当該労働者に対し、当該業務に関する安全のための**特別の教育**を行なわなければならない。〈安全規則・222条－1項〉

> ※編注
> ①玉掛けの業務は、**つり荷の質量でなく**、移動式クレーンのつり上げ荷重（定格荷重＋つり具）によって就くことのできる資格が定められている。
> ②上記をまとめると次表のとおり。
>
> | 移動式クレーンのつり上げ荷重 | 特別の教育 | 玉掛け技能講習 他 |
> |---|---|---|
> | 1トン未満 | ○ | ○ |
> | 1トン以上 | × | ○ |
>
> ※したがって、特別の教育修了者では"つり上げ荷重1トン以上"のクレーンの玉掛け業務に就くことはできない。荷の重さではないので注意！

1 移動式クレーン運転士免許

◆移動式クレーン運転士免許は、（中略）**都道府県労働局長**が与えるものとする。

〈安全規則・229条〉

2 免許の欠格事項

◆次のいずれかに該当する者には、免許を与えない。〈法・72条−2項〉

①免許を取り消され、その取消しの日から起算して**1年**を経過しない者

②**満18歳**に満たない者〈安全規則・230条準用〉

3 免許証の携帯

◆業務につくことができる者は、当該業務に従事するときは、これに係る**免許証その他その資格を証する書面**を携帯していなければならない。〈法・61条−3項〉

4 免許証の再交付または書替え　　　　　★よく出る！

◆免許証の交付を受けた者で、当該免許に係る業務に現に就いているものまたは就こうとするものは、これを**滅失**し、または**損傷**したときは、免許証再交付申請書を免許証の交付を受けた**都道府県労働局長**またはその者の**住所を管轄する都道府県労働局長**に提出し、免許証の**再交付**を受けなければならない。

〈規則・67条−1項〉

◆免許証の交付を受けた者で、当該免許に係る業務に現に就いているものまたは就こうとするものは、**氏名**を変更したときは、免許証書替申請書を免許証の交付を受けた**都道府県労働局長**またはその者の**住所を管轄する都道府県労働局長**に提出し、免許証の**書替え**を受けなければならない。〈規則・67条−2項〉

> ※編注：『住所』が変わっても書替えは必要ない。また、平成29年3月10日の改正により、『本籍』の変更時に免許証の書替えの義務がなくなった。

5 免許の取消し等

◆都道府県労働局長は、免許を受けた者が下記に該当するに至ったときは、その免許を取り消さなければならない。〈法・74条−1項、72条−2項−2号準用、規則・66条〉

> ①当該免許試験の受験についての不正その他の不正の行為があったとき。
> ②免許証を他人に譲渡し、または貸与したとき。
> ③免許を受けた者から当該免許の取消しの申請があったとき。

◆都道府県労働局長は、免許を受けた者が下記のいずれかに該当するに至ったときは、その免許を取り消し、または期間（①、②、④または⑤に該当する場合にあっては、**6月を超えない範囲内**の期間）を定めてその免許の効力を停止することができる。〈法・74条−2項〉

①故意または重大な過失により、当該免許に係る業務について重大な事故を発生させたとき。

②当該免許に係る業務について、この法律またはこれに基づく命令の規定に違反したとき。

③当該免許がクレーンの運転等政令で定める業務の免許である場合にあっては、心身の障害により、当該免許に係る業務を適正に行えない者に該当するとき。

④免許の許可等の条件に違反したとき。〈法・110条−1項〉

⑤上記のほか、免許の種類に応じて、厚生労働省令で定める（※編注：前述の前項〈**5** 免許の取消し等〉における①〜③）とき。

◆上記（③を除く）の規定により免許を取り消され、その取消しの日から起算して**1年**を経過しないには、免許を与えない。〈法・72条−2項−1号〉

◆上記③に該当し、規定により免許を取り消された者であっても、その者がその取消しの理由となった事項に該当しなくなったとき、その他その後の事情により再び免許を与えるのが適当であると認められるに至ったときは、再免許を与えることができる。〈法・74条−3項〉

6 免許の取消しの申請手続

◆免許を受けた者は、当該免許の取消しの申請をしようとするときは、免許取消申請書を免許証の交付を受けた都道府県労働局長またはその者の住所を管轄する都道府県労働局長に提出しなければならない。〈規則・67条の2〉

※編注：具体的には免許の自主返納が該当する。

7 免許証の返還 　　★よく出る！

◆免許の**取消しの処分**を受けた者は、**遅滞なく**、免許の取消しをした**都道府県労働局長**に免許証を返還しなければならない。〈規則・68条−1項〉

◆上記の規定により免許証の返還を受けた都道府県労働局長は、当該免許証に当該取消しに係る免許と異なる種類の免許に係る事項が記載されているときは、当該免許証から当該取消しに係る免許に係る事項を抹消して、免許証の再交付を行うものとする。〈規則・68条−2項〉

※編注：複数の資格保持者でも、所持できる免許証は1枚。したがって、正しい表記のある免許証の再交付を受けなければならない。

1 重量表示

◆一の貨物で、重量が**1トン**以上のものを発送しようとする者は、見やすく、かつ、容易に消滅しない方法で、当該貨物にその重量を表示しなければならない。ただし、包装されていない貨物で、その重量が一見して明らかであるものを発送しようとするときは、この限りでない。〈法・35条〉

2 安全装置等の有効保持

◆労働者は、安全装置等について、次の事項を守らなければならない。〈規則・29条－1項〉

①安全装置等を取りはずし、またはその機能を失わせないこと。

②臨時に安全装置等を取りはずし、またはその機能を失わせる必要があるときは、**あらかじめ**、**事業者の許可**を受けること。

③上記の許可を受けて安全装置等を取りはずし、またはその機能を失わせたときは、その必要がなくなった後、直ちにこれを原状に復しておくこと。

④安全装置等が取りはずされ、またはその機能を失ったことを発見したときは、すみやかに、その旨を事業者に申し出ること。

◆事業者は、労働者から安全装置等が取りはずされ、またはその機能が失われている旨の申出があったときは、**すみやかに**、**適当な措置を講じなければならない。**

〈規則・29条－2項〉

3 事故報告

◆事業者は、次の場合は、遅滞なく、事故報告書を**所轄労働基準監督署長**に提出しなければならない。〈規則・96条－1項－5号〉

①移動式クレーンの次の事故が発生したとき

　イ．転倒、倒壊またはジブの折損

　ロ．ワイヤロープまたはつりチェーンの切断

※編注：修理可能な範囲であれば、事故には該当しない。

◆事業者は、労働者が労働災害その他就業中または事業場内もしくはその附属建設物内における負傷、窒息または急性中毒により死亡し、または休業したときは、遅滞なく、労働者死傷病報告書を所轄労働基準監督署長に提出しなければならない。〈規則・97条－1項〉

― 関係法令の重要ポイントまとめ ―

Ⓐ
◆製造検査
◆使用検査（※を準用）
◆変更検査（※を準用）
◆使用再開検査（※を準用）

※製造検査を受ける場合の措置
- 各部の構造及び機能についての点検
- 荷重試験（定格荷重の**1.25倍**）
- 安定度試験（定格荷重の**1.27倍**）

Ⓑ
◆定期自主検査：年次
◆性能検査（≒車検）

- 定格荷重相当の荷をつって定格速度で検査
- **※安定度試験は行わない！**

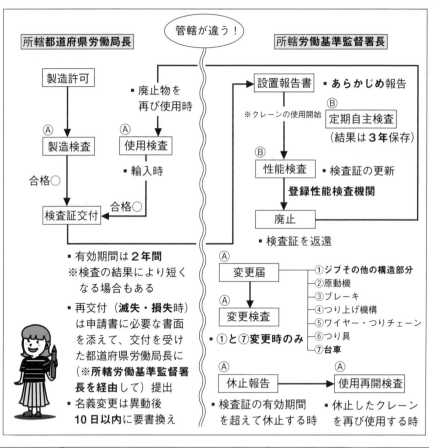

管轄が違う！

所轄都道府県労働局長

製造許可
↓
Ⓐ 製造検査
合格○
↓
検査証交付

- 廃止物を再び使用時

Ⓐ 使用検査
- 輸入時
合格○

- 有効期間は**2年間**
※検査の結果により短くなる場合もある
- 再交付（**滅失・損失**時）は申請書に必要な書面を添えて、交付を受けた都道府県労働局長に（**※所轄労働基準監督署長**を経由して）提出
- 名義変更は異動後**10日以内**に要書換え

所轄労働基準監督署長

設置報告書 ・**あらかじめ報告**
※クレーンの使用開始
↓
Ⓑ 定期自主検査（結果は**3年**保存）
Ⓑ 性能検査 ・検査証の更新
登録性能検査機関
↓
廃止
- 検査証を返還

Ⓐ 変更届
↓
Ⓐ 変更検査
- ①と⑦変更時のみ

①ジブその他の構造部分
②原動機
③ブレーキ
④つり上げ機構
⑤ワイヤー・つりチェーン
⑥つり具
⑦台車

Ⓐ 休止報告
→ Ⓐ 使用再開検査
- 検査証の有効期間を超えて休止する時
- 休止したクレーンを再び使用する時

	運転可能な移動式クレーンの制限	玉掛業務を行える移動式クレーンの制限
特別の教育	つり上げ荷重 0.5トン以上1トン未満	つり上げ荷重　1トン未満
技能講習	つり上げ荷重　1トン以上5トン未満	つり上げ荷重　1トン以上
免許	つり上げ荷重　5トン以上	

第4章 移動式クレーンの運転のために必要な力学に関する知識

◆目次と近年の出題歴・傾向 ※傾向：★＝頻出度／数字＝関連する設問数

節目	項目	傾向	出題年月					
			R5.10	R5.4	R4.10	R4.4	R3.10	R3.4
① 用語・単位	① 質量 （P.98）							
	② 重量 （P.98）							
	③ 荷重 （P.98）							
② 力に関する事項	① 力 （P.99）							
	② 力の三要素 （P.99）	★★★	1	1	2	1	1	1
	③ 力の作用と反作用 （P.100）	★★	1			1		1
	④ 力の合成 （P.100）	★★★	1	2	2	2	1	1
	⑤ 力の分解 （P.101）	★	1	1				
	⑥ 力のモーメント （P.102）	★★★	1	1	1	1	1	1
	⑦ 力のつり合い （P.103）	★★★	1	1	1	1	1	1
③ 質量及び重心等	① 質量 （P.107）	★★	3	5	4		1	
	② 比重 （P.107）		1					
	③ 体積 （P.108）	★★★	1		1	1	1	1
	④ 重心 （P.109）	★★★	3	3	3	3		1
	⑤ 物体の安定〈座り〉（P.112）	★★★	2	2	2	2	1	1
④ 運動及び摩擦力	① 運動 （P.113）	★★★	5	5	1	1	1	1
	② 摩擦力 （P.117）	★★★	5	1	1	1	1	1
⑤ 荷重及び応力	① 荷重 （P.119）	★★★	5	5	6	5	1	1
	② 応力 （P.122）	★★★	1	1	3	3	2	1
	③ 材料の強さ （P.123）	★★			1	2	1	1
⑥ つり具の強さと角度	① つり具の強さ （P.124）							
	② つり角度 （P.125）	★★★	1	1	1	1	1	1
⑦ 滑車装置	① 定滑車 （P.129）							
	② 動滑車 （P.129）							
	③ 組合せ滑車 （P.130）	★★★	1	1	1	1	1	1

第4章 移動式クレーンの運転のために必要な力学に関する知識

力学の問題では、計算問題で数字がよく出てくる。
"1 kN→1000N" や "1 t →1000kg" など単位の置き換え
や小数点の見逃し、計算間違えに特に注意しよう！また、
イラストのない文章のみの問題も多いので、試験ではかんたん
な図などを描いてみて、イメージすることも大事だよ！

◆質量、重量、力及び荷重等の単位については、平成11年からSI（国際単位系）を主体とした計量単位に移行している。

1 質量

◆質量とは、物体そのものを構成する物質の量で、地球上や宇宙のどこであっても変化することはない。質量は、量記号として"m"で表され、単位は"kg"や"t"が用いられている。

2 重量

◆重量とは、物体に働く重力の大きさで、地球上と宇宙とでは引力の関係でその重量は異なるものとなる。地球上では引力に起因する**重力の加速度は約9.8m/s²**であるが、月では約1／6の1.62m/s²となっている。従って、同じ物体であっても地球上に比べて月での重量は約1／6となる。

◆一般に重量は、量記号として"W"で表され、単位は"N"（ニュートン）や"kN"（キロニュートン）が用いられている。

◆地球上での物体の重量は、次式で算出される。

地球上での物体の重量 W（N）＝重力加速度（9.8m/s²）×物体の質量m（kg）

例：物体の質量が100kgである場合、地球上での重量は980Nである。

3 荷重

◆荷重は、力学においては力を表す用語であり、力の単位である"N"（ニュートン）や"kN"（キロニュートン）が用いられている。

◼1 力

◆力学において力とは、"静止している物体を動かす"、"動いているものの速度を変える"、"運動を止める"、"物体を変形させようとする"作用をいう。

◆また、右図のように手につり下げられたおもりが静止した状態についても、重力によりおもりが下に引っぱられる力と、手でこれを支える力とがつり合った状態であり、物体の動きに変化が無くても力が作用していることになる。

◆力は量記号として"F"で表され、単位は"N"（ニュートン）で表し、tの単位に定数を掛けたときには"kN"（キロニュートン）が用いられている。

〔質量と力の大きさ〕

質量	計算式	力の大きさ
1 kg	1 kg × 9.8	9.8N
100kg	100kg × 9.8	980N
1 t	1 t × 9.8	9.8kN

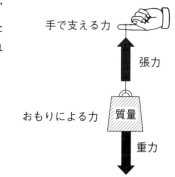

手で支える力

張力

おもりによる力　質量

重力

◼2 力の三要素

◆力には、**力の大きさ**、**力の向き**、**力の作用点**の3つの要素があり、これを**力の三要素**という。

〔力の三要素〕

力の三要素	
力の大きさ	どれぐらいの力か
力の向き	どの方向に働いているか
力の作用点	どこに作用しているか

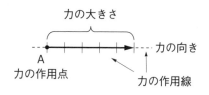

力の大きさ

力の向き

A
力の作用点

力の作用線

【力の表し方】

◆力を図で表すには、力の作用点をAとし、Aから力の向きに直線を引き、力の大きさを矢印で示す。例えば、1Nを1cmの長さとすると、5Nは5cmの長さで表すことができる。また、矢印の向きを延長した直線を作用線という。

◆また、力の作用点は、その作用線上で動かしても効果は同じとなる。

◆一方、力の作用点を作用線上以外の箇所に移すと、**物体に与える効果が変わる**。力の大きさと向きが同様であっても、力の作用点が作用線上以外に変わると物体に与える効果も変わる。

３ 力の作用と反作用

◆２つの物体間で、一方が他方に力を働かせるとき、必ず他方から自分の方に対して力が働く。このとき、どちらか一方を力の**作用**といい、他方を**反作用**という。

◆作用と反作用は**同じ直線上で作用**し、**大きさが等しく向きが反対**となる。例えば、ばねを手で引くとき、手はばねを引っ張り、同時にばねは手を引っ張る、という事になる。

【力の作用と反作用】

４ 力の合成　　　　　　　　　　　★よく出る！

◆１つの物体に２つ以上の力が作用するとき、これらの力を合成して**１つの力にまとめることができる**。この２つ以上の力を合成した力を**合力**といい、合力を求めることを**力の合成**という。

◆小さな物体の１点に**大きさが異なり向きが一直線上にない二つの力が作用して物体が動くとき**、その物体は**合力の方向に動く**。また、多数の力が一点に作用し、つり合っているとき、これらの力の合力は０になる。

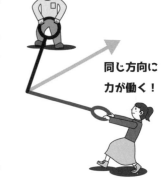

同じ方向に
力が働く！

> ### １点に作用する２つの力の合成
> （平行四辺形の法則）

◆下図の点OにF_1とF_2の２つの力が作用する場合、点AからOBに平行な線ACを引き、点BからはOAに平行な線BCを引いて平行四辺形（OBCA）を作成する。続いて点Oと点Cまで直線を引くと、F_1とF_2合力Rの大きさ及び力の方向を求めることができる。これを**平行四辺形の法則**という。

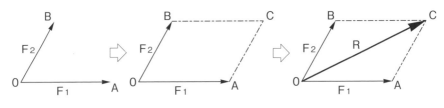

【平行四辺形の法則】

> ※編注：Ｆは"力"を意味する"force"の頭文字。

■ 1点に作用する３つ以上の力の合成

◆1点に３つ以上の力が作用している場合の合力も、平行四辺形の法則を繰り返すことで求めることができる。

◆例えば点OにF_1、F_2及びF_3の力が作用している場合、まず、F_1とF_2の合力R_1を求める。次にR_1とF_3の合力R_2を求める。結果、この合力R_2が点Oに作用する力F_1、F_2及びF_3の合力となる。

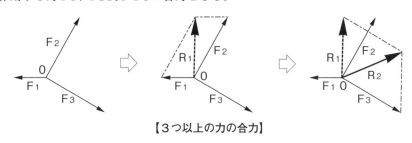

【３つ以上の力の合力】

■ 一直線上に作用する２つの力の合成

◆**一直線上に２つの力が作用する場合**、それらの合力は**和または差**で示される。

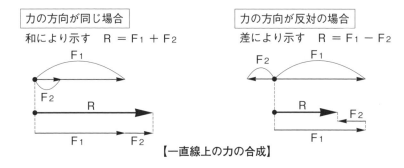

力の方向が同じ場合	力の方向が反対の場合
和により示す　$R = F_1 + F_2$	差により示す　$R = F_1 - F_2$

【一直線上の力の合成】

5 力の分解

◆物体に作用する１つの力を、ある角度を持つ２つ以上の力に分けることを**力の分解**といい、分けられた後のそれぞれの力を**力の分力**という。

◆この分力を求める方法は、平行四辺形の法則を逆に利用して、１つの力を互いにある角度を持つ２つ以上の力に分けることができる。図の点Oに作用している力Fは、垂直及び水平に分解すると、それぞれF_1とF_2となる。

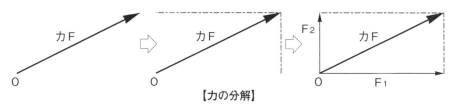

【力の分解】

⑥ 力のモーメント

◆力のモーメントとは、**物体を回転させようとする力の働き**をいう。

◆例えばナットをスパナで締め付けるとき、スパナの柄の中程を持って締め付けるよりも、**端を持って締め付ける方が小さな力で締め付けることができる。**
同様に、てこを使って重量物を持ち上げる場合、**握りの位置を支点に近づけるほど大きな力が必要**になる。

◆このように、物体を回転させようとする作用は、力の大きさだけでなく、回転軸の中心（O）と力の作用点との距離が関係している。この回転軸中心から力の作用点までの距離を腕の長さという。

◆力のモーメント（M）は、力の大きさ（F）と腕の長さ（L）の積で求めることができる。⇒**力のモーメント（M）＝力の大きさ（F）×腕の長さ（L）**

◆力の大きさ F を N（ニュートン）、腕の長さ L を m（メートル）とすれば、力のモーメント M の単位は N·m（ニュートンメートル）で表される。

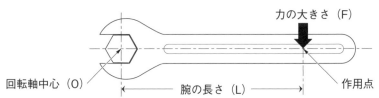

例：F が 10N、L が 0.3m の場合の力のモーメント ＝ 10N × 0.3m ＝ 3N·m

【（ナットをスパナで締め付ける際の）力のモーメント】

▌ 移動式クレーンの転倒モーメント

◆右図のようにトラッククレーンで同じ質量の荷をつった場合を考える。

◆転倒支点 O からの腕の長さ（作業半径）はそれぞれ L_1 と L_2 で、図のように $L_1 < L_2$ となる。モーメントで比べると $9.8 × W × L_1 < 9.8 × W × L_2$ となる。

> ※編注：9.8 は重力加速度を示す（1節「②重量」参照）。

◆このように同じ質量のつり荷であっても、ジブを伏せる（作業半径が大きくなる）ほどクレーンを転倒させようとするモーメントは大きくなる。

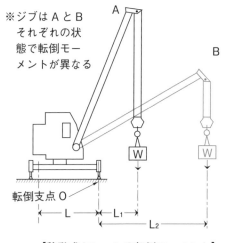

※ジブは A と B それぞれの状態で転倒モーメントが異なる

【移動式クレーンの転倒モーメント】

【例題】図のように荷をつったとき、Aの状態において荷によって生じる移動式クレーンを転倒させようとする転倒モーメントに対するBの状態における転倒モーメントの倍率は何倍になるか。

　ただし、重力の加速度は 9.8m/s² とし、荷以外の質量は考えないものとする。

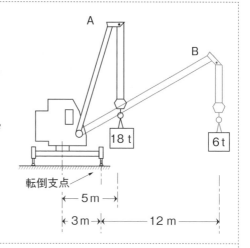

《解答》

▪ Aの転倒支点からの腕の長さ（作業半径）は 5（m）－ 3（m）＝ <u>2</u>（m）

▪ Aのモーメント＝ 9.8（m/s²）× 18（t）× 2（m）＝ <u>352.8</u>（kN）

▪ Bのモーメント＝ 9.8（m/s²）× 6（t）× 12（m）＝ <u>705.6</u>（kN）

▪ 705.6 ÷ 352.8 ＝ <u>2</u>

　⇒答えは **2倍** となる。

- -

❼ 力のつり合い　　　　　　　　　　　　　　　　★よく出る！

◆1つの物体にいくつかの力が働いていても、**静止している場合**、それらの力は<u>互いに</u>**つり合っている**といえる。

1点に作用する力のつり合い

◆右図は質量 W の物体を F_1 及び F_2 の力で持ち上げたときの力のつり合い状態を示す。

◆物体を持ち上げる力 F_1 及び F_2 の合力 R が物体の質量 W に生じる下向きの力 F と等しい場合、物体は静止する。

◆従って、1点に2つの力が作用してつり合っているとき、2つの**力の大きさは等しく、その向きは互いに反対**となる。

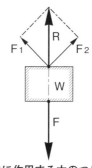

【1点に作用する力のつり合い】

◆平行力のつり合いとは、力のモーメントをつり合わせることで、回転の中心に関する**左回りのモーメントと右回りのモーメントを等しくする**ことである。

◆1点で支えられた天秤棒に2つの荷をつり、それがつり合っている場合、支えた点の左回り及び右回りのモーメントは等しいことになる。

◆下図のように質量の異なるW_1及びW_2の荷を天びん棒でつり、それがつり合っている場合を考える。支点からW_1までの距離をL_1、同様にW_2までの距離をL_2とすると次のようになる。

左回りのモーメント$M_1 = W_1 \times L_1 \times 9.8$（m/s²）

右回りのモーメント$M_2 = W_2 \times L_2 \times 9.8$（m/s²）

M_1（$W_1 \times L_1$）$= M_2$（$W_2 \times L_2$）　※つり合いの条件

◆また、上記の式を展開することで、L_1及びL_2の距離を求めることができる。

《L_1の距離》

$W_1 \times L_1 \times 9.8 = W_2 \times L_2 \times 9.8$

$W_1 \times L_1 = W_2 \times (L - L_1)$

$$L_1 = \frac{W_2 \times (L - L_1)}{W_1}$$

《L_2の距離》

$W_2 \times L_2 \times 9.8 = W_1 \times L_1 \times 9.8$

$W_2 \times L_2 = W_1 \times (L - L_2)$

$$L_2 = \frac{W_1 \times (L - L_2)}{W_2}$$

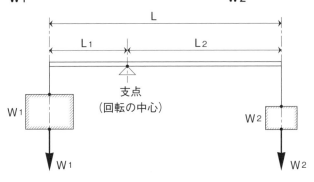

【平行力のつり合い】

【**例題**】図のような天びん棒で荷Wをワイヤロープでつり下げ、つり合うとき、天びん棒を支えるための力Fの値は何Nか。

ただし、重力の加速度は9.8m/s²とし、天びん棒及びワイヤロープの質量は考えないものとする。

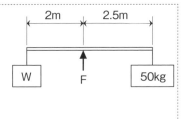

《解答》

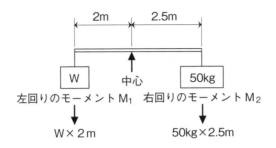

- 天びん棒の支軸を中心としたつり合いの条件

  左回りのモーメント M_1 ＝右回りのモーメント M_2

  $W (\text{kg}) \times 2\,(\text{m}) \times 9.8\,(\text{m/s}^2) = 50\,(\text{kg}) \times 2.5\,(\text{m}) \times 9.8\,(\text{m/s}^2) = 1225\,(\text{kg·m})$

  $W = \dfrac{1225}{2 \times 9.8} = 62.5\,(\text{kg})$

- 天秤を支える力 F（下向きの重量の合計）

  $F = (62.5 + 50)\,\text{kg} \times 9.8\,(\text{m/s}^2) = \textbf{1,102.5N}$

【例題】図のような「てこ」において、A点に力を加えて、質量 60kg の荷を持ち上げるとき、これを支えるために必要な力 P の値はいくつか。

ただし、重力の加速度は 9.8m/s² とし、「てこ」及びワイヤロープの質量は考えないものとする。

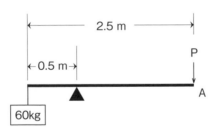

《解答》

- つり合いの条件から、支点を中心に右回りのモーメントを考える。

  $60\,(\text{kg}) \times 0.5\,(\text{m}) \times 9.8\,(\text{m/s}^2) = 294\,(\text{N})$

  $2.5\,(\text{m}) - 0.5\,(\text{m}) = 2.0\,(\text{m})$

  $294 = P \times 2.0$

  $P = \dfrac{294}{2} = \textbf{147N}$

【例題】図のように一体となっている滑車 A 及び B があり、A に質量4 t の荷を
かけたとき、この荷を支えるために必要な B にかける力 F は何 kN か。

ただし、重力の加速度は9.8m/s^{2}とし、ワイヤロープの質量及び摩擦等は
考えないものとする。

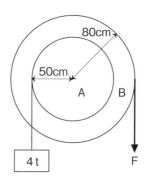

《解答》

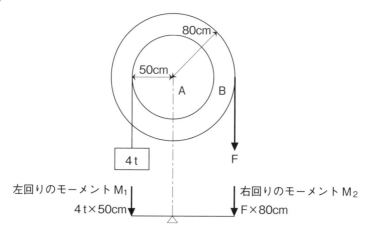

- 滑車の中心にしたつり合いの条件
  左回りのモーメント M$_1$＝右回りのモーメント M$_2$
  $4\,(t) \times 50\,(cm) \times 9.8\,(m/s^2) = F \times 80\,(cm)$
  $1960\,(kN) = 80F$
  $F = \dfrac{1960}{80} = \mathbf{24.5kN}$

1 質量

☆よく出る！

◆前述したとおり、質量とは物体そのものを構成する物質の量で、地球上や宇宙のどこであっても変化することはない。質量は、量記号として"m"で表され、単位は"kg"や"t"が用いられている。

◆物体の質量は、体積が同じであっても材質が異なると違う。例えば、アルミニウムは鉄より軽い。

◆従って、物体の質量は、物体の体積とその物体の単位体積当たりの質量の積で求めることができる。

物体の質量（m）＝物体の体積（V）×物体の単位体積当たりの質量（d）

◆また、上記の式は次のように展開することができる。

$$\text{物体の単位体積当たりの質量（d）}=\frac{\text{物体の質量（m）}}{\text{物体の体積（V）}}$$

〔主な物質の $1\,m^3$ 当たりの質量（d）〕

物質	$1\,m^3$ 当たりの質量(t)	物質	$1\,m^3$ 当たりの質量(t)
鉛	11.4	水	1.0
銅	8.9	石炭粉	1.0
鋼	7.8	石炭塊	0.8
鋳鉄	7.2	コークス	0.5
アルミニウム	2.7	かし（樫）	0.9
コンクリート	2.3	けやき（欅）	0.7
土	2.0	すぎ（杉）	0.4
砂利	1.9	ひのき（檜）	0.4
砂	1.9	きり（桐）	0.3

※木類は大気中で乾燥させた質量。

※土、砂利、砂、石炭及びコークスはばらの状態で測定した見かけの質量。

※平地や高い山においても、同一の物体の**質量は変わらない**。

2 比重

◆比重は、物体の質量と、その**物体と同じ体積の4℃の純水の質量の比**で表すことができる。

$$比重=\frac{\text{物体の質量}}{\text{物体と同じ体積の4℃の純水の質量}}$$

◆4℃の純水の比重は $0.999972g/cm^3$ であり、ほぼ $1\,g/cm^3$ であるため、比重は1とされている。従って、物質の比重は表〔$1\,m^3$ 当たりの質量〕に示す値と同じ。

3 体積

◆体積とは、立体が占める空間の部分の大きさをいい、次により求めることができる。

〔体積の計算式〕

形状		体積の計算式
直方体	高さ 縦 横	縦×横×高さ
円柱	半径 高さ 直径	(半径)^2×π×高さ
円筒	内径 高さ 外径	$\left(\dfrac{\text{外径}}{2}\right)^2 - \left(\dfrac{\text{内径}}{2}\right)^2 \times \pi \times$ 高さ
球体	半径	(半径)^3×π×$\dfrac{4}{3}$
円錐体	半径 高さ 直径	(半径)^2×π×高さ×$\dfrac{1}{3}$

◆形状が立方体で均質な材質でできている物体において、**各辺の長さが4倍になると体積は64倍になる。**

4 重心

★よく出る！

◆重心とは、物体の各部分に働く重力の合力が作用する点（合力の作用点）のこと。または、重力が一点に集中して働く質量中心のこと。

◆物体の中心は**常に１つの点**で、物体の位置や置き方を変えても**重心の位置は変わらない**。

◆また、重心は必ずしも**物体の内部にあるとは限らない**。

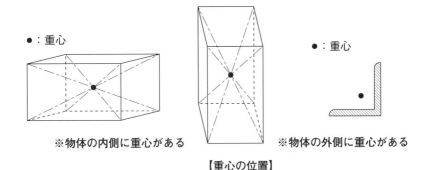

【重心の位置】

◆重心が片寄った状態で荷をつると、つり荷が傾き、荷の落下の原因となる。クレーンで荷をつる場合、重心の真上にフックを移動させ、荷を水平につり上げる必要がある。

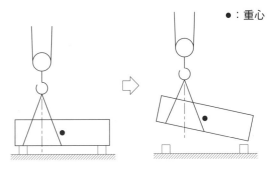

【つり荷の重心が片寄った位置】

◆つり荷を水平につり上げるには、重心が分かり易い立方体の場合、右図のように同じ長さのワイヤロープを使用し、ＡとＢを同じ間隔にしてつり上げる。

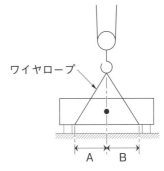

【つり荷の重心の真上でつったとき】

◆重心の分かりにくい物体をつり上げる場合、次の手順により知ることができる。
　①目安で重心位置を定め、クレーンのフックを移動させ玉掛けを行う。
　②荷を少しつり上げ、傾きを確認し、全体に**持ち上げられなかった方にずらす。**
　　　▪つり荷が左に傾く場合…重心がフックの真下より左側（傾斜の低い側）にある
　　　　⇒つり荷を下ろし、左側にフック及び玉掛け用ワイヤロープをずらす。
　　　▪つり荷が右に傾く場合…重心がフックの真下より右側（傾斜の低い側）にある
　　　　⇒つり荷を下ろし、右側にフック及び玉掛け用ワイヤロープをずらす。
　③水平になるまで上記の手順を繰り返す。

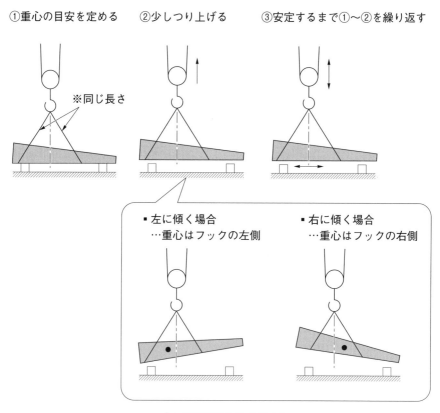

①重心の目安を定める　　②少しつり上げる　　③安定するまで①～②を繰り返す

※同じ長さ

▪左に傾く場合
　…重心はフックの左側

▪右に傾く場合
　…重心はフックの右側

【つり荷の重心の求め方】

〔重心位置の例〕

形状		重心の位置（・：重心）
平面形	三角形	各頂点と、その対辺の中点を結ぶ3つの線の交点 または 中央の底辺から1／3の高さ 高さ／高さの1／3／90°
	平行四辺形	対角線の交点
	台形	2つの三角形に分け、その重心を結ぶ直線と上辺底辺の中点を結ぶ2つの線の交点
立体形	立方体	**上下面の重心位置を結ぶ直線の1／2の距離**　1／2
	円錐体	頂点と底面の中心を結んだ線分の底面から1／4の高さ　1／4
	四角錐	1／4

移動式クレーンの運転のために必要な力学に関する知識　111

5 物体の安定〈座り〉

◆静止している物体を手で傾け、手を離すと元の状態に戻ろうとする場合、その物体は安定な状態という。一方、手を離したときにその物体が転倒する場合は、不安定な状態という。

◆例えば水平面に置いてある物体を下図①の程度傾けた場合、**手を離すと元に戻る**。これは重心 G に働く重力が回転の中心 O を支点として、物体を元に戻そうとする方向にモーメントとして働くからである。一方、下図②のように**重心が物体の底面を外れた場合**、重心 G に働く重力は**物体を倒そうとする**モーメントとして働く。従って、下図①の状態は安定、②の状態は不安定な状態といえる。

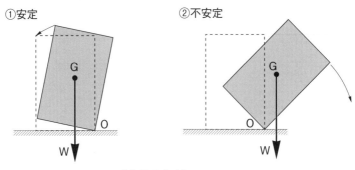

①安定　②不安定

【物体の安定】

◆また、静止している物体を少し傾けただけですぐ倒れる安定性の悪い（座りが悪い）状態と、多少傾けても手を離すと元に戻る安定性の良い（座りが良い）状態がある。

◆物体を床面に置いたとき、**重心位置が低く、底面の広がりが大きいほど安定する**。このため同じ物体であっても、置き方により安定性が異なる。右図の物体の場合、①の置き方よりも底面積が大きく重心位置が低くなる②の置き方の方が安定する。

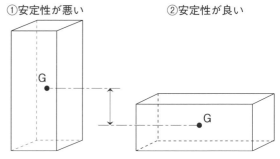

①安定性が悪い　②安定性が良い

【置き方の違いによる安定性の変化】

1 運動　　　　　　　　　　　　　　　　　　　　★よく出る！

◆運動とは、物体が時間の経過につれて、その空間的位置を変えることをいう。例えば、走行しているトラッククレーンの運転席に座っている人を考えると、トラッククレーンに対しては静止しているが、大地に対しては運動していることになる。

◆また、走っている列車の中を歩いている人は、列車に対しても大地に対しても運動していることになる。すなわち日常的には、大地を基準としてその物体が運動しているかを考える。

等速運動と不等速運動

◆運動は、**等速運動と不等速運動**がある。

◆等速運動は、**速度が常に一定な運動**のこと。等速運動は、**どの時間をとっても同じ速さとなる**ため、一般的には完全な等速運動はほとんどないが、クレーンで一定のノッチで荷を巻上げているときや、自動車が道路上を一定の速度で走行している運動がこれに近い例となる。

◆不等速運動は、自動車が停止状態から加速し、交通の流れに合わせて走行し、ブレーキを踏んで停止するような**速度が一定でない運動**のこと。

①等速運動

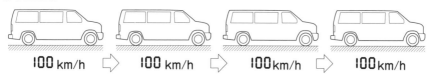

②不等速運動

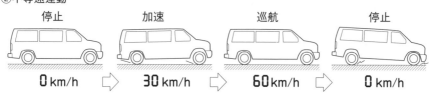

【等速運動と不等速運動】

速さと速度

◆速さと速度は一般に同義語として扱われているが、厳密には次のように区別されている。

①速さ

- 速さとは、**運動の速い遅いの程度を表す量**のことをいう。動きの度合い。
- 単位時間に物体が移動する距離で表す。例えば、等速運動をしている物体が1秒間に3m（メートル）移動した場合、そのときの速さは3m/秒となる。
- 速さは、次の式により求めることができる。ただし、不等速運動の場合は速度が一定ではないため、平均の速さとなる。

〔速さの単位の例〕

$$速さ = \frac{距離}{時間}$$

読み	単位
センチメートル毎秒	cm/s
メートル毎秒	m/s
メートル毎分	m/min
キロメートル毎時	km/h

※「s」
= second（秒）の一文字。
「min」
= minute（分）の一部分。
「h」= hour（時間）の一文字。

②速度

- 速度は、物体の運動を表す量のことで、大きさと向きを有する。例えば、つり荷を上方へ3m/s移動させる、というように方向と速さで示される量を速度という。

【例題】移動式クレーンのジブが作業半径25mで1分間に1回転する速度で旋回を続けているとき、このジブの先端の速度の値は何m/sか。ただし、小数点第二位以下は四捨五入すること。

《解答》
- 距離：円の直径×π =（25m×2）× 3.14 = 157（m）
- 時間：1 min（分）= 1 × 60s（秒）= 60s（秒）
- 速さ = $\dfrac{距離}{時間}$ = $\dfrac{157}{60}$ = 2.61666…
- 2.61666…　⇒ **2.6m/s**

加速度

◆加速度は、物体が速度を変えながら運動するときの**変化の程度を示す量**をいう。

◆加速度には正（＋）と負（－）があり、次第に速度を増加させる場合を正の加速度、速度を減少させる場合を負の加速度という。

◆速度 V_1（m/s）が t 秒後に速度 V_2（m/s）となった場合の加速度は、次の式により求めることができる。すなわち、速度変化の時間に対する割合となる。

$$\text{加速度} = \frac{V_2 - V_1}{t} \quad (\text{m/s}^2)$$

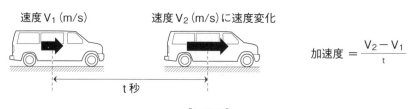

速度 V₁ (m/s)　　　　　速度 V₂ (m/s) に速度変化

$$\text{加速度} = \frac{V_2 - V_1}{t}$$

t秒

【加速度】

◆加速度の単位には、m/s²（メートル毎秒毎秒）や cm/s²（センチメートル毎秒毎秒）が用いられている。

【例題】　物体の速度が 2 秒間に 10m/s から 20m/s になったときの加速度は、何 m/s² か。

《解答》

・加速度 $= \dfrac{20\text{m/s} - 10\text{m/s}}{2\,\text{s}} = \dfrac{10\text{m/s}}{2\,\text{s}} = \underline{\textbf{5\,m/s}^2}$

慣性

◆慣性とは、力が働かない限り、物体がその運動状態を持続する性質をいう。惰性。静止している物体は、**外から力を作用させない限り静止している**。一方、運動している物体は、**同一の運動状態を永久に続けようとする**性質がある。

◆また、物体が慣性により動く力を慣性力という。

◆例えば、停車している電車が発車する場合、中に立っている人は電車が進行する方向とは逆に倒れそうになる。これは、静止状態を保とうとする慣性力が人間に対して働くためである。

逆に停車する場合、中に立っている人は電車が進行する方向に倒れそうになる。これは人間に発生する運動状態を保とうとする慣性力によるものである。

◆クレーン作業において、荷を急加速させたり急停止させたりすると、荷に発生する慣性力により大きな力がワイヤロープなどに生じる。これによりワイヤロープが切れることもあるため注意が必要である。

◆ひもの一端に物体 A を結び、もう一端を手で振り回すと手は物体 A に引っ張られる力を感じる。このとき、手を中心に物体が円運動を行っており、**物体が円の外に飛び出そうとする力である遠心力**と、**物体が外に飛び出さないようにする力である向心力**が作用し、つり合いを保っている場合は円運動を続ける。

◆円運動を続けている場合、**遠心力と向心力は、力の大きさが等しく、向きが反対**となる。

◆このとき手を離した場合、物体 A は慣性により手を離した場合、円の接線方向に飛んでいき、回転運動は終了する。

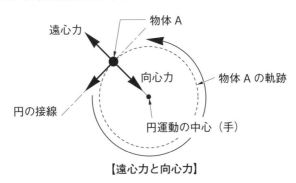

【遠心力と向心力】

◆移動式クレーンにつり荷をつった状態で旋回運動を行うと、荷に遠心力が働いて荷は外側に振られる。このときワイヤロープは傾斜し、荷は旋回する前の作業半径より大きな半径で回るようになる。遠心力は、**物体の質量が大きいほど、速度が速いほど大きくなる。**

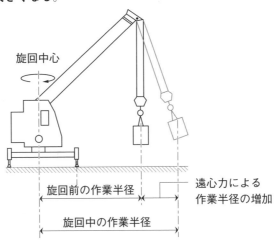

【遠心力によるつり荷の飛び出しと作業半径】

❷ 摩擦力

◆摩擦は、接触している２つの物体が相対的に運動し、または運動し始めるとき、その接触面で運動を妨げようとする向きに力が働く現象、またはその力。

静止摩擦力

◆他の物体に接触し、その接触面に沿う方向の力が作用している物体が静止しているとき、接触面に働いている摩擦力を静止摩擦力という。

◆物体に加えた力が静止摩擦力を上回ると物体は動き出す。

◆また、**摩擦力は物体に力を加えていき、物体が動き始める瞬間が最大となる。**このときの摩擦力を最大静止摩擦力 Fmax といい、物体の接触面に作用する**垂直力 Fw と最大静止摩擦力との比を静止摩擦係数 μ（ミュー）**という。

◆静止摩擦係数 μ、最大静止摩擦力 Fmax 及び垂直力 Fw は、次の式により求めることができる。

$$\text{静止摩擦係数 } \mu = \frac{\text{最大静止摩擦力 Fmax}}{\text{垂直力 Fw}}$$

$$\text{最大静止摩擦力 Fmax} = \text{静止摩擦係数 } \mu \times \text{垂直力 Fw}$$

$$\text{垂直力 Fw} = \frac{\text{最大静止摩擦力 Fmax}}{\text{静止摩擦係数 } \mu}$$

【例題】 図のように、水平な床面に置いた質量Wの物体を床面に沿って引っ張り、動き始める直前の力Fの値が 980 N であったとき、Wの値は何 kg か。

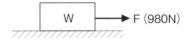

　　　ただし、接触面の静止摩擦係数は 0.4 とし、重力の加速度は 9.8m/s² とする。

《解答》

・垂直力 Fw $= \dfrac{\text{最大静止摩擦力 Fmax}}{\text{静止摩擦係数 } \mu} = \dfrac{980\text{N}}{0.4} = 2,450$ （N）

・単位を kg に変換
2,450N ÷ 9.8m/s² = **250kg**

【例題】 図のように、水平な床面に置いた質量 100kg の物体を床面に沿って引っ張るとき、動き始める直前の力Fの値は何Nか。

　　　ただし、接触面の静止摩擦係数は 0.4 とし、重力の加速度は 9.8m/s² とする。

《解答》

・最大静止摩擦力 Fmax ＝静止摩擦係数 μ ×垂直力 Fw
　　　　　　　　　 ＝ 0.4 × 100kg × 9.8m/s² ＝ **392N**

移動式クレーンの運転のために必要な力学に関する知識　　117

【例題】図はブレーキのモデルを示したもので
　　　ある。質量3tの荷が落下しないようにする
　　　ためにブレーキシューを押す最小の力Fは、
　　　何kNか。
　　　　ただし、接触面の静止摩擦係数は0.6と
　　　し、重力の加速度は9.8m/s²とする。

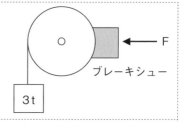

《解答》

▪ Fの値と3tのつり荷がつりあう
　ことで保持することができる。従っ
　て次の式により求めることができ
　る。

▪ F×静止摩擦係数＝3t×9.8m/s²

▪ F×0.6＝29.4kN

▪ $F = \dfrac{29.4kN}{0.6} = $ **49kN**

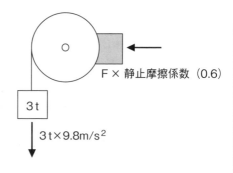

▪ なお、つり荷の支点からドラム中心までの距離と、ブレーキシューからドラム
　中心までの距離は等しいためドラムの径を考慮する必要はない。

| 運動摩擦力

◆運動している物体に作用する摩擦力を運動摩擦力といい、**運動摩擦力は最大静
止摩擦力よりも小さい値を示す。**

◆従って、静止している物体に力を加え、動き出すまで、すなわち加えた力が最
大静止摩擦力を超えるまで大きな力を必要とするが、一度動き出すと加える力
は小さくてすむ。

◆静止摩擦力及び運動摩擦力は、垂直力に比例するが、**物体の接触面積の大きさ
は関係しない。**

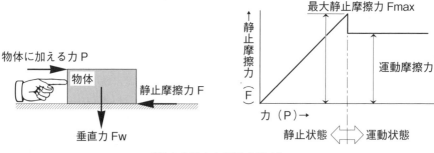

【静止摩擦力と運動摩擦力】

転がり摩擦力及び滑り摩擦力

◆転がり摩擦力とは、転がる物体に働く抵抗力、摩擦現象のこと。例えばボールを転がした場合、転がり続けず停止するのはこの転がり摩擦力によるためである。

◆物体が面で接触し、表面をすべる時に生じる摩擦力を滑り摩擦力といい、**転がり摩擦力は、この滑り摩擦力よりはるかに小さい**。このため軸受けにボールベアリングやローラベアリング等が使用されている。

5	荷重及び応力

1 荷重　　　　　　　　　　　　　　　　　　★よく出る！

◆前述のとおり荷重は、力学において力を表す用語であり、"N"（ニュートン）や"kN"（キロニュートン）といった単位が用いられている。

◆物体に外部から加える力（**外力**）について、力の方向などにより分類できる。

外力が働く向きによる荷重の分類

①引張荷重

- 引張荷重は、**物体を引き伸ばすように働く力**。
- 荷をつったワイヤロープにかかる荷重がこれに該当する。

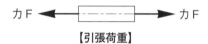

【引張荷重】

②圧縮荷重

- 圧縮荷重は、引張荷重とは反対に**物体を押しつぶすように働く力**。
- アウトリガーのジャッキにかかる荷重等。

【圧縮荷重】

③せん断荷重

- せん断荷重は、**物体を横からはさみで切るように働く荷重**。
- 二枚の鋼板を締め付けているボルトが受ける荷重がこれに該当する。

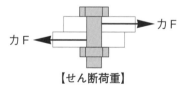

【せん断荷重】

④曲げ荷重

- 曲げ荷重は、**物体を曲げるように働く荷重**。
- 移動式クレーンのジブ先端で荷をつったときにジブにかかる荷重がこれに該当する。

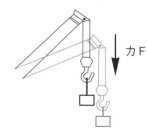

【曲げ荷重】

⑤ねじり荷重

- ねじり荷重は、**物体をねじるように働く荷重**。
- 右図のように軸の一端を固定し、他端の外周に
  向きが反対の力Fが加わると軸はねじられる。
- ウインチの軸がワイヤロープに引っ張られる
  ことで、受ける荷重がこれに該当する。

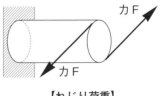

【ねじり荷重】

〔クレーンの装置とかかる荷重〕

装置	主な荷重の種類	
ドラム及びシーブ部分のワイヤロープ	曲げ荷重	引張荷重
フック		
巻上げ（ウインチ）ドラムの軸		ねじり荷重
ジブやドラム、アウトリガーのジャッキロッド		圧縮荷重

速度による荷重の分類

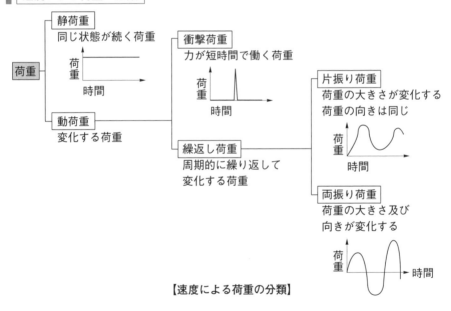

【速度による荷重の分類】

移動式クレーンの運転のために必要な力学に関する知識

①静荷重

- 静荷重は、静止している物体にかかる荷重で、クレーンや静止しているつり荷自体の自重のように**力の大きさと向きが変わらず、同じ状態が続く荷重**。

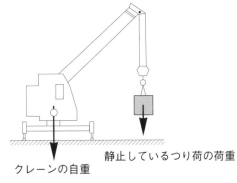

静止しているつり荷の荷重

クレーンの自重

【静荷重】

②動荷重

- 動荷重は、力の大きさや向きが変化する荷重のこと。動荷重は、繰返し荷重と衝撃荷重に分類することができる。

（1）繰返し荷重

繰返し荷重は、**荷重の大きさが時間と共に連続して変化する荷重**。繰り返し荷重が作用するとき、静荷重より小さい荷重でもクレーンの構造部を疲労させて破壊することがある。このような現象を**疲労破壊**という。

また、繰返し荷重は、片振り荷重と両振り荷重に分類することができる。

・片振り荷重

片振り荷重は、**荷重の向きは同じであるが、その大きさが時間と共に変化する**荷重。例えば、クレーンのワイヤロープや巻上装置（ウインチ）の軸受などが受ける荷重が該当する。

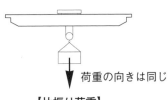

荷重の向きは同じ

【片振り荷重】

・両振り荷重

両振り荷重は、**荷重の向き及び大きさが時間と共に変化する**荷重。例えば、歯車軸が受ける荷重が該当する。

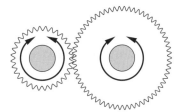

荷重の向き及び大きさが変化する

【両振り荷重】

（2）衝撃荷重

衝撃荷重は、ハンマーで物を叩くように、**急激な力が短時間で加わる荷重**をいう。例えば、つり荷を巻下げているときに急停止を行った場合や、玉掛け用ワイヤロープが緩んでいる状態から全速で巻上げる場合、大きな荷重がワイヤロープに生じて切断する場合がある。

外力の分布状態による荷重の分類

◆外力の作用を分布状態により分類すると、1箇所または非常に狭い範囲に作用する**集中荷重**と、広い面積に広がって作用する**分布荷重**に分けることができる。

①集中荷重 ②分布荷重

【外力の分布状態による荷重の分類】

2 応力 ★よく出る！

◆物体に荷重（外力）をかけると、物体の内部にはその荷重に抵抗しつり合いを保とうとする力が生じる。この力を内力といい、内力は荷重に等しく、向きは反対となる。

◆この荷重によって内部に生じる内力を応力といい、その部材の断面積で除した単位面積当たりの力の大きさで求めることができる。また、単位は、N/mm^{2}が用いられている。

$$応力 = \frac{部材に作用する荷重}{部材の断面積} \quad (\text{N/mm}^2)$$

◆物体が引張荷重を受けたときに生じる応力を引張応力といい、同様に圧縮荷重を受けたときに生じる応力を圧縮応力、せん断荷重を受けたときに生じる応力を**せん断応力**という。

◆例えば、図の部材に引張荷重1,000Nが作用し、棒の断面積が100mm^{2}の場合、引張応力は10N/mm^{2}となる。
同様に、圧縮荷重が1,000N作用している場合、圧縮応力は10N/mm^{2}となり、せん断荷重が1,000N作用している場合、せん断応力は10N/mm^{2}となる。

また、荷重が均一にかからない曲げ応力やねじり応力は、簡単に計算式で求めることはできない。

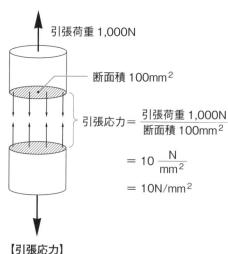

引張荷重 1,000N

断面積 100mm^2

$$引張応力 = \frac{引張荷重\ 1{,}000\text{N}}{断面積\ 100\text{mm}^2}$$
$$= 10\ \frac{\text{N}}{\text{mm}^2}$$
$$= 10\text{N/mm}^2$$

【引張応力】

･･

3 材料の強さ

◆物体に引張荷重や圧縮荷重が作用すると、材料は伸びたり縮んだりする。このように形が変わることを変形という。

◆物体の原形に対する変形した割合を、**ひずみ**という。引張荷重によるひずみを引張ひずみ、同様に圧縮荷重によるひずみを圧縮ひずみという。

◆ひずみは、材料を材料試験機にかけ、徐々に荷重を加えて調べることができる。この荷重試験において得られる応力とひずみの関係を表したグラフを応力－ひずみ曲線という。

◆応力－ひずみ曲線は、一般的にひずみ ε ※を横軸に、応力 σ ※を縦軸にとって描かれる。材料によって、応力－ひずみ曲線は異なる。軟鋼や高張力鋼の場合、次のような特性をみせる。

①荷重をかけると変形して長さが伸び、荷重を取り除くと元の形状（原形）に戻る点 A を有する。

　⇒この点 A を**比例限度**という。

②**点 A を超え、それ以上の荷重をかけると荷重を取り除いても元の形に戻らなくなり、更に引っ張ると荷重は増加し点 B に達する。**

　⇒点 B を**引張強さ**という（**引張強さ**は材料が破断するまでに掛けられる最大の荷重を、元の断面積で除して求めることができる）

③点 B を超え、荷重を増加しなくてもひずみは更に増大し、点 C に達して材料は破断する。

　⇒点 C を**破断点**という。

※「σ」シグマ（小文字）。総和記号。繰り返し足し算する時に表記される記号。
※「ε」イプシロン（小文字）。非常に小さな数を表す記号として用いられる。

《軟鋼の例》　　　　　　　　　　《高張力鋼の例》

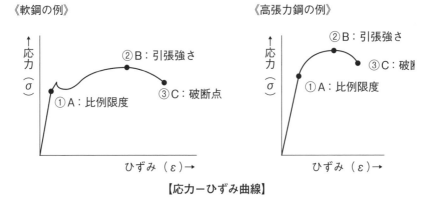

【応力－ひずみ曲線】

◆移動式クレーンに用いられる材料には、比例限度を超える荷重をかけないようにする必要がある。しかし、衝撃荷重などが加わり、予想以上の大きな応力が発生することもある。そこで通常の使用状況では材料に生じる応力が比例限度に達しないよう安全係数が定められ、移動式クレーンは設計・製作されている。従って、移動式クレーンの運転において応力の最大値（許容応力）を超えるような、例えば許容荷重以上のつり荷をつるような運転操作を行ってはならない。

6	つり具の強さと角度

■1 つり具の強さ

| 切断荷重

◆1本の玉掛け用ワイヤロープ等が、切断または破断に至るまでの最大荷重を切断荷重という。

| 安全係数

◆玉掛け用ワイヤロープ、玉掛けチェーン等の**切断荷重と、実際に使用時にかかる最大荷重との比**を安全係数という。安全に使用するために、クレーン等安全規則で次のように定められている（※3章6節　玉掛け■1玉掛用具の安全係数 参照）。

〔つり具の安全係数〕

種別	安全係数
玉掛け用ワイヤロープ	6以上
玉掛け用フック、シャックル	5以上
要件を満たさない玉掛け用つりチェーン	
要件を満たす玉掛け用つりチェーン	4以上

| 安全荷重と基本安全荷重

◆玉掛け用ワイヤロープや玉掛け用つりチェーン等の玉掛け用具で、掛け数及びつり角度に応じてつることができる最大の荷重（t）を安全（使用）荷重という。

◆安全係数を考慮して、1本の玉掛け用ワイヤロープ等で垂直につることができる最大の荷重を基本安全荷重という。

$$基本安全荷重（t）= \frac{切断荷重（kN）}{9.8 \times 安全係数}$$

◆例えばワイヤロープの切断荷重が6kNの場合、基本安全荷重は1tとなる。

2 つり角度

◆2本の玉掛け用ワイヤロープで荷をつったとき、つり荷の質量を支える力は2本の玉掛け用ワイヤロープにかかる張力の合力となる。ロープのつり角度が0°の場合、張力F_1及びF_2はそれぞれFの1/2となる。

◆しかし、ロープのつり角度を0°以上とした場合、ワイヤロープを内側に引き寄せる力Pを生じるようになる。結果、張力F_1及びF_2はそれぞれFの1/2より大きい値となる。従って、同じ質量のつり荷であってもつり角度が大きくなると、ワイヤロープにかかる張力F_1及びF_2も大きくなる。

W：つり荷の質量
F_1、F_2：玉掛け用ワイヤロープの張力
F：F_1、F_2の合力
P：ワイヤロープを内側に引き寄せる力

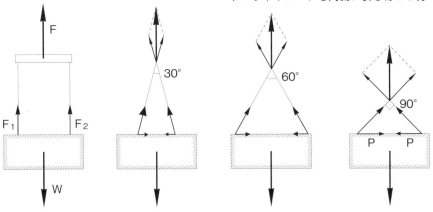

【玉掛け用ワイヤロープの張力と内向きの力】

張力係数

◆玉掛け用ワイヤロープにかかる張力の大きさは、つり角度により異なる。例えば基本安全荷重が1tのワイヤロープ2本ではつり角度0°、質量2tの積荷をつることができる。しかし、角度0°以上にすると、ワイヤロープにかかる張力はつり荷の質量の1/2を超えるため、つることはできない。

◆玉掛け用ワイヤロープの選定に際し、つり荷の質量とつり角度による張力の変化量を知る必要がある。この張力の変化量の度合いを張力係数という。これによりワイヤロープ1本にかかる張力は次の式により求めることができる。

$$
ワイヤロープ1本にかかる張力 = \frac{つり荷の質量}{つり本数} \times 9.8 \times 張力係数
$$

〔つり角度と張力係数〕

つり角度	張力係数
0°	1.00
30°	1.04
60°	1.16
90°	1.41
120°	2.00

ポイント

左の表に示す角度の張力係数は計算問題で使用する数値なのでしっかり暗記しよう！

◆また、次の式により張力係数を求めることができる。

$$張力係数 = \frac{1}{\cos\theta}$$

コサイン（cosine）…三角比・三角関数のひとつで、直角三角形で、一つの鋭角について、斜辺に対する底辺の比。記号 cos　余弦。余弦関数

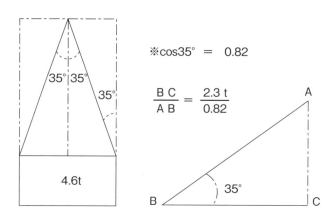

※cos35° ＝ 0.82

$$\frac{BC}{AB} = \frac{2.3t}{0.82}$$

【例題】図のように、直径1m、高さ4mのコンクリート製の円柱を同じ長さの2本の玉掛け用ワイヤロープを用いてつり角度70°でつるとき、1本のワイヤロープにかかる張力の値はいくつか。

　　ただし、コンクリートの1m³当たりの質量は2.3t、重力の加速度は9.8m/s²、cos35°＝0.82とする。また、荷の左右のつり合いは取れており、左右のワイヤロープの張力は同じとし、ワイヤロープ及び荷のつり金具の質量は考えないものとする。

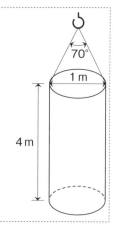

《解答》

- 円柱の体積：$0.5\text{m} \times 0.5\text{m} \times 3.14 \times 4\text{m} = 3.14\text{m}^3$
- 円柱の質量：$2.3\text{t/m}^3 \times 3.14\text{m}^3 = 7.222\text{t}$
- 張力係数 $= \dfrac{1}{\cos 35°} = \dfrac{1}{0.82} = 1.2195\cdots$

- ワイヤロープ1本にかかる張力 $= \dfrac{\text{つり荷の質量}}{\text{つり本数}} \times 9.8\text{m/s}^2 \times \text{張力係数}$

$$= \dfrac{7.222}{2} \times 9.8\text{m/s}^2 \times 1.2195\cdots = \mathbf{43.15\cdots kN}$$

【例題】図のように質量36tの荷を4本の玉掛け用
ワイヤロープを用いてつり角度90°でつるとき、
使用することができるワイヤロープの最小径は
(1) ～ (5) のうちどれか。

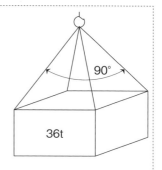

ただし、重力の加速度は9.8m/s^2、ワイヤロー
プの切断荷重はそれぞれに記載したとおりとし、
また、4本のワイヤロープには均等に荷重がか
かり、ワイヤロープ及び荷のつり金具の質量は
考えないものとする。

ワイヤロープの直径（mm）	切断荷重（kN）
(1) 　　32	544
(2) 　　36	688
(3) 　　40	850
(4) 　　44	1,030
(5) 　　48	1,220

《解答》

- ワイヤロープ1本にかかる張力

$$張力 = \dfrac{\text{つり荷の質量}}{\text{つり本数}} \times 9.8\text{m/s}^2 \times \text{張力係数}$$

$$= \dfrac{36\text{t}}{4} \times 9.8\text{m/s}^2 \times 1.41\cdots = 124.362\text{kN}$$

- 玉掛け用ワイヤロープの安全係数は6以上必要。従って、ワイヤロープ1本に
かかる張力の6倍の切断荷重に耐える必要がある。
$124.362\text{kN} \times 6 = 746.172\text{kN}$

- 選択肢より、切断荷重 746.172kN 以上の最小値は 850kN であり、(3) **40mm**
となる。

モード係数

◆モード係数とは、玉掛け用ワイヤロープの掛け本数及びつり角度の影響を考慮し、その掛け本数及びつり角度のときにつることができる最大の質量と基本安全荷重との比をいう。

◆モード係数は、本来つり角度に応じて値が連続的に変わるが、通常つり角度を30°で区切り、使用上の便宜が図られている。

〔掛け本数及びつり角度によるモード係数〕

つり角度 掛け本数	0°	0°超 30°以下	30°超 60°以下	60°超 90°以下	90°超 120°以下
2本	**2.0**	1.9	1.7	1.4	1.0
3本	**3.0**	2.8	2.5	2.1	1.5
4本	**4.0**	3.8	3.4	2.8	2.0

※掛け本数が4本の場合は、玉掛け用ワイヤロープに荷重が均等に掛かりにくいため、4本掛けであっても、原則として3本掛け用のモード係数を使用する必要がある。ただし、4本のワイヤロープに均等な荷重が掛かる場合は、4本掛用のモード係数を使用しても差し支えない。

◆ある質量のつり荷をつるために1本当たりのワイヤロープに必要な玉掛け用具の基本安全荷重は、モード係数を用いて次の式により求めることができる。

$$基本安全荷重 = \frac{つり荷の質量}{モード係数}$$

7 滑車装置

◆荷をワイヤロープでつり上げようとすると、つり荷が重くなるにつれて大きな力が必要になる。そこで、いくつかの滑車（シーブ）を組み合わせてワイヤロープの掛け数を増やし、ワイヤロープ1本にかかる荷重を少なくするよう工夫されている。これを滑車装置という。

◆移動式クレーンに用いられている滑車装置には次のようなものがある。

1 定滑車

◆定滑車は、移動式クレーンのジブ先端に
用いられる滑車装置と同様に、滑車が定
位置に固定されているものを指す。

◆定滑車は力の向きを変えるために用いら
れ、力の方向は変わるが力の大きさは変
わらない。質量100kgの荷をつり上げる
には力＝$9.8 \times 100 = 980$Nが必要となる。

◆定滑車で荷を1m上げるには、ロープを
1m引っ張る必要がある。

$$\boxed{F = Fw}$$

1m引けばつり荷は1m上がる

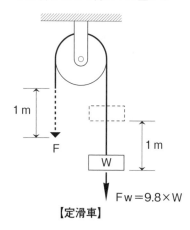

【定滑車】

2 動滑車

◆動滑車は、移動式クレーンのフックブロッ
クに用いられる滑車装置と同様に、滑車は
固定されておらずロープを引っ張ると、滑
車につるされたつり荷と共に移動する。動
滑車のロープを引っ張る方向は、つり荷の
移動する方向と同じで、力の向きは変わら
ない。

◆動滑車はロープを引っ張る力を低減させる
ために用いられ、荷の重力の半分の力でつ
り上げることができる（摩擦がない場合）。
しかし、**ロープを1m引っ張っても、荷は
その半分の0.5mしか上げることができな
い**。すなわち、力は半分ですむがロープは
2倍に引く必要がある。

$$\boxed{F = \frac{Fw}{2}}$$

1m引けばつり荷は0.5m上がる

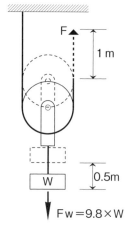

【動滑車】

3 組合せ滑車

★よく出る！

◆組合せ滑車は、いくつかの定滑車と動滑車を組み合わせたもので、より小さな力で重いものを上げ下げすることができる。

◆例えば定滑車と動滑車、それぞれ３個を組み合わせた場合を考える。定滑車は力の向きを変えるものであるが、動滑車３個により荷の重さの１／６の力で荷をつり上げることができる。また、荷が上がる量はロープを引く量の１／６となる。よって、ロープを１ｍ引っ張っても荷は１／６ｍしか上がることができない。

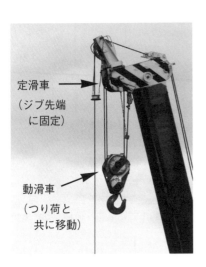

定滑車
（ジブ先端
に固定）

動滑車
（つり荷と
共に移動）

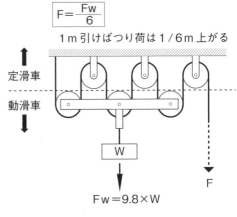

$$F = \frac{Fw}{6}$$

１ｍ引けばつり荷は１／６ｍ上がる

定滑車

動滑車

W

Fw＝9.8×W

F

【定滑車３個及び動滑車３個組合せの例】

《出題パターン①》

【例題】 図のような組合せ滑車を用いて質量100kgの荷をつるとき、これを支えるために必要な力Ｆの値はいくつか。

ただし、重力の加速度は9.8m/s²とし、滑車及びワイヤロープの質量並びに摩擦は考えないものとする。

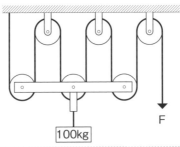

100kg

F

《解答》

- この場合、つり荷の質量を荷をつっているロープの数で除することにより求めることができる。

$$F = \frac{質量 \times 9.8\ m/s^2}{荷をつっているロープの数}$$

- なお、荷をつっているロープとは、動滑車に力が働いているロープの数である。

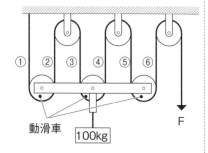

動滑車

100kg

合計6本のロープで荷をつっている

$$F = \frac{質量 \times 9.8 m/s^2}{荷をつっているロープの数}$$

$$= \frac{100kg \times 9.8 m/s^2}{6本} = \frac{980N}{6} = \underline{\textbf{163.33}\cdots\textbf{N}}$$

《出題パターン②》

【例題】図のような組合せ滑車を用いて質量200kgの荷をつるとき、これを支えるために必要な力Fの値はいくつか。

ただし、重力の加速度は9.8m/s²とし、滑車及びワイヤロープの質量並びに摩擦は考えないものとする。

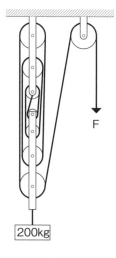

200kg

《解答》

▪ 出題パターン①と同様、つり荷の質量を荷をつっているロープの数で除することにより求めることができる。

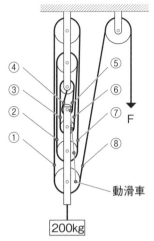

合計８本のロープで荷をつっている

$$F = \frac{質量 \times 9.8\mathrm{m/s^2}}{荷をつっているロープの数}$$

$$= \frac{200\mathrm{kg} \times 9.8\mathrm{m/s^2}}{8本} = \frac{1,960\mathrm{N}}{8} = \underline{\mathbf{245N}}$$

ポイント

設問のイラストをよく見て"ワイヤロープの数"
をきちんと見極めて把握しよう。
パターンはいくつかあるけれど、基本的な考え方は
同じなので、公式をしっかり覚えよう。

移動式クレーンの運転のために必要な力学に関する知識

【例題】図のような組合せ滑車を用いて質量300kgの荷をつるとき、これを支えるために必要な力Fの値はいくつか。

　　ただし、重力の加速度は9.8m/s²とし、滑車及びワイヤロープの質量並びに摩擦は考えないものとする。

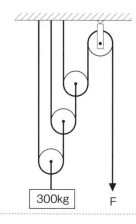

《解答》

- 図ではロープの端が別の動滑車につられている。荷の質量は1つめの動滑車により W/2 ⇒2つめで W/4⇒3つめで W/8 となる。従って、この組合せ滑車の場合、つり荷を動滑車の数毎に1/2を掛けることでFの値を求めることができる。

- また、次の公式により求めることができる。

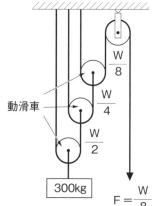

$$F = \frac{質量 \times 9.8m/s^2}{2^n \ （n＝動滑車の数）}$$

$$= \frac{300kg \times 9.8m/s^2}{2^3} = \frac{2,940N}{2 \times 2 \times 2} = \frac{2,940N}{8} = \underline{\textbf{367.5N}}$$

移動式クレーンの運転のために必要な力学に関する知識

第 II 部　問題と解説

試験の注意事項

1 実際の試験時の解答方法

◎解答は、<u>マークシート方式</u>。別に用意された解答用紙に記入（マーク）する。

◎使用できる鉛筆（シャープペンシルも可）は、「HB」又は「B」である。

※ボールペン、サインペンなどは使用できない。

◎解答用紙は機械で採点するので、折ったり、曲げたり、汚したりしない。

◎解答を訂正するときは、消しゴムできれいに消してから書き直す。

◎問題は、<u>五肢択一式</u>で、正答は一問につき一つだけとなっている。二つ以上に記入（マーク）したもの、判読が困難なものは、得点とならない。

◎計算、メモなどは、解答用紙に書かずに試験問題の余白を利用すること。

2 試験時間

◎試験時間は2時間30分で、試験問題は問1〜問40の全40問となっている。

※「移動式クレーンの運転のために必要な力学に関する知識」の免除者の試験時間は2時間で、試験問題は問1〜問30の全30問となる。

◎試験開始後、1時間以内は退室できない。

◎試験開始から1時間経過の後、試験時間終了前に退室するときは、着席のまま無言で手を挙げる。

※退室した後は、再び試験室に入ることはできない。

◎試験問題は、持ち帰ることはできない。

習熟度を確認

◎「解答と解説」の冒頭にある「◆**正解一覧**」を利用して間違えた問題にチェック！どこが苦手なのかを把握して、該当箇所のテキストを読み返してみよう！

(例)

◆**正解一覧**

問題	正解	チェック				
〔移動式クレーンに関する知識〕						
問1	(2)	✓	○	○		
問2	(4)	○	○	○		
問3	(4)	✓	✓	○		

令和5年10月公表問題

〔移動式クレーンに関する知識〕

【問1】 移動式クレーンに関する用語の記述として、適切なものは次のうちどれか。

(1) つり上げ荷重とは、アウトリガーを有する移動式クレーンにあっては、当該アウトリガーを最大限に張り出し、ジブ長さを最長に、傾斜角を最小にしたときに負荷させることができる最大の荷重をいい、フックなどのつり具分が含まれる。

(2) 定格速度とは、つり上げ荷重に相当する荷重の荷をつって、つり上げ、旋回などの作動を行う場合の、それぞれの最高の速度をいう。

(3) ジブの起伏とは、ジブが取り付けられたピンを支点として傾斜角を変える運動をいい、傾斜角を変える運動には、起伏シリンダの作動によるものと、巻上げ用ワイヤロープの巻取り、巻戻しによるものがある。

(4) 総揚程とは、ジブ長さを最長に、傾斜角を最大にしたときのつり具の上限位置と、ジブ長さを最短に、傾斜角を最小にしたときのつり具の上限位置との間の垂直距離をいう。

(5) 巻下げとは、巻上装置のドラムに巻き取った巻上げ用ワイヤロープを巻き戻す作動によって、荷を垂直に下ろす運動をいう。

【問2】 移動式クレーンの種類、型式などに関する記述として、適切なものは次のうちどれか。

(1) オールテレーンクレーンは、ホイールクレーンに含まれるもので、特殊な操向機構とハイドロニューマチック・サスペンション（油空圧式サスペンション）装置を有し、不整地の走行や狭所進入性に優れている。

(2) ラフテレーンクレーンの下部走行体には、2軸から4軸の車軸を装備する専用のキャリアが用いられ、駆動方式には、常時全軸駆動方式及びパートタイム駆動方式がある。

(3) 積載形トラッククレーンには、通常、「PTO」と呼ばれるクレーン作業専用の原動機が走行用原動機とは別に搭載されており、クレーン作動は「PTO」から動力が伝達された油圧装置により行われる。

(4) 浮きクレーンは、長方形の箱形などの台船上にクレーン装置を搭載した型式のものであるが、台船の構造上自ら航行するものはない。

(5) ラフテレーンクレーンのキャリアには、通常、張出しなどの作動をラックピニオン方式で行うH形又はM形のアウトリガーが備え付けられている。

【問3】 次の文章は、一般的な移動式クレーンの油圧駆動式の巻上装置に使用されている減速機に係る記述であるが、この文中の□内に入れるAからCの語句の組合せとして、最も適切なものは（1）～（5）のうちどれか。

　　「移動式クレーンの巻上装置の減速機は、歯車を用いて A の回転数を減速して必要なトルクを得るためのもので、一般に、 B 減速式又は C 減速式のものが使用されている。」

	A	B	C
(1)	エンジン	ウォーム歯車	平歯車
(2)	エンジン	ラチェット歯車	ウォーム歯車
(3)	歯車ポンプ	遊星歯車	ウォーム歯車
(4)	油圧モータ	遊星歯車	ラチェット歯車
(5)	油圧モータ	平歯車	遊星歯車

【問4】 クローラクレーンに関する記述として、適切でないものは次のうちどれか。

(1) クローラクレーン用下部走行体は、走行フレームの前方に遊動輪、後方に起動輪を配置してクローラベルトを巻いたもので、起動輪を駆動することにより走行する。

(2) クローラベルトは、一般に、鋳鋼又は鍛鋼製のシューをエンドレス状につなぎ合わせたものであるが、ゴム製のものもある。

(3) 鋳鋼又は鍛鋼製のクローラベルトには、シューをリンクにボルトで取り付ける組立型と、シューをピンでつなぎ合わせる一体型がある。

(4) 平均接地圧（kPa 又は kN/m²）は、一般に、全装備質量から運転士、燃料、潤滑油及び冷却水の質量を除いた質量 (t) に 9.8 (m/s²) を掛けた数値を、クローラベルトの接地する総面積（m²）で割ったもので表される。

(5) クローラクレーン用下部走行体は、一般に、油圧シリンダで左右の走行フレーム間隔を広げ又は縮め、クローラ中心距離を変えることができる構造になっている。

【問5】移動式クレーンの上部旋回体に関する記述として、適切なものは次のうちどれか。

(1) トラッククレーンの旋回フレーム上には、巻上装置、クレーン操作用の運転室などが設置され、カウンタウエイトは、下部走行体に取り付けられている。

(2) オールテレーンクレーンの上部旋回体の運転室には、クレーン操作装置及び走行用操縦装置が装備されている。

(3) トラス（ラチス）構造ジブのクローラクレーンのAフレームは、作業時には高い位置にセットするが、これをハイガントリと呼ぶ。

(4) トラス（ラチス）構造ジブのクローラクレーンの旋回フレームには、補助ジブを使用する際に取り付けるための補助ブラケットが装備されているものがある。

(5) ラフテレーンクレーンの上部旋回体の運転室には、クレーン操作装置が装備されており、走行用操縦装置は下部走行体に装備されている。

【問6】移動式クレーンのフロントアタッチメントに関する記述として、適切でないものは次のうちどれか。

(1) ジブの主要材料には、強度の確保及び軽量化のため、一般に高張力鋼が使用されている。

(2) トラス（ラチス）構造のジブでは、一般に、上部ジブと下部ジブの間に継ぎジブを挿入し、作業に必要な長さを確保する。

(3) 箱形構造ジブの伸縮方式としては、2段目、3段目、4段目と順次に伸縮する方式と、各段が同時に伸縮する方式がある。

(4) フックの代わりにグラブバケットを装備するときは、バケットの開閉を行うためのタグラインが必要である。

(5) ペンダントロープは、ジブ上端と上部ブライドルをつなぐワイヤロープである。

【問7】 移動式クレーンの安全装置などに関する記述として、適切なものは次のうちどれか。

(1) 過負荷防止装置は、ジブの各傾斜角において、つり荷の荷重が定格荷重を超えようとしたときに警報を発して注意を喚起し、定格荷重を超えたときに転倒する危険性が高くなるジブの起こし及び伸ばし、並びにつり荷の巻上げの作動を自動的に停止させる装置である。

(2) 玉掛け用ワイヤロープの外れ止め装置は、フックブロックのシーブから玉掛け用ワイヤロープが外れるのを防止するための装置である。

(3) 油圧回路の安全弁は、起伏シリンダへの油圧ホースが破損した場合に、油圧回路内の油圧の急激な低下によるつり荷の落下を防止するための装置である。

(4) ジブ起伏停止装置は、ジブの起こし過ぎによるジブの折損や後方への転倒を防止するための装置で、ジブの起こし角が操作限界になったとき、運転士がそのまま操作レバーを引き続けても、自動的にジブの作動を停止させる装置である。

(5) 移動式クレーンの旋回時などに周囲の作業員に危険を知らせるための警報装置は、通常、運転室内に設けられた足踏み式スイッチにより操作し、運転者が任意の場所で警報を発することができるものである。

【問8】 次のワイヤロープAからDについて、「ラングSよりワイヤロープ」及び「普通Zよりワイヤロープ」の組合せとして、正しいものは (1) ～ (5) のうちどれか。

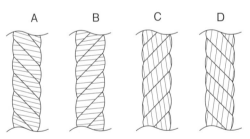

	ラングSより	普通Zより
(1)	A	B
(2)	A	C
(3)	B	C
(4)	B	D
(5)	C	D

【問9】移動式クレーンの取扱いに関する記述として、適切なものは次のうちどれか。

(1) トラッククレーンは、荷をつって旋回する場合、一般に、後方領域が最も安定が良く、前方領域は、側方領域及び後方領域よりも安定が悪い。

(2) 箱形構造ジブの場合、ジブを伸ばすとフックブロックが巻下げの状態になるので、ワイヤロープが乱巻きにならないよう、ジブの伸ばしに合わせて巻上げを行う。

(3) クローラクレーンは、側方領域に比べ前方領域及び後方領域の定格総荷重が小さい。

(4) つり荷を下ろしたときに玉掛け用ワイヤロープが挟まり、手で抜けなくなった場合は、周囲に人がいないことを確認してから、移動式クレーンのフックの巻上げによって荷から引き抜く。

(5) 巻上げ操作による荷の横引きを行うときは、周囲に人がいないことを確認してから行う。

【問10】移動式クレーンの設置時の留意事項などに関する記述として、適切なものは次のうちどれか。

(1) ラフテレーンクレーンのアウトリガーを張り出す際は、レベルゲージを見て機体が水平になるようジャッキ操作を行うが、機体の安定性を確保するため、タイヤを地上から浮かせてはならない。

(2) アウトリガーを有する移動式クレーンをアウトリガー中間張出しの状態で使用する場合は、アウトリガー最大張出しの条件における定格荷重を基準として荷をつり上げれば、機体が転倒するおそれはない。

(3) 移動式クレーンの設置面より下に荷を下ろす場合は、巻上げ用ワイヤロープを最大に巻き下げたとき、巻上げドラムに最低2巻以上の巻上げ用ワイヤロープを残さなければならない。

(4) 荷をつり上げる位置と荷を下ろす位置が異なる場合は、作業半径の小さい方における定格荷重を基準として荷をつり上げれば、移動式クレーンが転倒するおそれはない。

(5) クローラクレーンを設置する地盤の補強のための鉄板は、シングル敷きの場合は、接地圧を確保するため、鉄板の長手方向がクローラクレーンの走行方向と平行になるように敷く。

〔原動機及び電気に関する知識〕

【問 11】エンジンに関する記述として、適切なものは次のうちどれか。
  (1) ディーゼルエンジンは、ガソリンエンジンに比べて熱効率が悪い。
  (2) ディーゼルエンジンは、常温常圧の空気の中に高温高圧の軽油や重油を噴射して燃焼させる。
  (3) 4サイクルエンジンは、クランク軸が2回転するごとに1回の動力を発生する。
  (4) 2サイクルエンジンは、吸入、燃焼、圧縮、排気の順序で作動する。
  (5) 2サイクルエンジンは、ピストンが2往復するごとに1回の動力を発生する。

【問 12】移動式クレーンのディーゼルエンジンに取り付けられる補機、装置などに関する記述として、適切でないものは次のうちどれか。
  (1) 燃料噴射ノズルは、燃料の噴射量を加減して負荷の変動による回転速度を調整するものである。
  (2) フライホイールは、燃焼行程のエネルギーを一時的に蓄えてクランク軸の回転を円滑にするもので、クランク軸の後端部に取り付けられる。
  (3) エアクリーナは、燃料の燃焼に必要な空気をシリンダに吸い込むとき、じんあいを吸い込まないようにろ過するものである。
  (4) タイミングギヤは、カム軸とクランク軸の間に組み込まれたギヤで、エンジンの各行程が必要とする時期に吸排気バルブの開閉や燃料の噴射を行わせるためのものである。
  (5) 4サイクルエンジンの過給器は、エンジンの出力を増加するため、高い圧力の空気をシリンダ内に強制的に送り込むものである。

【問 13】油で満たされた二つのシリンダが連絡している図の装置で、ピストンA（直径1cm）に9Nの力を加えるとき、ピストンB（直径3cm）に加わる力は（1）～（5）のうちどれか。
  (1) 3 N
  (2) 9 N
  (3) 18 N
  (4) 27 N
  (5) 81 N

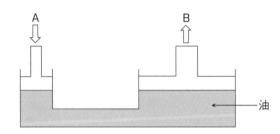

【問14】油圧発生装置の歯車ポンプの機構及び特徴に関する記述として、適切でないものは次のうちどれか。

(1) 歯車ポンプは、ケーシング内でかみ合う歯車によって、吸込み口から吸い込んだ油を吐出し口に押し出す機構である。

(2) 歯車ポンプには、内接形と外接形があり、移動式クレーンでは外接形が使用されている。

(3) 歯車ポンプは、一般に、プランジャポンプに比べてポンプ効率が良く、30MPa以上の高圧が容易に得られる。

(4) 歯車ポンプは、キャビテーションなどにより騒音や振動が発生することがある。

(5) 歯車ポンプは、一般に、プランジャポンプに比べて構造が簡単で、故障が少なく保守が容易である。

【問15】移動式クレーンの油圧装置の油圧制御弁に関する記述として、適切でないものは次のうちどれか。

(1) 絞り弁は、ハンドル操作により絞り部の開きを変えて流量の調整を行うものである。

(2) アキュムレータが規定の圧力に達したとき、油圧ポンプの圧油をそのまま油タンクに逃がし、エンジンの負荷を軽減するために、アンロード弁が用いられる。

(3) シーケンス弁は、別々に作動する二つの油圧シリンダを順次、制御するために用いられる。

(4) カウンタバランス弁は、一方向の流れには設定された背圧を与えて流量を制御し、逆方向には流れないようにするものである。

(5) パイロットチェック弁は、ある条件のときに逆方向にも流せるようにしたもので、アウトリガー油圧回路の配管破損時の垂直シリンダの縮小防止に用いられる。

【問16】移動式クレーンの油圧装置の付属機器に関する記述として、適切でないものは次のうちどれか。

(1) 作動油の油温が高温になると障害が起こるので、発熱量が多い使用状況の場合は、強制的に冷却するためにオイルクーラーが用いられる。

(2) 圧力計は、一般にブルドン管圧力計が用いられている。

(3) 吸込み用フィルタには、そのエレメントが金網式のものとノッチワイヤ式のものがある。

(4) ラインフィルタは、圧力管路用のものと戻り管路用のものがあり、そのエレメントとしてノッチワイヤ、ろ過紙、焼結合金などが用いられている。

(5) アキュムレータは、シェル内をゴム製の隔壁（ブラダ）などにより油室とガス室に分け、ガスの圧縮性により作動油の油圧を調整する部品で、衝撃圧の吸収のため、油室にリターンフィルタを備えている。

【問17】移動式クレーンの油圧装置の保守に関する記述として、適切でないものは次のうちどれか。

(1) フィルタは、一般的には、3か月に1回程度、エレメントを取り外して洗浄するが、洗浄してもごみや汚れが除去できない場合は新品と交換する。

(2) フィルタエレメントの洗浄は、一般的には、溶剤に長時間浸した後、ブラシ洗いをして、エレメントの内側から外側へ圧縮空気で吹く。

(3) 油圧ポンプの点検項目としては、ポンプを停止した状態での異音及び発熱の有無、接合部及びシール部の油漏れの有無の検査などが挙げられる。

(4) 油圧配管系統の接続部は、特に緩みやすいので、圧油の漏れの有無を毎日点検する。

(5) 油圧配管系統の分解整備後、配管内に空気が残ったまま油圧ポンプを全負荷運転すると、ポンプの焼付きの原因となる。

【問18】移動式クレーンの油圧装置の作動油に関する記述として、適切なものは次のうちどれか。

(1) 粘度が高い油を使用すると、ポンプの運転を始動する際に大きな力を要する。

(2) 一般に用いられる作動油の引火点は、110〜140℃程度である。

(3) 作動油は、運転中、高温で空気などに接し、かくはん状態で使用されるので蒸発しやすい。

(4) 正常な作動油は、通常1％程度の水分を含んでいるが、オイルクーラーの水漏れなどにより更に水分が混入すると、作動油は泡立つようになる。

(5) 一般に用いられる作動油の比重は、1.35〜1.45程度である。

【問 19】 電気に関する記述として、適切なものは次のうちどれか。

(1) 直流は AC、交流は DC と表される。

(2) 変電所、開閉所などから家庭、工場などに電力を送ることを配電という。

(3) 工場の動力用電源には、一般に、200V 級又は 400V 級の単相交流が使用されている。

(4) 電力として配電される交流は、地域によらず、家庭用は 50Hz、工場の動力用は 60Hz の周波数で供給されている。

(5) 単相交流を三つ集め、電流及び電圧の大きさ並びに電流の方向が時間の経過に関係なく一定となるものを三相交流という。

【問 20】 感電及びその防止に関する記述として、適切でないものは次のうちどれか。

(1) 人体に電流が流れ、苦痛その他の影響を受けることを感電といい、感電により心室細動の発生や電気によるやけどなどの災害が引き起こされる。

(2) 感電による人体への影響の程度は、電流の大きさ、通電時間、電流の種類、体質などの条件により異なる。

(3) 感電による危険を電流と時間の積によって評価する場合、50 ミリアンペアの電流が 1 秒間人体を流れると、心室細動を起こすおそれがあるとされている。

(4) 人体は身体内部の電気抵抗が皮膚の電気抵抗よりも大きいため、電気によるやけどの影響は皮膚深部には及ばないが、皮膚表面は極めて大きな傷害を受ける。

(5) 移動式クレーンのジブが電路に接触した場合であっても、運転席に乗っている運転士は、運転席から離れない限り身体には電気が流れないので感電しないが、ジブが電路に接触した状態で移動式クレーンを離れようとして身体が機体と地面に同時に接すると、感電するおそれがある。

【問 21】つり上げ荷重3t以上の移動式クレーン及び移動式クレーン検査証（以下、本問において「検査証」という。）に関する記述として、法令上、正しいものは次のうちどれか。ただし、計画の届出に係る免除認定を受けていない場合とする。

(1) 移動式クレーンを設置した事業者は、設置後14日以内に、移動式クレーン設置報告書に移動式クレーン明細書及び検査証を添えて、所轄労働基準監督署長に提出しなければならない。

(2) 移動式クレーンを設置している者に異動があったときは、当該移動式クレーンを設置している者は、当該異動後30日以内に、検査証書替申請書に検査証を添えて、所轄労働基準監督署長を経由し検査証の交付を受けた都道府県労働局長に提出し、書替えを受けなければならない。

(3) 移動式クレーンを設置している者が移動式クレーンの使用を休止しようとする場合において、その休止しようとする期間が検査証の有効期間を経過した後にわたるときは、有効期間満了後10日以内にその旨を所轄労働基準監督署長に報告しなければならない。

(4) 検査証を受けた移動式クレーンを貸与するときは、検査証とともにするのでなければ、貸与してはならない。

(5) 移動式クレーンを設置している者は、当該移動式クレーンの使用を廃止したときは、廃止後30日以内に検査証を所轄労働基準監督署長に返還しなければならない。

【問 22】つり上げ荷重3t以上の移動式クレーンの検査に関する記述として、法令上、誤っているものは次のうちどれか。

(1) 製造検査は、所轄都道府県労働局長が行う。

(2) 移動式クレーンを輸入した者は、原則として使用検査を受けなければならない。

(3) 性能検査は、原則として登録性能検査機関が行う。

(4) 移動式クレーンの原動機に変更を加えた者は、変更検査を受けなければならない。

(5) 使用再開検査は、所轄労働基準監督署長が行う。

【問23】 移動式クレーンの運転(道路上を走行させる運転を除く。)及び玉掛けの業務に関する記述として、法令上、誤っているものは次のうちどれか。

(1) 移動式クレーン運転士免許で、つり上げ荷重100tの浮きクレーンの運転の業務に就くことができる。

(2) 小型移動式クレーン運転技能講習の修了では、つり上げ荷重6tのラフテレーンクレーンの運転の業務に就くことができない。

(3) 移動式クレーンの運転の業務に係る特別の教育の受講で、つり上げ荷重1.5tの積載形トラッククレーンの運転の業務に就くことができる。

(4) 玉掛け技能講習の修了で、つり上げ荷重20tのクローラクレーンで行う5tの荷の玉掛けの業務に就くことができる。

(5) 玉掛けの業務に係る特別の教育の受講では、つり上げ荷重2tのトラッククレーンで行う0.9tの荷の玉掛けの業務に就くことができない。

【問24】 次の文章は移動式クレーンの使用に係る法令条文であるが、この文中の□内に入れるAからCの語句又は数値の組合せが、当該法令条文の内容と一致するものは(1)～(5)のうちどれか。

　　「事業者は、移動式クレーンについては、移動式クレーン[A]に記載されている[B](つり上げ荷重が[C]未満の移動式クレーンにあっては、これを製造した者が指定した[B])の範囲をこえて使用してはならない。」

	A	B	C
(1)	明細書	定格荷重	1 t
(2)	明細書	ジブの傾斜角	3 t
(3)	設置報告書	ジブの傾斜角	5 t
(4)	検査証	ジブの傾斜角	3 t
(5)	検査証	定格荷重	5 t

【問 25】移動式クレーンの使用に関する記述として、法令上、誤っているものは次のうちどれか。

(1) 地盤が軟弱であるため移動式クレーンが転倒するおそれのある場所においては、原則として、移動式クレーンを用いて作業を行ってはならない。

(2) 労働者から移動式クレーンの安全装置の機能が失われている旨の申出があったときは、すみやかに、適当な措置を講じなければならない。

(3) 油圧を動力として用いる移動式クレーンの安全弁については、原則として、つり上げ荷重に相当する荷重をかけたときの油圧に相当する圧力以下で作用するように調整しておかなければならない。

(4) 移動式クレーンを用いて作業を行うときは、移動式クレーンの運転者及び玉掛けをする者が当該移動式クレーンの定格荷重を常時知ることができるよう、表示その他の措置を講じなければならない。

(5) 原則として、移動式クレーンにより、労働者を運搬し、又は労働者をつり上げて作業させてはならない。

【問 26】移動式クレーンに係る作業を行う場合における、つり上げられている荷の下への労働者の立入りに関する記述として、法令上、違反とならないものは次のうちどれか。

(1) 複数の荷が一度につり上げられている場合であって、当該複数の荷が結束され、箱に入れられる等により固定されていないとき、つり上げられている荷の下へ労働者を立ち入らせた。

(2) つりクランプ1個を用いて玉掛けをした荷がつり上げられているとき、つり上げられている荷の下へ労働者を立ち入らせた。

(3) 動力下降以外の方法によって荷を下降させるとき、つり上げられている荷の下へ労働者を立ち入らせた。

(4) ハッカー2個を用いて玉掛けをした荷がつり上げられているとき、つり上げられている荷の下へ労働者を立ち入らせた。

(5) 繊維ベルトを用いて2箇所に玉掛けをした荷がつり上げられているとき、つり上げられている荷の下へ労働者を立ち入らせた。

【問 27】次のうち、法令上、移動式クレーンの玉掛用具として使用禁止とされていないものはどれか。

(1) ワイヤロープ 1 よりの間において素線（フィラ線を除く。以下同じ。）の数の 11 ％の素線が切断したワイヤロープ

(2) 直径の減少が公称径の 9 ％のワイヤロープ

(3) 伸びが製造されたときの長さの 6 ％のつりチェーン

(4) 使用する際の安全係数が 3 となるつりチェーン

(5) リンクの断面の直径の減少が、製造されたときの当該直径の 9 ％のつりチェーン

【問 28】移動式クレーンの自主検査及び点検に関する記述として、法令上、誤っているものは次のうちどれか。

(1) 1 年以内ごとに 1 回行う定期自主検査においては、つり上げ荷重に相当する荷重の荷をつって行う荷重試験を実施しなければならない。

(2) 1 か月以内ごとに 1 回行う定期自主検査においては、ブレーキの異常の有無について検査を行わなければならない。

(3) 作業開始前の点検においては、コントローラーの機能について点検を行わなければならない。

(4) 定期自主検査の結果は、記録し、これを 3 年間保存しなければならない。

(5) 定期自主検査又は作業開始前の点検を行い、異常を認めたときは、直ちに補修しなければならない。

【問 29】つり上げ荷重 20t の移動式クレーンの検査に関する記述として、法令上、誤っているものは次のうちどれか。

(1) 製造検査における荷重試験は、定格荷重の 1.25 倍に相当する荷重の荷をつって、つり上げ、旋回、走行等の作動を行うものとする。

(2) 使用検査を受ける者は、当該検査に立ち会わなければならない。

(3) 性能検査においては、移動式クレーンの各部分の構造及び機能について点検を行うほか、荷重試験及び安定度試験を行うものとする。

(4) 変更検査における安定度試験は、定格荷重の 1.27 倍に相当する荷重の荷をつって、安定に関し最も不利な条件で地切りすることにより行うものとする。

(5) 使用再開検査を受ける者は、荷重試験及び安定度試験のための荷及び玉掛用具を準備しなければならない。

【問30】移動式クレーン運転士免許及び免許証に関する次のAからEの記述について、法令上、誤っているもののみを全て挙げた組合せは（1）～（5）のうちどれか。

A 免許に係る業務に従事するときは、当該業務に係る免許証を携帯しなければならない。ただし、屋外作業等、作業の性質上、免許証を滅失するおそれのある業務に従事するときは、免許証に代えてその写しを携帯することで差し支えない。

B 免許に係る業務に現に就いている者は、氏名を変更したときは、免許証の書替えを受けなければならない。ただし、変更後の氏名を確認することができる他の技能講習修了証等を携帯するときは、この限りでない。

C 免許証を他人に譲渡又は貸与したときは、免許の取消し又は効力の一時停止の処分を受けることがある。

D 労働安全衛生法違反により免許の取消しの処分を受けた者は、処分を受けた日から起算して30日以内に、免許の取消しをした都道府県労働局長に免許証を返還しなければならない。

E 労働安全衛生法違反により免許を取り消され、その取消しの日から起算して1年を経過しない者は、免許を受けることができない。

(1) A，B，C，D
(2) A，B，D
(3) B，C，D
(4) B，D，E
(5) C，E

次の科目の免除者は問３１～問４０は解答しないでください。

〔移動式クレーンの運転のために必要な力学に関する知識〕

【問31】力に関する記述として、適切でないものは次のうちどれか。
(1) 力の三要素とは、力の大きさ、力の向き及び力の作用点をいう。
(2) 小さな物体の1点に大きさが異なり向きが一直線上にない二つの力が作用して物体が動くとき、その物体は大きい力の方向に動く。
(3) 物体に作用する一つの力を、互いにある角度を持つ二つ以上の力に分けることを力の分解という。
(4) 力の作用と反作用とは、同じ直線上で作用し、大きさが等しく、向きが反対である。
(5) 力のモーメントの大きさは、力の大きさと、回転軸の中心から力の作用線に下ろした垂線の長さの積で求められる。

【問32】 図のような天びん棒で荷Wをワイヤロープでつり下げ、つり合うとき、天びん棒を支えるための力Fの値は（1）〜（5）のうちどれか。

ただし、重力の加速度は9.8m/s²とし、天びん棒及びワイヤロープの質量は考えないものとする。

(1)　98 N
(2)　196 N
(3)　294 N
(4)　392 N
(5)　490 N

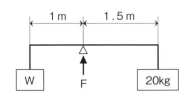

【問33】 物体の質量及び比重に関する記述として、適切でないものは次のうちどれか。

(1) 物体の質量と、その物体と同じ体積の4℃の純水の質量との比をその物体の比重という。

(2) 鋼、銅、鉛及び鋳鉄を比重の大きい順に並べると、「鉛、銅、鋼、鋳鉄」となる。

(3) アルミニウムの丸棒が、その長さは同じで、直径が3倍になると、質量は27倍になる。

(4) 物体の質量をW、その体積をVとすれば、その単位体積当たりの質量dは、d＝W／Vで求められる。

(5) コンクリート1m³の質量と水2.3m³の質量は、ほぼ同じである。

【問34】 均質な材料でできた固体の物体（以下、本問において「物体」という。）及びその荷の重心に関する記述として、適切でないものは次のうちどれか。

(1) 長尺の荷を移動式クレーンでつり上げるため、目安で重心位置を定めてその真上にフックを置き、玉掛けを行い、地切り直前まで少しだけつり上げたとき、荷が傾いた場合は、荷の実際の重心位置は目安とした重心位置よりも傾斜した荷の低い方の側にある。

(2) 物体全体に作用する重力は、物体を細かく分けたときに各部分に作用する重力の和であるが、物体の各部分に作用する重力の合力は一点に集中して作用すると考えられ、この点（合力の作用点）を重心という。

(3) 直方体の物体の置き方を変える場合、重心の位置が高くなるほど安定性は悪くなる。

(4) 水平面上に置いた直方体の物体を傾けた場合、重心からの鉛直線がその物体の底面を外れるときは、その物体は元の位置に戻る。

(5) 重心は、物体の形状によっては必ずしも物体の内部にあるとは限らない。

【問35】物体の運動に関する記述として、適切でないものは次のうちどれか。

(1) 物体の運動の「速い」、「遅い」の程度を示す量を速さといい、単位時間に物体が移動した距離で表す。

(2) 物体が円運動をしているときの遠心力と向心力は、力の大きさが等しく、向きが反対である。

(3) 物体が一定の加速度で加速し、その速度が2秒間に10m/sから20m/sになったときの加速度は、10m/s²である。

(4) 物体には、外から力が作用しない限り、静止しているときは静止の状態を、運動しているときは同じ速度で運動を続けようとする性質があり、このような性質を慣性という。

(5) 静止している物体を動かしたり、運動している物体の速度を変えるためには力が必要である。

【問36】物体に働く摩擦力に関する記述として、適切でないものは次のうちどれか。

(1) 他の物体に接触し、その接触面に沿う方向の力が作用している物体が静止しているとき、接触面に働いている摩擦力を静止摩擦力という。

(2) 物体に働く最大静止摩擦力は、運動摩擦力より大きい。

(3) 運動摩擦力の大きさは、物体の接触面に作用する垂直力の大きさに比例するが、接触面積には関係しない。

(4) 最大静止摩擦力の大きさは、静止摩擦係数に比例する。

(5) 円柱状の物体を動かす場合、転がり摩擦力は滑り摩擦力に比べると大きい。

【問37】荷重に関する記述として、適切なものは次のうちどれか。

(1) 両振り荷重と衝撃荷重は、動荷重である。

(2) せん断荷重は、棒状の材料を長手方向に引きのばすように働く荷重である。

(3) 移動式クレーンのフックには、主に圧縮荷重がかかる。

(4) 移動式クレーンのシーブを通る巻上げ用ワイヤロープには、圧縮荷重とせん断荷重がかかる。

(5) 片振り荷重は、大きさは同じであるが、向きが時間とともに変わる荷重である。

【問 38】 垂直につるした直径 2 cm の丸棒の先端に質量 900kg の荷をつり下げるとき、生じる引張応力の値に最も近いものは（1）〜（5）のうちどれか。

　　ただし、重力の加速度は 9.8m/s² とし、丸棒の質量は考えないものとする。

(1)　3 N/mm²
(2)　7 N/mm²
(3)　14N/mm²
(4)　28N/mm²
(5)　56N/mm²

【問 39】 図のように、直径 1 m、高さ 2 m のアルミニウム製の円柱を同じ長さの 2 本の玉掛け用ワイヤロープを用いてつり角度 60°でつるとき、1 本のワイヤロープにかかる張力の値に最も近いものは（1）〜（5）のうちどれか。

　　ただし、アルミニウムの 1 m³ 当たりの質量は 2.7t、重力の加速度は 9.8m/s² とする。また、荷の左右のつり合いは取れており、左右のワイヤロープの張力は同じとし、ワイヤロープ及び荷のつり金具の質量は考えないものとする。

(1)　15kN
(2)　21kN
(3)　24kN
(4)　29kN
(5)　42kN

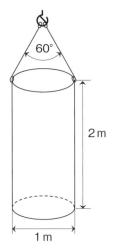

【問40】 図のような滑車を用いて、質量Wの荷をつり上げるとき、荷を支えるために必要な力Fを求める式がそれぞれの図の下部に記載してあるが、これらの力Fを求める式として、誤っているものは (1) ～ (5) のうちどれか。

　　　ただし、 g は重力の加速度とし、滑車及びワイヤロープの質量並びに摩擦は考えないものとする。

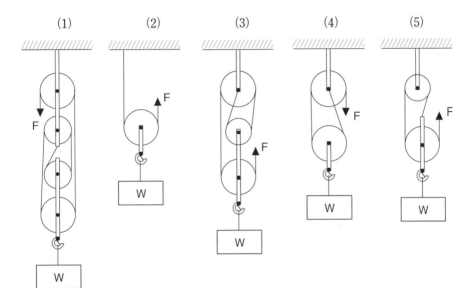

$$F = \frac{W}{4}\,g \qquad F = \frac{W}{2}\,g \qquad F = \frac{W}{3}\,g \qquad F = \frac{W}{2}\,g \qquad F = \frac{W}{3}\,g$$

第1回目　令和5年10月公表問題　解答と解説

◆正解一覧

問題	正解	チェック				
〔移動式クレーンに関する知識〕						
問1	(5)					
問2	(2)					
問3	(5)					
問4	(4)					
問5	(3)					
問6	(4)					
問7	(4)					
問8	(2)					
問9	(1)					
問10	(3)					
小計点						

問題	正解	チェック				
〔関係法令〕						
問21	(4)					
問22	(4)					
問23	(3)					
問24	(2)					
問25	(3)					
問26	(5)					
問27	(5)					
問28	(1)					
問29	(3)					
問30	(2)					
小計点						

〔原動機及び電気に関する知識〕						
問11	(3)					
問12	(1)					
問13	(5)					
問14	(3)					
問15	(4)					
問16	(5)					
問17	(3)					
問18	(1)					
問19	(2)					
問20	(4)					
小計点						

〔移動式クレーンの運転のために必要な力学に関する知識〕						
問31	(2)					
問32	(5)					
問33	(3)					
問34	(4)					
問35	(3)					
問36	(5)					
問37	(1)					
問38	(4)					
問39	(3)					
問40	(3)					
小計点						

合計点	1回目	/40
	2回目	/40
	3回目	/40
	4回目	/40
	5回目	/40

◆解説

〔移動式クレーンに関する知識〕

【問1】**(5)** が適切。⇒1章1節 _ 2．移動式クレーンの用語（P. 8～）

　　　　　　　　　　　3．移動式クレーンの運動（P.11～）参照

(1) つり上げ荷重とは、アウトリガーを有する移動式クレーンにあっては、当該アウトリガーを最大限に張り出し、ジブ長さを<u>最短</u>〔最長 ×〕に、傾斜角を<u>最大</u>〔最小 ×〕にしたときに負荷させることができる最大の荷重をいい、フックなどのつり具分が含まれる。

(2) 定格速度とは、<u>定格荷重</u>〔つり上げ荷重 ×〕に相当する荷重の荷をつって、つり上げ、旋回などの作動を行う場合の、それぞれの最高の速度をいう。

(3) ジブの起伏とは、ジブが取り付けられたピンを支点として傾斜角を変える運動をいい、傾斜角を変える運動には、起伏シリンダの作動によるものと、<u>起伏用</u>〔巻上げ用 ×〕ワイヤロープの巻取り、巻戻しによるものがある。

(4) ジブ長さ、ジブの傾斜角に応じてフック、グラブバケット等のつり具を有効に上下させることができる上限と下限との水直距離を揚程といい、総揚程とは、地面から上の揚程（地上揚程）と下の揚程（地下揚程）を合わせたものをいう。

【問2】**(2)** が適切。⇒1章2節 _ 移動式クレーンの種類及び形式（P.12～）参照

(1) オールテレーンクレーンは、<u>トラッククレーン</u>〔ホイールクレーン ×〕に含まれるもので、特殊な操向機構とハイドロニューマチック・サスペンション（油空圧式サスペンション）装置を有し、不整地の走行や狭所進入性に優れている。

(3) 積載形トラッククレーンのクレーン作動は、<u>走行用原動機から</u>〔走行用原動機とは別の ×〕P.T.O を介して油圧装置により行われている。

(4) 浮きクレーンは、<u>自航式と非自航式があり、</u>クレーン装置が旋回するものと旋回しないもの、また、ジブが起伏するものと固定したものなどがある。〔台船の構造上、自ら航行するものはない。 ×〕

(5) ラフテレーンクレーンのキャリアには、通常、張出しなどの作動を<u>油圧式</u>〔ラックピニオン方式 ×〕で行う H 形又は<u>X 形</u>〔M 形 ×〕のアウトリガーが備え付けられている。

【問3】**(5)** が適切。⇒1章3節 _ 2．上部旋回体（P.20～）参照

　「移動式クレーンの巻上装置の減速機は、歯車を用いて <u>A. 油圧モータ</u>の回転数を減速して必要なトルクを得るためのもので、一般に、<u>B. 平歯車減速式</u>又は <u>C. 遊星歯車減速式</u>のものが使用されている。」

【問4】(4) が不適切。⇒1章3節 _ 1．下部走行体（P.17 〜）参照

(4) 平均接地圧（kPa 又は kN/m²）は、一般に、全装備質量〔から運転士、燃料、潤滑油及び冷却水の質量を除いた質量（t）×〕に 9.8（m/s²）を掛けた数値を、クローラベルトの接地する総面積（m²）で割ったもので表される。

【問5】(3) が適切。⇒1章3節 _ 2．上部旋回体（P.20 〜）、
3．フロントアタッチメント（P.23 〜）参照

(1) トラッククレーンの旋回フレーム上には、巻上装置、クレーン操作用の運転室などが設置され、カウンタウエイトは旋回フレーム後方〔下部走行体 ×〕に取り付けられている。

(2) &(5) トラッククレーン（オールテレーンクレーン含む）は、クレーン操作装置と走行用操縦装置が別々の運転室に設けられており、ホイールクレーン（ラフテレーンクレーン含む）は、一つの運転室で走行とクレーン操作が行える。

(4) 補助ブラケットは、くい打ちリーダ用キャッチフォーク等を取り付けるために装備されている。

【問6】(4) が不適切。⇒1章3節 _ 3．フロントアタッチメント（P.23 〜）参照

(4) タグラインは、グラブバケット等が振れたり回転したりするのを制御するためのものである。

【問7】(4) が適切。⇒1章5節 _ 移動式クレーンの安全装置等（P.30 〜）参照

(1) 過負荷防止装置は、ジブの各傾斜角において、つり荷の荷重が定格荷重を超えようとしたときに警報を発して注意を喚起し、定格荷重を超えたときに転倒する危険性が高くなるつり荷の巻上げ、ジブの伏せ〔起こし ×〕及び伸ばしの作動を自動的に停止させる装置である。

(2) 玉掛け用ワイヤロープの外れ止め装置は、フック〔シーブ ×〕から玉掛け用ワイヤロープが外れるのを防止するための装置である。

(3) 油圧回路の逆止め弁〔安全弁 ×〕は、起伏シリンダへの油圧ホースが破損した場合に、油圧回路内の油圧の急激な低下によるつり荷の落下を防止するための装置である。

(5) 移動式クレーンの旋回時などに周囲の作業員に危険を知らせるための警報装置は、通常、運転室内に設けられた旋回操作レバーに取り付けられたスイッチ〔足踏み式スイッチ ×〕により操作し、運転者が任意の場所で警報を発することができるものである。

【問8】(2) が正しい。⇒1章4節 _ 2．ワイヤロープのより方（P.27 〜）参照

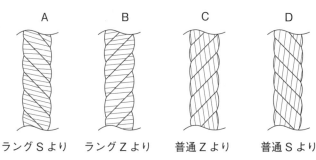

A	B	C	D
ラングSより	ラングZより	普通Zより	普通Sより

【問9】(1) が適切。⇒1章6節 _ 移動式クレーンの取扱い（P.33 〜）参照

(2) 箱形構造ジブの場合、ジブを伸ばすとフックブロックが<u>巻上げ</u>〔巻下げ ✕〕の状態になるので、<u>フックブロックの位置に注意して巻下げ</u>〔ワイヤロープが乱巻きにならないよう、ジブの伸ばしに合わせて巻上げ ✕〕を行う。

(3) クローラクレーンは、<u>側方領域、前方領域及び後方領域の定格総荷重は同じである</u>〔側方領域に比べ前方領域及び後方領域の定格総荷重が小さい ✕〕。

(4) つり荷を下ろしたときに玉掛け用ワイヤロープが挟まり、手で抜けなくなった場合、危険なので<u>フックの巻上げによって荷から引き抜く行為は絶対に行ってはならない</u>（玉掛け用ワイヤロープが荷に引っかかって荷崩れが起きる）。

(5) 巻上げ操作による荷の横引きは<u>絶対に行ってはならない</u>。

【問10】(3) が適切。⇒1章6節 _ 4．移動式クレーンの作業領域（P.35）、
　　　　　　　　　　　　5．移動式クレーンの作業と注意（P.36 〜）参照

(1) ラフテレーンクレーンのアウトリガーを張り出す際は、レベルゲージを見て機体が水平になるようジャッキ操作を行うが、機体の安定性を確保するため、タイヤを地上から<u>浮かす</u>〔浮かせてはならない ✕〕。

(2) アウトリガーを有する移動式クレーンをアウトリガー中間張出しの状態で使用する場合は、<u>定格総荷重が小さくなるので</u>、アウトリガー最大張出しの条件における定格荷重を基準として荷をつり上げた場合、<u>機体が転倒するおそれがある</u>〔機体が転倒するおそれはない ✕〕。

(4) 荷をつり上げる位置と荷を下ろす位置が異なる場合は、作業半径の<u>大きい方</u>〔小さい方 ✕〕における<u>定格荷重以下で</u>〔定格荷重を基準として ✕〕荷をつり上げれば、移動式クレーンが転倒するおそれはない。

(5) クローラクレーンを設置する地盤の補強のための鉄板は、シングル敷きの場合は、接地圧を確保するため、鉄板の長手方向がクローラクレーンの走行方向と<u>直角</u>〔平行 ✕〕になるように敷く。

【問11】(3) が適切。⇒2章1節_原動機（P.41）、
2．ディーゼルエンジンの作動（P.42～）参照

(1) ディーゼルエンジンは、ガソリンエンジンに比べて<u>熱効率が良い</u>〔熱効率が悪い ✕〕。

(2) ディーゼルエンジンは、<u>高温高圧</u>〔常温常圧 ✕〕の空気の中に高温高圧の軽油や重油を噴射して燃焼させる。

(4) 2サイクルエンジンは、<u>吸入、圧縮、燃焼、排気</u>〔吸入、燃焼、圧縮、排気 ✕〕の順序で作動する。

(5) 2サイクルエンジンは、ピストンが<u>1往復</u>〔2往復 ✕〕するごとに1回の動力を発生する。

【問12】(1) が不適切。
⇒2章1節_4．ディーゼルエンジンの構造と機能（P.43～）参照

(1) 燃料噴射ノズルは、<u>燃料噴射ポンプから送られた高圧の燃料を、燃焼室内へ噴射させる装置</u>のこと。設問文は「ガバナ」についての説明。

【問13】(5) 81N　⇒2章2節_2．油圧装置の原理（P.49～）参照

▪パスカルの原理により、示された数値を式に当てはめてみる。
ピストンの断面積＝半径×半径×3.14（π）
⇒ピストンAの断面積＝ 0.5cm × 0.5cm × 3.14 ＝ 0.785（cm²）
⇒ピストンBの断面積＝ 1.5cm × 1.5cm × 3.14 ＝ 7.065（cm²）

$$\frac{9\ (N)}{0.785\ (cm^2)} = \frac{B\ の圧力}{7.065\ (cm^2)}$$

B の圧力 ＝ $7.065 \times \dfrac{9}{0.785}$ ＝ **81（N）**

【問14】(3) が不適切。⇒2章2節_4．油圧発生装置（P.51～）参照

(3) 歯車ポンプの効率は、<u>油の粘度による影響を受けやすい</u>。また、<u>高圧で大容量のものは作れない</u>。

【問15】(4) が不適切。⇒2章2節_6．油圧制御弁（P.55～）参照

(4) カウンタバランス弁は、一方向の流れには設定された背圧を与えて流量を制御し、<u>逆方向の流れを自由に</u>〔逆方向には流れないように ✕〕するものである。

【問 16】（5）が不適切。⇒２章２節_ ６．油圧制御弁（P.55）
、７．付属機器等（P.56 〜）参照

(5) アキュムレータは、シェル内をゴム製の隔壁（ブラダ）などにより油室とガス室に分け、ガスの圧縮性により作動油の油圧を調整する部品であるが、<u>リターンフィルタ等は備えられていない</u>。リターンフィルタが備えられている機器は作動油タンク。

【問 17】（3）が不適切。⇒２章２節_10．油圧装置の保守（P.60 〜）参照

(3) 油圧ポンプの点検項目としては、ポンプを<u>作動させた</u>〔停止した ✕〕状態での異音及び発熱の有無、接合部及びシール部の油漏れの有無の検査などが挙げられる。

【問 18】（1）が適切。⇒２章２節_ ９．作動油の性質（P.60 〜）参照

(2) 一般に用いられる作動油の引火点は、<u>180 〜 240℃</u>〔110 〜 140℃ ✕〕程度である。

(3) 作動油は、運転中、高温で空気などに接し、かくはん状態で使用されるので<u>酸化または劣化</u>〔蒸発 ✕〕しやすい。

(4) 正常な作動油は、通常<u>0.05 ％</u>〔1 ％ ✕〕程度の水分を含んでいるが、オイルクーラーの水漏れなどにより更に水分が混入すると、作動油は<u>乳白色に変化する</u>〔泡立つようになる ✕〕。

(5) 一般に用いられる作動油の比重は、<u>0.85 〜 0.95</u>〔1.35 〜 1.45 ✕〕程度である。

【問 19】（2）が適切。⇒２章３節_ １．電気の種類（電流）（P.63 〜）参照

(1) 直流は<u>DC</u>〔AC ✕〕、交流は<u>AC</u>〔DC ✕〕と表される。

(3) 工場の動力用電源には、一般に、200 V 級又は 400 V 級の<u>三相交流</u>〔単相交流 ✕〕が使用されている。

(4) 日本において電力として配電される交流の周波数は、<u>地域によって異なる</u>。東日本で 50Hz、西日本では 60Hz となっている。

(5) 交流は、電流及び電圧の大きさ並びにそれらの方向が<u>周期的に変化する</u>〔時間の経過に関係なく一定となる ✕〕電流のことをいう。

【問 20】（4）が不適切。⇒２章４節_感電の危険性及び対策（P.70 〜）参照

(4) 電気火傷は、外部からの火傷と同様に<u>皮膚深部まで及ぶ</u>ことがあり危険である。

第１回目　令和５年10月公表問題　解答と解説

R5.10 公表問題

159

【問21】 (4) が正しい。⇒3章1節_製造及び設置（P.76～）、
**　　　　　　　　　　　　　　5節_変更、休止、廃止等（P.85～）参照**

(1) 移動式クレーンを設置<u>しようとする</u>事業者は、<u>あらかじめ</u>〔した事業者は、設置後14日以内に ✕〕、移動式クレーン設置報告書に移動式クレーン明細書及び検査証を添えて、所轄労働基準監督署長に提出しなければならない。

(2) 移動式クレーンを設置している者に異動があったときは、当該移動式クレーンを設置している者は、当該異動後<u>10日以内</u>〔30日以内 ✕〕に、検査証書替申請書に検査証を添えて、所轄労働基準監督署長を経由し検査証の交付を受けた都道府県労働局長に提出し、書替えを受けなければならない。

(3) 移動式クレーンを設置している者が移動式クレーンの使用を休止しようとする場合において、その休止しようとする期間が検査証の有効期間を経過した後にわたるときは、<u>検査証の有効期間中</u>〔有効期間満了後10日以内 ✕〕にその旨を所轄労働基準監督署長に報告しなければならない。

(5) 移動式クレーンを設置している者は、当該移動式クレーンの使用を廃止したときは、<u>遅滞なく</u>〔廃止後30日以内に ✕〕検査証を所轄労働基準監督署長に返還しなければならない。

【問22】 (4) が誤り。⇒3章5節_1．移動式クレーンの変更（P.85～）参照

(4) つり上げ荷重3t以上の移動式クレーンの原動機に変更を加えた者は、<u>変更検査の必要がない</u>。ジブその他の構造部分または台車に該当する部分に変更を加えた者は、<u>変更検査が必要</u>となる。

【問23】 (3) が誤り。⇒3章2節_7．特別の教育及び就業制限（P.79～）参照

(3) 移動式クレーンの運転の業務に係る特別の教育の受講では、<u>つり上げ荷重が1t以上の移動式クレーンの運転の業務には就くことができない</u>。特別の教育により運転可能な範囲は、つり上げ荷重1t未満の移動式クレーンに限る。

【問24】 (2) ⇒3章2節_9．傾斜角の制限（P.79～）参照

「事業者は、移動式クレーンについては、移動式クレーン <u>A.明細書</u>に記載されている <u>B.ジブの傾斜角</u>（つり上げ荷重が <u>C.3t</u> 未満の移動式クレーンにあっては、これを製造した者が指定した <u>B.ジブの傾斜角</u>）の範囲をこえて使用してはならない。」

【問25】**(3) が誤り。**⇒3章2節_4．安全弁の調整（P.78）参照

　(3) 油圧を動力として用いる移動式クレーンの安全弁については、原則として、<u>最大の定格荷重</u>〔つり上げ荷重 ×〕に相当する荷重をかけたときの油圧に相当する圧力以下で作用するように調整しておかなければならない。

【問26】**(5) が違反とならない。**⇒3章2節_15．立入禁止（P.81）参照

　(5) 荷を吊り上げる際にワイヤロープ等（繊維ベルトも該当する）を用いて2箇所に玉掛けをした場合は、立ち入り禁止事項に該当しない。

【問27】**(5) が使用可能。**⇒3章6節_玉掛け（P.87～）参照

　(1) ワイヤロープ1よりの間において素線（フィラ線を除く。以下同じ。）の数の11％〔10％以上 ×〕の素線が切断したワイヤロープ

　(2) 直径の減少が公称径の9％〔7％をこえる ×〕のワイヤロープ

　(3) 伸びが製造されたときの長さの6％〔5％をこえる ×〕のつりチェーン

　(4) 使用する際の安全係数が3〔5未満 ×〕となるフック

　(5) リンクの断面の直径の減少が、製造されたときの当該直径の9％〔10％をこえていない ○〕のつりチェーン

【問28】**(1) が誤り。**⇒3章3節_定期自主検査等（P.83～）参照

　(1) 1年以内ごとに1回行う定期自主検査においては、<u>定格荷重</u>〔つり上げ荷重 ×〕に相当する荷重の荷をつって行う荷重試験を実施しなければならない。

【問29】**(3) が誤り。**⇒3章4節_性能検査（P.84）参照

　(3) 性能検査においては、移動式クレーンの各部分の構造及び機能について点検を行うほか、荷重試験を行うものとする。性能検査では定期自主検査の規定を準用し、<u>安定度試験は行わない</u>。

【問30】**(2) A、B、D が誤り。**
⇒3章7節_移動式クレーンの運転士免許（P.93～）参照

　A　免許に係る業務に従事するときは、これに係る免許証その他その資格を証する書面を携帯していなければならない。<u>免許証の写し等は不可。</u>

　B　免許に係る業務に現に就いている者は、氏名を変更したときは、免許証の書替えを受けなければならない。<u>免許証の写しや免許証以外の書面等の携帯は認められない。</u>

　D　労働安全衛生法違反により免許の取消しの処分を受けた者は、<u>遅滞なく</u>〔処分を受けた日から起算して30日以内に ×〕、免許の取消しをした都道府県労働局長に免許証を返還しなければならない。

〔移動式クレーンの運転のために必要な力学に関する知識〕

【問31】(2) が不適切。⇒4章2節 _ 力に関する事項（P.99～）参照

(2) 小さな物体の1点に大きさが異なり向きが一直線上にない二つの力が作用して物体が動くとき、その物体は合力〔大きい力 ✕〕の方向に動く。

【問32】(5) 490N ⇒4章2節 _ 7．力のつり合い（P.103～）参照

- 天秤棒の支点Fを中心とした力のつり合いを考える。
- つり合いの条件

左回りのモーメント M_1
＝右回りのモーメント M_2
M_1（W × 1 m）＝ M_2（20kg × 1.5m）
1 W ＝ 30 ⇒ W ＝ 30
W ＝ 30kg
F ＝ W（30kg）＋ 20kg ＝ 50kg

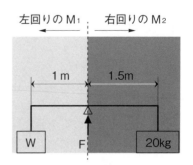

- kg ⇒ N に変換。
50kg × 9.8m/s² ＝ **490N**

【問33】(3) が不適切。⇒4章3節 _ 3．体積（P.108）参照

(3) アルミニウムの丸棒が、その長さは同じで、直径が3倍になると、質量は9倍〔27倍 ✕〕になる。円柱（丸棒）の体積は、「(半径)² × π × 高さ」の式により求めることができる。

【問34】(4) が不適切。⇒4章3節 _ 5．物体の安定〈座り〉（P.112）参照

(4) 水平面上に置いた直方体の物体を傾けた場合、重心からの鉛直線がその物体の底面を通る〔外れる ✕〕ときは、その物体は元の位置に戻る。

【問35】(3) が不適切。⇒4章4節 _ 1．運動（P.113～）参照

(3) 物体が一定の加速度で加速し、その速度が2秒間に 10m/s から 20m/s になったときの加速度は、5〔10 ✕〕m/s² である。

- 加速度＝ $\dfrac{20\text{m/s} － 10\text{m/s}}{2\text{ s（秒）}}$ ＝ $\dfrac{10\text{m/s}}{2\text{ s（秒）}}$ ＝ **5 m/s²**

【問36】(5) が不適切。⇒4章4節 _ 2．摩擦力（P.117～）参照

(5) 円柱状の物体を動かす場合、転がり摩擦力は滑り摩擦力に比べると小さい〔大きい ✕〕。

【問37】(1) が適切。⇒4章5節 _ 1．荷重（P.119 ～）参照

(2) せん断荷重は、<u>物体を横からはさみで切るように働く荷重</u>のこと。設問の文章は<u>引張荷重</u>についての説明。

(3) 移動式クレーンのフックには、主に<u>引張荷重と曲げ荷重</u>〔圧縮荷重 ✕〕がかかる。

(4) 移動式クレーンのシーブを通る巻上げ用ワイヤロープには、<u>引張荷重と曲げ荷重</u>〔圧縮荷重とせん断荷重 ✕〕がかかる。

(5) 片振り荷重は、<u>向き</u>〔大きさ ✕〕は同じであるが、<u>大きさ</u>〔向き ✕〕が時間とともに変わる荷重である。

【問38】(4) 28N/mm² ⇒4章5節 _ 2．応力（P.122）参照

- 引張応力の公式は以下の通り。

$$応力 = \frac{部材に作用する荷重}{部材の断面積} \ (\text{N/mm}^2)$$

- 単位を N/mm² に変換

丸棒の断面積の半径＝ 1 cm ＝ 10mm

部材の断面積＝半径×半径× 3.14

　　　　　　＝ 10mm × 10mm × 3.14（π）＝ 314mm²

部材に作用する荷重＝ 900kg × 9.8m/s² ＝ 8,820N

$$= \frac{8,820\text{N}}{314\text{mm}^2} = 28.08917\cdots ≒ \textbf{28N/mm}^2$$

【問39】(3) 24kN ⇒4章3節 _ 質量及び重心等（P.107 ～）、

　　　　　　　　　　　　4章6節 _ 2．つり角度（P.125 ～）参照

- 円柱の体積を求める。

＝半径×半径× 3.14 ×高さ

＝ 0.5m × 0.5m × 3.14（π）× 2 m

＝ 1.57m³

- アルミニウムの 1 m³ 当たりの質量は約 2.7t。これで、円柱の質量を求める。

＝ 1.57m³ × 2.7t ＝ 4.239t

- ワイヤロープ 1 本にかかる張力＝ $\dfrac{つり荷の質量}{つり本数}$ × 9.8m/s² ×張力係数

- 張力係数は <u>60℃ ＝ 1.16</u>。

$$= \frac{4.239\text{t}}{2 \ (本)} \times 9.8\text{m/s}^2 \times 1.16 = 24.094476 ≒ \textbf{24kN}$$

【問40】（3）が誤り。⇒4章7節_3．組合せ滑車（P.130～）参照

- 力Fは、次の公式により求めることができる。

$$F = \frac{質量 \times 9.8 \text{m/s}^2 \text{（Fw）}}{動滑車の数 \times 2}$$

※ただし、設問（5）のイラストにおける動滑車のパターンの場合、上記の式に当てはめると正しい"力F"を求められない。その場合、次の式で考える。

$$F = \frac{質量 \times 9.8 \text{ m/s}^2 \text{（Fw）}}{荷をつっているロープの数}$$

- （5）の動滑車に力が働いているロープの数は3本である。

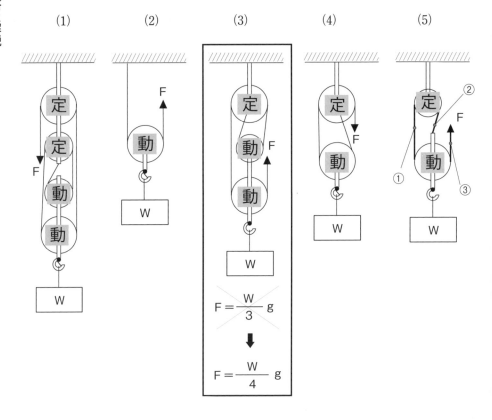

(1)　　　(2)　　　(3)　　　(4)　　　(5)

$$F = \frac{W}{3} g$$

$$\downarrow$$

$$F = \frac{W}{4} g$$

第2回目　令和５年４月公表問題

〔移動式クレーンに関する知識〕

【問1】 移動式クレーンに関する用語の記述として、適切なものは次のうちどれか。
- (1) 作業半径とは、ジブフートピンからジブポイントまでの距離をいい、ジブの傾斜角を変えると作業半径が変化する。
- (2) 総揚程とは、ジブ長さを最長に、傾斜角を最大にしたときのつり具の上限位置と、ジブ長さを最短に、傾斜角を最小にしたときのつり具の上限位置との間の垂直距離をいう。
- (3) 定格速度とは、つり上げ荷重に相当する荷重の荷をつって、つり上げ、旋回などの作動を行う場合の、それぞれの最高の速度をいう。
- (4) ジブの起伏とは、ジブが取り付けられたピンを支点として傾斜角を変える運動をいい、傾斜角を変える運動には、起伏シリンダの作動によるものと、巻上げ用ワイヤロープの巻取り、巻戻しによるものがある。
- (5) つり上げ荷重とは、アウトリガーを有する移動式クレーンにあっては、当該アウトリガーを最大に張り出し、ジブ長さを最短に、作業半径を最小にしたときに負荷させることができる最大の荷重をいい、フックなどのつり具分が含まれる。

【問2】 クローラクレーンに関する記述として、適切でないものは次のうちどれか。
- (1) クローラクレーン用下部走行体は、走行フレームの後方に遊動輪、前方に起動輪を配置してクローラベルトを巻いたもので、起動輪を駆動することにより走行する。
- (2) 左右のクローラベルトの中心距離をクローラ中心距離といい、この距離が大きいほど、クレーン下部走行体は左右の安定がよい。
- (3) 鋳鋼又は鍛鋼製のクローラベルトには、シューをリンクにボルトで取り付ける組立型と、シューをピンでつなぎ合わせる一体型がある。
- (4) クローラベルトのシューには、幅の広いものと狭いものがあり、シューを取り換えることにより接地圧を変えることができる。
- (5) クローラクレーンは、比較的軟弱な地盤でも走行できるが、走行速度は極めて遅い。

【問3】移動式クレーンの種類、型式などに関する記述として、適切でないものは次のうちどれか。

(1) 浮きクレーンは、長方形の箱形などの台船上にクレーン装置を搭載した型式のもので、船体型式には自航式と非自航式があり、クレーン装置型式には旋回式と非旋回式がある。

(2) オールテレーンクレーンは、特殊な操向機構とハイドロニューマチック・サスペンション（油空圧式サスペンション）装置を有し、不整地の走行や狭所進入性に優れている。

(3) トラッククレーン及びラフテレーンクレーンのキャリアには、通常、張出しなどの作動をラックピニオン方式で行うH形又はM形のアウトリガーが備え付けられている。

(4) 積載形トラッククレーンは、走行用原動機からPTO（原動機から動力を取り出す装置）を介して駆動される油圧装置によりクレーン作動を行う。

(5) ラフテレーンクレーンの下部走行体には、2軸から4軸の車軸を装備する専用のキャリアが用いられ、駆動方式には、常時全軸駆動方式及びパートタイム駆動方式がある。

【問4】移動式クレーンの巻上装置に関する記述として、適切でないものは次のうちどれか。

(1) 巻上装置の減速機は、歯車を用いて油圧モータの回転数を減速して必要なトルクを得るためのもので、一般に、平歯車減速式又は遊星歯車減速式のものが使用されている。

(2) 巻上げドラムは、ラチェットによるロック機構を備えている。

(3) 巻上装置のクラッチは、巻上げドラムに回転を伝達したり遮断したりするものである。

(4) 巻上げドラムは、巻上げ用ワイヤロープを巻き取る鼓状のもので、ワイヤロープが整然と巻けるように溝が付いているものが多い。

(5) 巻上装置のブレーキバンド式ブレーキの解除は、一般に、ブレーキバンドを締め付ける油圧シリンダの圧力をスプリング力で押し戻し、ブレーキバンドの摩擦力を開放する機構を用いて行われている。

【問５】移動式クレーンの上部旋回体に関する記述として、適切でないものは次の
　　　うちどれか。

(1) 旋回フレームは、上部旋回体の基盤となるフレームで、旋回ベアリングを
　　介して下部機構に取り付けられている。

(2) トラス（ラチス）構造ジブのクローラクレーンの旋回フレームには、補助
　　ジブを使用する際に取り付けるための補助ブラケットが装備されているもの
　　がある。

(3) トラッククレーンの上部旋回体は、旋回フレーム上に巻上装置、運転室など
　　が設置され、旋回フレームの後部にカウンタウエイトが取り付けられている。

(4) ラフテレーンクレーンの上部旋回体の運転室には、走行用操縦装置、クレー
　　ン操作装置などが装備されている。

(5) オールテレーンクレーンの上部旋回体の運転室には、クレーン操作装置が
　　装備され、走行用操縦装置は下部走行体に装備されている。

【問６】移動式クレーンのフロントアタッチメントに関する記述として、適切なも
　　　のは次のうちどれか。

(1) ジブバックストップは、ジブの全質量を受け止めてジブが後方へ倒れるの
　　を防止する支柱で、箱形構造ジブに装備されている。

(2) ペンダントロープは、上部ブライドルと下部ブライドルの滑車を通して両
　　ブライドルを接続し、ジブを支えるワイヤロープである。

(3) 箱形構造ジブは、ジブの強度を確保するため、各段は同時に伸縮せず、必
　　ず２段目、３段目、４段目と順番に伸縮する構造となっている。

(4) 複索式二線型のグラブバケットは、複索のため旋回してもグラブバケット
　　の振れや回転はほとんどなく、タグラインを必要としない。

(5) リフティングマグネットは、電磁石を応用したつり具で、フックに掛けて
　　鋼材などの荷役に使用することが多い。

【問７】次のワイヤロープＡからＤについて、「普通Ｚよりワイヤロープ」及び「ラ
　　　ングＳよりワイヤロープ」の組合せとして、正しいものは (1) ～ (5) のうち
　　　どれか。

	普通Ｚより	ラングＳより
(1)	A	B
(2)	A	C
(3)	B	C
(4)	B	D
(5)	C	D

【問8】 移動式クレーンの取扱いに関する記述として、適切なものは次のうちどれか。

(1) トラッククレーンは、荷をつって旋回する場合、一般に、前方領域が最も安定が良く、後方領域は側方領域よりも安定が悪い。

(2) 箱形構造ジブの場合、ジブを伸ばすとフックブロックが巻下げの状態になるので、ワイヤロープが乱巻きにならないよう、ジブの伸ばしに合わせて巻上げを行う。

(3) ラフテレーンクレーンは、一般に、アウトリガー中間張出し又は最小張出しの状態で使用する場合は、最大張出しの場合に比べて定格総荷重が小さくなる。

(4) クローラクレーンは、側方領域に比べ前方領域及び後方領域の定格総荷重が小さい。

(5) つり荷を下ろしたときに玉掛け用ワイヤロープが挟まり、手で抜けなくなった場合は、周囲に人がいないことを確認してから、移動式クレーンのフックの巻上げによって荷から引き抜く。

【問9】 移動式クレーンの安全装置などに関する記述として、適切なものは次のうちどれか。

(1) 過負荷防止装置は、ジブの各傾斜角において、つり荷の荷重が定格荷重を超えようとしたときに警報を発して注意を喚起し、定格荷重を超えたときに転倒する危険性が高くなるジブの起こし及び伸ばし、並びにつり荷の巻上げの作動を自動的に停止させる装置である。

(2) ジブ起伏停止装置は、ジブの起こし過ぎによるジブの折損や後方への転倒を防止するための装置で、ジブの起こし角が操作限界になったとき、運転士がそのまま操作レバーを引き続けても、自動的にジブの作動を停止させる装置である。

(3) 玉掛け用ワイヤロープの外れ止め装置は、シーブから玉掛け用ワイヤロープが外れるのを防止するための装置である。

(4) 油圧回路の安全弁は、起伏シリンダへの油圧ホースが破損した場合に、油圧回路内の油圧の急激な低下によるつり荷の落下を防止するための装置である。

(5) 移動式クレーンの旋回時などに周囲の作業員に危険を知らせるための警報装置は、通常、運転室内に設けられた足踏み式スイッチにより操作し、運転者が任意の場所で警報を発することができるものである。

【問10】 下に掲げる表は、一般的なラフテレーンクレーンのアウトリガー最大張出しの場合における定格総荷重表を模したものであるが、定格総荷重表中に当該ラフテレーンクレーンの機体の強度（構造部材が破損するかどうか。）によって定められた荷重の値と、機体の安定（転倒するかどうか。）によって定められた荷重の値の境界線が階段状の太線で示されている。

下表を用いて定格総荷重を求める場合、(1) ～ (5) のジブ長さと作業半径の組合せのうち、その組合せによって定まる定格総荷重の値が、機体の強度によって定められた荷重の値であるものはどれか。

	ジブ長さ	作業半径
(1)	9.35 m	6.5 m
(2)	16.4 m	8.0 m
(3)	23.45 m	10.0 m
(4)	23.45 m	11.0 m
(5)	30.5 m	12.0 m

ラフテレーンクレーン定格総荷重表

アウトリガー最大張出 (6.5 m)				(全周)
		ジブ長さ		
		9.35 m	16.4 m	23.45 m	30.5 m
作業半径	6.0 m	16.3	15.0	12.0	8.0
	6.5 m	15.1	15.0	11.5	8.0
	7.0 m		14.0	10.8	8.0
	8.0 m	境界線	11.3	9.6	8.0
	9.0 m		9.2	8.6	7.6
	10.0 m		7.5	7.6	6.9
	11.0 m		6.3	6.5	6.3
	12.0 m		5.35	5.5	5.6
	13.0 m		4.6	4.75	4.9

(単位：t)

〔原動機及び電気に関する知識〕

【問11】 ディーゼルエンジンに関する記述として、適切なものは次のうちどれか。

(1) ２サイクルエンジンは、常温常圧の空気の中に高温高圧の軽油や重油を噴射して燃焼させる。

(2) ４サイクルエンジンは、燃焼室に送った高圧の燃料を電気火花によって着火し、燃焼させて、ピストンを往復運動させる。

(3) ２サイクルエンジンは、クランク軸が２回転するごとに１回の動力を発生する。

(4) ２サイクルエンジンは、吸入、圧縮、燃焼、排気の１循環をピストンの２行程で行う。

(5) ４サイクルエンジンの排気行程では、吸気バルブと排気バルブは、ほぼ同時に開く。

【問12】移動式クレーンのディーゼルエンジンに用いられる電装品に関する記述として、適切なものは次のうちどれか。

(1) ディーゼルエンジンは、圧縮力が大きく始動クランキングのトルクが著しく大きいので、バッテリは24Vを2個直列に接続して48Vを用いることが多い。

(2) スターティングモータ（スタータ）は、モータ部（トルクを発生する部分）とピニオン部（エンジン始動時に車両側リングギアへトルクを伝達する部分）で構成されている。

(3) レギュレータは、交流式直流出力発電機と呼ばれ、エンジンの回転をファンベルトから受けて駆動し、電気を発生させるものである。

(4) グロープラグは、直接噴射式エンジンのマニホールドの吸気通路に取り付けられ、発熱体に電流が流れることで吸気を均一に加熱するものである。

(5) 始動補助装置の電熱式エアヒータは、保護金属管の中にヒートコイルが組み込まれ、これに電流が流れることで副室内を加熱するものである。

【問13】油で満たされた2つのシリンダが連絡している図の装置で、ピストンA（直径2cm）に力を加えたところ、ピストンB（直径3cm）には18Nの力が加わった。このとき、ピストンA（直径2cm）に加えた力は(1)～(5)のうちどれか。

(1) 4 N
(2) 8 N
(3) 12 N
(4) 18 N
(5) 41 N

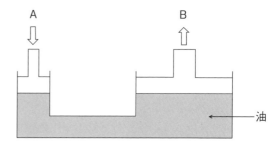

【問14】油圧駆動装置に関する記述として、適切でないものは次のうちどれか。

(1) 油圧モータは、圧油を押し込むことにより駆動軸を回転させる装置である。

(2) 油圧モータには、ベーンモータやプランジャモータがある。

(3) アキシャル型プランジャモータは、プランジャが回転軸と同一方向に配列されている。

(4) 油圧シリンダは、油圧ポンプから送られてきた圧油の力でピストンを往復させる装置である。

(5) 単動型油圧シリンダは、一般に大型の移動式クレーンで使用されている。

【問 15】 油圧装置の油圧制御弁に関する記述として、適切でないものは次のうちどれか。

(1) リリーフ弁は、油圧回路の油圧が設定した圧力以下になるのを防ぐために用いられる。

(2) 減圧弁は、油圧回路の一部を他より低い圧力にして使用するために用いられる。

(3) シーケンス弁は、別々に作動する二つの油圧シリンダを順次、制御するために用いられる。

(4) カウンタバランス弁は、一方向の流れには設定された背圧を与えて流量を制御し、逆方向の流れは自由にさせるものである。

(5) パイロットチェック弁は、ある条件のときに逆方向にも流せるようにしたもので、アウトリガー油圧回路の配管破損時の垂直シリンダの縮小防止に用いられる。

【問 16】 油圧装置の付属機器及び配管類に関する記述として、適切でないものは次のうちどれか。

(1) 配管類の継手には密封性が要求されるので、ねじ継手、フランジ管継手、フレア管継手、くい込み継手などが使われる。

(2) 吸込みフィルタには、そのエレメントが金網式のものとノッチワイヤ式のものがある。

(3) アキュムレータは、シェル内をゴム製の隔壁（ブラダ）などにより油室とガス室に分け、ガスの圧縮性により作動油の油圧を調整する部品で、常に浄化冷却された適切なガスが供給されるよう、ガス室にエアブリーザを備えている。

(4) ラインフィルタは、油圧回路を流れる作動油をろ過してごみを取り除くもので、圧力管路用のものと戻り管路用のものがある。

(5) ラインフィルタのエレメントには、ノッチワイヤ、ろ過紙、焼結合金などが用いられている。

【問 17】油圧装置の保守に関する記述として、適切でないものは次のうちどれか。
(1) フィルタは、一般的には、3か月に1回程度、エレメントを取り外して洗浄するが、洗浄してもごみや汚れが除去できない場合は新品と交換する。
(2) フィルタエレメントの洗浄は、一般的には、溶剤に長時間浸した後、ブラシ洗いをして、エレメントの内側から外側へ圧縮空気で吹く。
(3) 油圧ポンプの点検項目としては、ポンプを停止した状態での異音及び発熱の有無、接合部及びシール部の油漏れの有無の検査などが挙げられる。
(4) 油圧配管系統の接続部は、特に緩みやすいので、圧油の漏れの有無を毎日点検する。
(5) 油圧配管系統の分解整備後、配管内に空気が残ったまま油圧ポンプを全負荷運転すると、ポンプの焼付きの原因となる。

【問 18】油圧装置の作動油に関する記述として、適切でないものは次のうちどれか。
(1) 粘度が高い油を使用すると、ポンプの運転を始動する際に大きな力を要する。
(2) 一般に用いられる作動油の引火点は、180 〜 240℃程度である。
(3) 一般に用いられる作動油の比重は、0.85 〜 0.95 程度である。
(4) 正常な作動油は、通常1％程度の水分を含んでいるが、オイルクーラーの水漏れなどにより更に水分が混入すると、作動油は泡立つようになる。
(5) 作動油は、運転中、高温で空気などに接し、かくはん状態で使用されるので酸化しやすい。

【問 19】電気の一般的な知識に関する記述として、適切でないものは次のうちどれか。
(1) 直流はDC、交流はACと表される。
(2) 交流は、電流及び電圧の大きさ並びにそれらの方向が周期的に変化する。
(3) 雲母、空気、磁器は電気を通しにくい絶縁体（不導体）に区分される。
(4) 工場の動力用電源には、一般に、200 V級又は400 V級の三相交流が使用されている。
(5) 発電所から消費地の変電所や開閉所などへの送電には、電力の損失を少なくするため、6600 Vの交流が使用されている。

【問20】 感電及びその防止に関する次のAからDの記述について、適切でないもののみを全て挙げた組合せは（1）〜（5）のうちどれか。

A　人体は身体内部の電気抵抗が皮膚の電気抵抗よりも大きいため、電気火傷による障害の影響は、皮膚深部には及ばないものの、皮膚表面は極めて大きな傷害を受ける。

B　感電による危険を電流と時間の積によって評価する場合、一般に、500ミリアンペア秒が安全限界とされている。

C　22000V以下の架空送電線は、移動式クレーンのジブ、巻上げ用ワイヤロープなどが送電線表面に直接接触しなければ放電しないので、感電災害を防止するための離隔距離は10cm以上とされている。

D　移動式クレーンのジブが電路に接触した場合であっても、運転席に乗っている運転士は、運転席から離れない限り身体には電気が流れないので感電しないが、ジブが電路に接触した状態で移動式クレーンを離れようとして身体が機体と地面に同時に接すると、感電するおそれがある。

(1)　A，B，C
(2)　A，B，D
(3)　B，C
(4)　B，D
(5)　C，D

〔関係法令〕

【問21】 つり上げ荷重20tの移動式クレーンに係る許可又は検査に関する記述として、法令上、正しいものは次のうちどれか。

(1) 移動式クレーンを製造しようとする者は、原則として、あらかじめ、所轄労働基準監督署長の製造許可を受けなければならない。

(2) 移動式クレーンを製造した者は、所轄労働基準監督署長が行う製造検査を受けなければならない。

(3) 移動式クレーンを輸入した者は、原則として都道府県労働局長が行う使用検査を受けなければならない。

(4) 移動式クレーンのジブに変更を加えた者は、所轄都道府県労働局長が検査の必要がないと認めたものを除き、所轄都道府県労働局長が行う変更検査を受けなければならない。

(5) 使用を廃止した移動式クレーンを再び使用しようとする者は、所轄労働基準監督署長が行う使用再開検査を受けなければならない。

【問22】移動式クレーンの運転（道路上を走行させる運転を除く。）及び玉掛けの業務に関する記述として、法令上、正しいものは次のうちどれか。

(1) 移動式クレーンの運転の業務に係る特別の教育の受講で、つり上げ荷重0.9tの積載形トラッククレーンの運転の業務に就くことができる。

(2) 玉掛け技能講習の修了では、つり上げ荷重10tのクローラクレーンで行う7tの荷の玉掛けの業務に就くことができない。

(3) 玉掛けの業務に係る特別の教育の受講で、つり上げ荷重2tのホイールクレーンで行う0.9tの荷の玉掛けの業務に就くことができる。

(4) 小型移動式クレーン運転技能講習の修了では、つり上げ荷重3tのラフテレーンクレーンの運転の業務に就くことができない。

(5) 移動式クレーン運転士免許では、つり上げ荷重100tの浮きクレーンの運転の業務に就くことができない。

【問23】つり上げ荷重3t以上の移動式クレーン及び移動式クレーン検査証（以下、本問において「検査証」という。）に関する記述として、法令上、正しいものは次のうちどれか。

　　　ただし、計画の届出に係る免除認定を受けていない場合とする。

(1) 移動式クレーンを設置した事業者は、設置後14日以内に、移動式クレーン設置報告書に移動式クレーン明細書及び検査証を添えて、所轄労働基準監督署長に提出しなければならない。

(2) 移動式クレーンを設置している者に異動があったときは、当該移動式クレーンを設置している者は、当該異動後30日以内に、検査証書替申請書に検査証を添えて、所轄労働基準監督署長を経由し検査証の交付を受けた都道府県労働局長に提出し、書替えを受けなければならない。

(3) 移動式クレーンを設置している者が移動式クレーンの使用を休止しようとする場合において、その休止しようとする期間が検査証の有効期間を経過した後にわたるときは、有効期間満了後10日以内にその旨を所轄労働基準監督署長に報告しなければならない。

(4) 検査証を受けた移動式クレーンを貸与するときは、検査証とともにするのでなければ、貸与してはならない。

(5) 移動式クレーンを設置している者は、当該移動式クレーンの使用を廃止したときは、廃止後30日以内に検査証を所轄労働基準監督署長に返還しなければならない。

【問24】移動式クレーンの使用及び就業に関する記述として、法令上、正しいものは次のうちどれか。

(1) 移動式クレーンに係る作業を行うときは、移動式クレーンの上部旋回体との接触による危険がある箇所に労働者を立ち入らせてはならない。ただし、作業の性質上やむを得ない場合又は安全な作業の遂行上必要な場合に、監視人を配置し、その者に当該危険がある箇所への労働者の立入りを監視させるときは、この限りでない。

(2) 強風のため、移動式クレーンに係る作業の実施について危険が予想されるときは、移動式クレーンの転倒により危険が及ぶおそれのある範囲内を立入禁止とするとともに、作業を指揮する者を選任して、その者の指揮のもとに当該作業を行わなければならない。

(3) 移動式クレーンについては、移動式クレーン明細書に記載されているジブの傾斜角（つり上げ荷重が3t未満のものにあっては、これを製造した者が指定した傾斜角）の範囲をこえて使用してはならない。

(4) 移動式クレーンにその定格荷重をこえる荷重をかけて使用してはならない。ただし、作業の性質上やむを得ない場合又は安全な作業の遂行上必要な場合に、作業を指揮する者を選任して、その者の直接の指揮のもとに作業させるときは、定格荷重の1.25倍の荷重まで荷重をかけて使用することができる。

(5) 移動式クレーンの運転者を、荷をつったままで運転位置から離れさせてはならない。ただし、作業の性質上やむを得ない場合又は安全な作業の遂行上必要な場合に、移動式クレーンの運転を停止し、かつ、ブレーキをかけるときは、この限りでない。

【問25】 移動式クレーンの使用に関する記述として、法令上、誤っているものは次のうちどれか。

(1) つり上げ荷重 0.5t 以上の移動式クレーンについては、厚生労働大臣が定める規格（基準）又は安全装置を具備したものでなければ使用してはならない。

(2) 地盤が軟弱であるため移動式クレーンが転倒するおそれのある場所では、原則として、移動式クレーンを用いて作業を行ってはならない。

(3) 移動式クレーンを用いて作業を行うときは、移動式クレーンの運転者及び玉掛けをする者が当該移動式クレーンの定格荷重を常時知ることができるよう、表示その他の措置を講じなければならない。

(4) 油圧を動力として用いる移動式クレーンの安全弁については、原則として、最大の定格荷重に相当する荷重をかけたときの油圧に相当する圧力以下で作用するように調整しておかなければならない。

(5) 移動式クレーン運転士免許を有する労働者は、移動式クレーンの運転の業務に従事中に、移動式クレーンの安全装置を臨時に取り外す必要が生じたときは、あらかじめ事業者の許可を受けずに当該安全装置を取り外すことができる。ただし、当該安全装置を取り外したときは、遅滞なく、事業者にその旨を報告しなければならない。

【問26】 つり上げ荷重 20t の移動式クレーンの検査に関する記述として、法令上、誤っているものは次のうちどれか。

(1) 製造検査を受ける者は、荷重試験及び安定度試験のための荷及び玉掛用具を準備しなければならない。

(2) 使用検査における荷重試験は、定格荷重の 1.25 倍に相当する荷重の荷をつって、つり上げ、旋回、走行等の作動を行うものとする。

(3) 変更検査における安定度試験は、定格荷重の 1.27 倍に相当する荷重の荷をつって、安定に関し最も不利な条件で地切りすることにより行うものとする。

(4) 性能検査においては、移動式クレーンの各部分の構造及び機能について点検を行うほか、荷重試験及び安定度試験を行うものとする。

(5) 使用再開検査を受ける者は、当該検査に立ち会わなければならない。

【問27】 移動式クレーンに係る作業を行う場合における、つり上げられている荷の下又はつり具の下への労働者の立入りに関する記述として、法令上、違反とならないものは次のうちどれか。

(1) ハッカー2個を用いて玉掛けをした荷がつり上げられているとき、つり上げられている荷の下へ労働者を立ち入らせた。

(2) つりクランプ1個を用いて玉掛けをした荷がつり上げられているとき、つり上げられている荷の下へ労働者を立ち入らせた。

(3) 複数の荷が一度につり上げられている場合であって、当該複数の荷が結束され、箱に入れられる等により固定されていないとき、つり上げられている荷の下へ労働者を立ち入らせた。

(4) つりチェーンを用いて、荷に設けられた穴又はアイボルトを通して、1箇所に玉掛けをした荷がつり上げられているとき、つり上げられている荷の下へ労働者を立ち入らせた。

(5) 動力下降以外の方法によってつり具を下降させるとき、つり具の下へ労働者を立ち入らせた。

【問28】 移動式クレーンの自主検査及び点検に関する記述として、法令上、誤っているものは次のうちどれか。

(1) 1か月以内ごとに1回行う定期自主検査においては、フック等のつり具の損傷の有無について検査を行わなければならない。

(2) 1か月をこえる期間使用せず、当該期間中に1か月以内ごとに1回行う定期自主検査を行わなかった移動式クレーンについては、その使用を再び開始した後1か月以内に、所定の事項について自主検査を行わなければならない。

(3) 作業開始前の点検においては、コントローラーの機能について点検を行わなければならない。

(4) 定期自主検査又は作業開始前の点検を行い、異常を認めたときは、直ちに補修しなければならない。

(5) 1か月以内ごとに1回行う定期自主検査の結果の記録は、3年間保存しなければならない。

【問29】 次のうち、法令上、移動式クレーンの玉掛用具として使用禁止とされているものはどれか。

(1) リンクの断面の直径の減少が、製造されたときの当該直径の9%のつりチェーン

(2) ワイヤロープ1よりの間において素線（フィラ線を除く。以下同じ。）の数の8%の素線が切断したワイヤロープ

(3) 直径の減少が公称径の6%のワイヤロープ

(4) 伸びが製造されたときの長さの4%のつりチェーン

(5) 使用する際の安全係数が4となるシャックル

【問30】 移動式クレーン運転士免許及び免許証に関する次のAからEの記述について、法令上、誤っているもののみを全て挙げた組合せは (1) ～ (5) のうちどれか。

A 免許に係る業務に従事するときは、当該業務に係る免許証を携帯しなければならない。ただし、屋外作業等、作業の性質上、免許証を滅失するおそれのある業務に従事するときは、免許証に代えてその写しを携帯することで差し支えない。

B 免許に係る業務に現に就いている者は、氏名を変更したときは、免許証の書替えを受けなければならない。ただし、変更後の氏名を確認することができる他の技能講習修了証等を携帯するときは、この限りでない。

C 免許証を他人に譲渡又は貸与したときは、免許の取消し又は効力の一時停止の処分を受けることがある。

D 労働安全衛生法違反により免許の取消しの処分を受けた者は、処分を受けた日から起算して30日以内に、免許の取消しをした都道府県労働局長に免許証を返還しなければならない。

E 労働安全衛生法違反により免許を取り消され、その取消しの日から起算して1年を経過しない者は、免許を受けることができない。

(1) A，B，C，D

(2) A，B，D

(3) B，C，D

(4) B，D，E

(5) C，E

次の科目の免除者は問３１～問４０は解答しないでください。

〔移動式クレーンの運転のために必要な力学に関する知識〕

【問 31】 力に関する記述として、適切でないものは次のうちどれか。
(1) 小さな物体の１点に大きさが異なり向きが一直線上にない二つの力が作用して物体が動くとき、その物体は大きい力の方向に動く。
(2) 物体に作用する一つの力を、互いにある角度を持つ二つ以上の力に分けることを力の分解という。
(3) 一直線上に作用する互いに逆を向く二つの力の合力の大きさは、その二つの力の大きさの差で求められる。
(4) 力の大きさをF、回転軸の中心から力の作用線に下ろした垂線の長さをLとすれば、力のモーメントMは、M＝F×Lで求められる。
(5) 力が物体に作用する位置をその作用線上以外の箇所に移すと、物体に与える効果が変わる。

【問 32】 図のような天びん棒で荷Wをワイヤロープでつり下げ、つり合うとき、天びん棒を支えるための力Fの値は (1) ～ (5) のうちどれか。
　　　ただし、重力の加速度は 9.8m/s² とし、天びん棒及びワイヤロープの質量は考えないものとする。
(1) 147 N
(2) 294 N
(3) 441 N
(4) 588 N
(5) 735 N

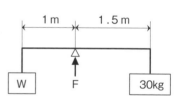

【問 33】 物体の質量及び比重に関する記述として、適切でないものは次のうちどれか。
(1) 鉛 1m³ の質量は、コンクリート 1m³ の質量の約５倍である。
(2) 物体の体積をV、その単位体積当たりの質量をdとすれば、その物体の質量Wは、W＝V／d で求められる。
(3) 鋳鉄の比重は、約7.2である。
(4) 平地でも高い山においても、同一の物体の質量は変わらない。
(5) 銅 1m³ の質量と水 8.9m³ の質量は、ほぼ同じである。

【問34】 均質な材料でできた固体の物体の重心に関する記述として、適切なものは次のうちどれか。

(1) 重心が物体の外部にある物体は、置き方を変えると重心が物体の内部に移動する場合がある。

(2) 複雑な形状の物体の重心は、二つ以上の点になる場合があるが、重心の数が多いほどその物体の安定性は良くなる。

(3) 水平面上に置いた直方体の物体を傾けた場合、重心からの鉛直線がその物体の底面を通るときは、その物体は元の位置に戻る。

(4) 長尺の荷をクレーンでつり上げるため、目安で重心位置を定めてその真上にフックを置き、玉掛けを行い、地切り直前まで少しだけつり上げたとき、荷が傾いた場合は、荷の実際の重心位置は目安とした重心位置よりも傾斜した荷の高い方の側にある。

(5) 直方体の物体の置き方を変える場合、重心の位置が高くなるほど安定性は良くなる。

【問35】 物体の運動に関する記述として、適切なものは次のうちどれか。

(1) 運動している物体には、外部から力が作用しない限り、静止している状態に戻ろうとする性質があり、この性質を慣性という。

(2) 物体が円運動をしているとき、遠心力は、物体の質量が大きいほど小さくなる。

(3) 物体が速さや向きを変えながら運動する場合、その変化の程度を示す量を速度という。

(4) 等速直線運動をしている物体の移動した距離をL、その移動に要した時間をTとすれば、その速さVは、V＝L×Tで求められる。

(5) 物体が一定の加速度で加速し、その速度が6秒間に8m/sから17m/sになったときの加速度は、1.5m/s² である。

【問36】 図のように、水平な床面に置いた質量Wの物体を床面に沿って引っ張り、動き始める直前の力Fの値が980Nであったとき、Wの値は (1) ～ (5) のうちどれか。

　　　　ただし、接触面の静止摩擦係数は0.2とし、重力の加速度は9.8m/s²とする。

(1) 　 20kg

(2) 　 200kg

(3) 　 333kg

(4) 　 500kg

(5) 1921kg

【問 37】荷重に関する記述として、適切なものは次のうちどれか。

(1) せん断荷重は、棒状の材料を長手方向に引きのばすように働く荷重である。

(2) 荷を巻き下げているときに急制動すると、玉掛け用ワイヤロープには曲げ荷重と圧縮荷重がかかる。

(3) 移動式クレーンのフックには、ねじり荷重と圧縮荷重がかかる。

(4) 移動式クレーンの巻上げドラムには、曲げ荷重とねじり荷重がかかる。

(5) 両振り荷重は、向きは同じであるが、大きさが時間とともに変わる荷重である。

【問 38】図のように、直径 1 m、高さ 2 m のアルミニウム製の円柱を同じ長さの 2 本の玉掛け用ワイヤロープを用いてつり角度 60°でつるとき、1 本のワイヤロープにかかる張力の値に最も近いものは (1) ～ (5) のうちどれか。

　　　ただし、アルミニウムの 1 m³ 当たりの質量は 2.7t、重力の加速度は 9.8m/s² とする。また、荷の左右のつり合いは取れており、左右のワイヤロープの張力は同じとし、ワイヤロープ及び荷のつり金具の質量は考えないものとする。

(1) 15k N

(2) 20k N

(3) 24k N

(4) 29k N

(5) 42k N

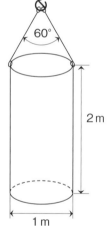

【問 39】垂直につるした直径 2 cm の丸棒の先端に質量 400kg の荷をつり下げるとき、丸棒に生じる引張応力の値に最も近いものは (1) ～ (5) のうちどれか。

　　　ただし、重力の加速度は 9.8m/s² とし、丸棒の質量は考えないものとする。

(1) 12N/mm²

(2) 25N/mm²

(3) 31N/mm²

(4) 50N/mm²

(5) 62N/mm²

【問40】 図のような滑車を用いて、質量Wの荷をつり上げるとき、荷を支えるために必要な力Fを求める式がそれぞれの図の下部に記載してあるが、これらの力Fを求める式として、誤っているものは（1）〜（5）のうちどれか。

　　　ただし、gは重力の加速度とし、滑車及びワイヤロープの質量並びに摩擦は考えないものとする。

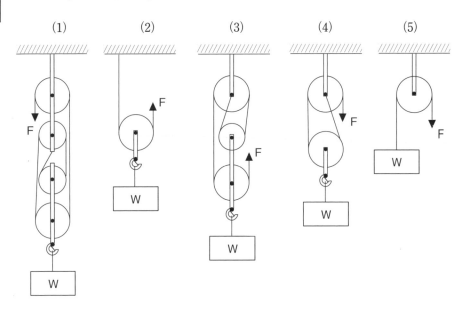

(1) 　　　　(2) 　　　　(3) 　　　　(4) 　　　　(5)

$$F = \frac{W}{4}g \qquad F = \frac{W}{2}g \qquad F = \frac{W}{3}g \qquad F = \frac{W}{2}g \qquad F = Wg$$

◆正解一覧

問題	正解	チェック				
〔移動式クレーンに関する知識〕						
問1	(5)					
問2	(1)					
問3	(3)					
問4	(5)					
問5	(2)					
問6	(5)					
問7	(4)					
問8	(3)					
問9	(2)					
問10	(1)					
小計点						

問題	正解	チェック				
〔関係法令〕						
問21	(3)					
問22	(1)					
問23	(4)					
問24	(3)					
問25	(5)					
問26	(4)					
問27	(4)					
問28	(2)					
問29	(5)					
問30	(2)					
小計点						

問題	正解	チェック				
〔原動機及び電気に関する知識〕						
問11	(4)					
問12	(2)					
問13	(2)					
問14	(5)					
問15	(1)					
問16	(3)					
問17	(3)					
問18	(4)					
問19	(5)					
問20	(1)					
小計点						

問題	正解	チェック				
〔移動式クレーンの運転のために必要な力学に関する知識〕						
問31	(1)					
問32	(5)					
問33	(2)					
問34	(3)					
問35	(5)					
問36	(4)					
問37	(4)					
問38	(3)					
問39	(1)					
問40	(3)					
小計点						

合計点	1回目	/40
	2回目	/40
	3回目	/40
	4回目	/40
	5回目	/40

◆解説

〔移動式クレーンに関する知識〕

【問1】(5) が適切。⇒1章1節_2．移動式クレーンの用語（P.8〜）参照

(1) 作業半径とは、<u>旋回中心から、フックの中心より下ろした鉛直線までの水平距離</u>〔ジブフートピンからジブポイントまでの距離 ×〕のこと。

(2) 総揚程とは、ジブ長さ、ジブの傾斜角に応じてフック、グラブバケット等のつり具を有効に上下させることができる上限と下限との水直距離を揚程といい、地面から上の揚程を地上揚程、下の揚程を地下揚程といい、それらを合わせたものを総揚程という。

(3) 定格速度とは、<u>定格荷重</u>〔つり上げ荷重 ×〕に相当する荷重の荷をつって、つり上げ、旋回などの作動を行う場合の、それぞれの最高の速度をいう。

(4) ジブの起伏とは、ジブが取り付けられたピンを支点として傾斜角を変える運動をいい、傾斜角を変える運動には、起伏シリンダの作動によるものと、<u>起伏用</u>〔巻上げ用 ×〕ワイヤロープの巻取り、巻戻しによるものがある。

【問2】(1) が不適切。⇒1章2節_3．クローラクレーン（P.15）、
1章3節_1．下部走行体（P.17〜）参照

(1) クローラクレーン用下部走行体は、走行フレームの<u>前方</u>〔後方 ×〕に遊動輪、<u>後方</u>〔前方 ×〕に起動輪を配置してクローラベルトを巻いたもので、起動輪を駆動することにより走行する。

【問3】(3) が不適切。⇒1章2節_移動式クレーンの種類及び形式（P.12〜）
1章3節_移動式クレーンの構造と機能（P.17〜）参照

(3) トラッククレーン及びラフテレーンクレーンのキャリアには、通常、張出しなどの作動を<u>油圧式</u>〔ラックピニオン方式 ×〕で行うH形又は<u>X形</u>〔M形 ×〕のアウトリガーが備え付けられている。

【問4】(5) が不適切。⇒1章3節_2．上部旋回体（P.20〜）参照

(5) 巻上装置のブレーキバンド式ブレーキの解除は、一般に、ブレーキバンドを締め付ける<u>スプリング力を油圧シリンダの圧力</u>〔油圧シリンダの圧力をスプリング力 ×〕で押し戻し、ブレーキバンドの摩擦力を開放する機構を用いて行われている。

【問5】(2) が不適切。⇒1章3節_2．上部旋回体（P.20）参照

(2) トラス（ラチス）構造ジブのクローラクレーンの旋回フレームには、<u>ジブ以外のくい打ちリーダ用キャッチフォーク等を</u>〔補助ジブを使用する際に ×〕取り付けるための補助ブラケットが装備されているものがある。

【問6】**(5) が適切。**⇒1章3節 _ 3．フロントアタッチメント（P.23～）参照

(1) ジブ倒れ止め装置（ジブバックストップ）は、ジブが後ろへ倒れるときの全質量を受けるためのものではない。また一般に、<u>トラス（ラチス）構造</u>〔箱形構造 ✕〕ジブに装備されている。

(2) 上部ブライドルと下部ブライドルの滑車を通して両ブライドルを接続するのは<u>ジブ起伏ワイヤロープ</u>〔ペンダントロープ ✕〕。

(3) 箱形構造ジブには、2段目、3段目、4段目と順番に伸縮する順次伸縮方式のほかに、<u>2段目、3段目、4段目が同時に伸縮する同時伸縮方式</u>がある。

(4) 複索式二線型のグラブバケットには、<u>タグラインを備えることが多い</u>。

【問7】**(4) が正しい。**⇒1章4節 _ 2．ワイヤロープのより方（P.27～）参照

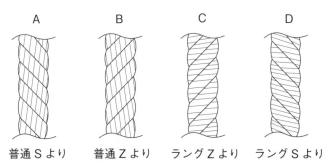

A　　　　　　B　　　　　　C　　　　　　D

普通Sより　　　普通Zより　　　ラングZより　　　ラングSより

【問8】**(3) が適切。**⇒1章6節 _ 移動式クレーンの取扱い（P.33～）参照

(1) トラッククレーンは、荷をつって旋回する場合、一般に、<u>後方領域</u>〔前方領域 ✕〕が最も安定が良く、<u>前方領域</u>〔後方領域 ✕〕は側方領域よりも安定が悪い。

(2) 箱形構造ジブの場合、ジブを伸ばすとフックブロックが<u>巻上げ</u>〔巻下げ ✕〕の状態になるので、<u>フックブロックの位置に注意して巻下げ</u>〔ワイヤロープが乱巻きにならないよう、ジブの伸ばしに合わせて巻上げ ✕〕を行う。

(4) クローラクレーンは、<u>側方領域、前方領域及び後方領域の定格総荷重は同じである</u>〔側方領域に比べ前方領域及び後方領域の定格総荷重が小さい ✕〕。

(5) つり荷を下ろしたときに玉掛け用ワイヤロープが挟まり、手で抜けなくなった場合、危険なので<u>フックの巻上げによって荷から引き抜く行為は絶対に行ってはならない</u>（玉掛け用ワイヤロープが荷に引っかかって荷崩れが起きる）。

【問9】(2) が適切。⇒1章5節_移動式クレーンの安全装置等（P.30～）参照

(1) 過負荷防止装置は、ジブの各傾斜角において、つり荷の荷重が定格荷重を超えようとしたときに警報を発して注意を喚起し、定格荷重を超えたときに転倒する危険性が高くなるジブの伏せ〔起こし ✕〕及び伸ばし、並びにつり荷の巻上げの作動を自動的に停止させる装置である。

(3) 玉掛け用ワイヤロープの外れ止め装置は、フック〔シーブ ✕〕から玉掛け用ワイヤロープが外れるのを防止するための装置である。

(4) 油圧回路の逆止め弁〔安全弁 ✕〕は、起伏シリンダへの油圧ホースが破損した場合に、油圧回路内の油圧の急激な低下によるつり荷の落下を防止するための装置である。

　安全弁は、回路内の油圧が設定圧力になった場合に、圧油を油タンクに戻し、常に回路内の油圧を設定圧力以上にならないようにするものである。

(5) 移動式クレーンの旋回時などに周囲の作業員に危険を知らせるための警報装置は、通常、運転室内に設けられた旋回レバーに取り付けられたスイッチ〔足踏み式スイッチ ✕〕により操作し、運転者が任意の場所で警報を発することができるものである。

【問10】(1) の組み合わせが機体の強度によって定められた値
⇒1章6節_2．定格総荷重表の見方（P.34）参照

　移動式クレーンの定格総荷重は、作業半径の小さい範囲では機体の強度により規定されている。したがって、選択肢の組み合わせのうち表の境界線より上（作業半径が小さい）の欄を指しているものを選ぶ。なお、(2)～(5)はいずれも機体の安定によって定められた値の組み合わせである。

〔原動機及び電気に関する知識〕
【問11】(4) が適切。⇒2章1節_1．原動機（P.41）、
2．ディーゼルエンジンの作動（P.42）参照

(1) 2サイクルエンジンは、高温高圧〔常温常圧 ✕〕の空気の中に高温高圧の軽油や重油を噴射して燃焼させる。

(2) ディーゼルエンジンは、空気の圧縮による自己着火により燃料を燃焼させる。電気火花による着火はガソリンエンジンの燃焼方法。

(3) 2サイクルエンジンは、クランク軸が1回転〔2回転 ✕〕するごとに1回の動力を発生する。

(5) 4サイクルエンジンの排気行程において、吸気バルブは閉じている。

【問 12】**(2)** が適切。

⇒**2章1節 _ 4．ディーゼルエンジンの構造と機能（P.43）参照**

(1) ディーゼルエンジンは、圧縮力が大きく始動クランキングのトルクが著しく大きいので、バッテリは<u>12V</u>〔24 V **×**〕を 2 個直列に接続して<u>24V</u>〔48 V **×**〕を用いることが多い。

(3) <u>オルタネータ</u>〔レギュレータ **×**〕は、交流式直流出力発電機と呼ばれ、エンジンの回転をファンベルトから受けて駆動し、電気を発生させるものである。

(4) & (5)

「直接噴射式エンジンのマニホールドの吸気通路に取り付けられ、発熱体に電流が流れることで吸気を均一に加熱するもの」は<u>電熱式エアヒータ</u>についての記述。一方、「保護金属管の中にヒートコイルが組み込まれ、これに電流が流れることで副室内を加熱するもの」は<u>グロープラグ</u>についての記述。

【問 13】**(2)** **8N**⇒**2章2節 _ 2．油圧装置の原理（P.49 〜）参照**

- パスカルの原理により、示された数値を式に当てはめてみる。

ピストンの断面積＝半径×半径× 3.14（π）

⇒ピストン A の断面積＝ 1 cm × 1 cm × 3.14 ＝ 3.14（cm²）

⇒ピストン B の断面積＝ 1.5cm × 1.5cm × 3.14 ＝ 7.065（cm²）

$$\frac{A \, の圧力}{3.14 \,（cm^2）} = \frac{18 \,（N）}{7.065 \,（cm^2）}$$

A の圧力＝ $3.14 \times \dfrac{18}{7.065} = 7.999\cdots \fallingdotseq$ **8（N）**

【問 14】**(5)** が不適切。⇒**2章2節 _ 5．油圧駆動装置（P.54）参照**

(5) <u>複動形片ロッド式</u>〔単動型 **×**〕油圧シリンダは、一般に大型の移動式クレーンで使用されている。

【問 15】**(1)** が不適切。⇒**2章2節 _ 6．油圧制御弁（P.55 〜）参照**

(1) リリーフ弁は、油圧回路の油圧が設定した圧力<u>以上</u>〔以下 **×**〕になるのを防ぐために用いられる。安全弁ともいう。

【問 16】**(3)** が不適切。⇒**2章2節 _ 7．付属機器等（P.56 〜）、**

8．配管類（P.58 〜）参照

(3) アキュムレータは、シェル内をゴム製の隔壁（ブラダ）などにより油室とガス室に分け、ガスの圧縮性により作動油の油圧を調整する部品であるが、

エアブリーザは備えられていない。エアブリーザが備えられている機器は作動油タンク。

【問17】**(3) が不適切。**⇒2章2節_10. 油圧装置の保守（P.60～）参照
(3) 油圧ポンプの点検項目としては、ポンプを<u>作動させた</u>〔停止した ✕〕状態での異音及び発熱の有無、接合部及びシール部の油漏れの有無の検査などが挙げられる。

【問18】**(4) が不適切。**⇒2章2節_9. 作動油の性質（P.60～）参照
(4) 正常な作動油は、通常 <u>0.05％</u>〔1％ ✕〕程度の水分を含んでいるが、オイルクーラーの水漏れなどにより更に水分が混入すると、作動油は<u>乳白色に変化する</u>〔泡立つようになる ✕〕。泡立ちはグリース等の混入によって起こる。

【問19】**(5) が不適切。**⇒2章3節_電気の知識（P.63～）参照
(5) 発電所から消費地の変電所や開閉所などへの送電には、電力の損失を少なくするため、<u>特別高圧（7,000V超）</u>〔6600 V ✕〕の交流が使用されている。

【問20】**(1) A、B、C が不適切。**
⇒2章4節_感電の危険性及び対策（P.70～）参照
A　電気火傷は、外部からの火傷と同様に<u>皮膚深部まで及ぶことがあり</u>危険である。
B　感電による危険を電流と時間の積によって評価する場合、一般に、<u>50ミリアンペア秒</u>〔500ミリアンペア秒 ✕〕が安全限界とされている。
C　架空送電線は、送電線表面に<u>直接接触しなくても放電すること</u>がある。また、離隔距離は電力会社によって異なり、例として東京電力では 22,000 Vの送電線に対しての安全な<u>離隔距離は3m</u>としている。

〔関係法令〕
【問21】**(3) が正しい。**⇒3章1節_製造及び設置（P.76～）、
5節_変更、休止、廃止等（P.85～）参照
(1) 移動式クレーンを製造しようとする者は、原則として、あらかじめ、所轄<u>都道府県労働局長</u>〔労働基準監督署長 ✕〕の製造許可を受けなければならない。
(2) 移動式クレーンを製造した者は、<u>所轄都道府県労働局長</u>〔労働基準監督署長 ✕〕が行う製造検査を受けなければならない。
(4) 移動式クレーンのジブに変更を加えた者は、所轄<u>労働基準監督署長</u>〔都道府県労働局長 ✕〕が検査の必要がないと認めたものを除き、所轄<u>労働基準監督署長</u>〔都道府県労働局長 ✕〕が行う変更検査を受けなければならない。

(5) 使用を廃止した移動式クレーンを再び使用しようとする者は、所轄都道府県労働局長〔労働基準監督署長 ✕〕が行う使用検査〔使用再開検査 ✕〕を受けなければならない。一方で、使用を休止した移動式クレーンを再び使用しようとする者は、所轄労働基準監督署長が行う使用再開検査を受けなければならない。

【問 22】(1) が正しい。⇒3章2節_7．特別の教育及び就業制限（P.79）、
3章6節_5．就業制限（P.92）参照

(1) 移動式クレーンの運転の業務に係る特別の教育の受講で、つり上げ荷重が1t未満の移動式クレーンの運転の業務に就くことができる為、つり上げ荷重0.9tの積載形トラッククレーンは運転可能。

(2) 玉掛け技能講習の修了で、つり上げ荷重1t以上の移動式クレーンで行う玉掛けの業務が可能な為、つり上げ荷重10tのクローラクレーンで行う玉掛けの業務は可能。また、吊り荷の重さによる制限はない。

(3) 玉掛けの業務に係る特別の教育の受講では、つり上げ荷重1t未満の移動式クレーンで行う玉掛けの業務に限定されている為、つり上げ荷重2tのホイールクレーンで行う0.9tの荷の玉掛けの業務に就くことはできない。また、吊り荷の重さによる制限はない。

(4) 小型移動式クレーン運転技能講習の修了で、つり上げ荷重1t以上5t未満の移動式クレーンの運転の業務に就くことができる為、つり上げ荷重3tのラフテレーンクレーンは運転可能。

(5) 移動式クレーン運転士免許で、つり上げ荷重の制限なく移動式クレーンの運転の業務に就くことが可能。

【問 23】(4) が正しい。⇒3章1節_製造及び設置（P.76 〜）、
5節_変更、休止、廃止等（P.85 〜）参照

(1) 移動式クレーンを設置した事業者は、あらかじめ〔設置後 14 日以内 ✕〕に、移動式クレーン設置報告書に移動式クレーン明細書及び検査証を添えて、所轄労働基準監督署長に提出しなければならない。

(2) 移動式クレーンを設置している者に異動があったときは、当該移動式クレーンを設置している者は、当該異動後 10 日以内〔30 日以内 ✕〕に、検査証書替申請書に検査証を添えて、所轄労働基準監督署長を経由し検査証の交付を受けた都道府県労働局長に提出し、書替えを受けなければならない。

(3) 移動式クレーンを設置している者が移動式クレーンの使用を休止しようとする場合において、その休止しようとする期間が検査証の有効期間を経過した後にわたるときは、有効期間中〔有効期間満了後 10 日以内 ✕〕にその旨を所轄労働基準監督署長に報告しなければならない。

(5) 移動式クレーンを設置している者は、当該移動式クレーンの使用を廃止したときは、遅滞なく、〔廃止後 30 日以内に ×〕検査証を所轄労働基準監督署長に返還しなければならない。

【問 24】(3) が正しい。⇒3章2節 _ 使用及び就業（P.79 ～）参照
　(1) 移動式クレーンに係る作業を行うときは、移動式クレーンの上部旋回体との接触による危険がある箇所に労働者を立ち入らせてはならない。例外はない。
　(2) 強風のため、移動式クレーンに係る作業の実施について危険が予想されるときは、当該作業を中止しなければならない。
　(4) 移動式クレーンにその定格荷重をこえる荷重をかけて使用してはならない。例外はない。
　(5) 移動式クレーンの運転者を、荷をつったままで運転位置から離れさせてはならない。例外はない。

【問 25】(5) が誤り。⇒3章2節 _ 使用及び就業（P.79 ～）、
　　　　　　　　　　　　　　3章8節 _ 2. 安全装置等の有効保持（P.95）参照
　(5) 移動式クレーン運転士免許を有する労働者は、移動式クレーンの運転の業務に従事中に、移動式クレーンの安全装置を臨時に取り外す必要が生じたときは、あらかじめ事業者の許可を受けなければならない。

【問 26】(4) が誤り。⇒3章4節 _ 性能検査（P.84）参照
　(4) 性能検査においては、移動式クレーンの各部分の構造及び機能について点検を行うほか、荷重試験を行うものとする。安定度試験は行わない。

【問 27】(4) が違反とならない。⇒3章2節 _15. 立入禁止（P.81）参照
　(4) つりチェーンを用いて、荷に設けられた穴又はアイボルトを通して、1 箇所に玉掛けをした場合は、立ち入り禁止事項に該当しない。

【問 28】(2) が誤り。⇒3章3節 _ 定期自主検査等（P.83 ～）参照
　(2) 1 か月をこえる期間使用せず、当該期間中に 1 か月以内ごとに 1 回行う定期自主検査を行わなかった移動式クレーンについては、その使用を再び開始する際に〔した後 1 か月以内に ×〕、所定の事項について自主検査を行わなければならない。

【問 29】(5) が使用禁止。⇒3章6節 _ 玉掛け（P.87 ～）参照
　(1) リンクの断面の直径の減少が、製造されたときの当該直径の 10 ％を超える

つりチェーンは不可。9%なので使用可能。

(2) ワイヤロープ1よりの間において素線（フィラ線を除く。以下同じ。）の数の10%以上の素線が切断したワイヤロープは不可。8%なので使用可能。

(3) 直径の減少が公称径の7%を超えるワイヤロープは不可。6%なので使用可能。

(4) 伸びが製造されたときの長さの5%を超えるつりチェーンは不可。4%なので使用可能。

(5) 使用する際の安全係数が5以上のシャックルでなければ使用できない。安全係数は4なので使用禁止。

【問30】 **(2) A、B、D が誤り。**

⇒3章7節 _ 移動式クレーンの運転士免許（P.93 〜）参照

A 免許に係る業務に従事するときは、これに係る免許証その他その資格を証する書面を携帯していなければならない。免許証の写し等は不可。

B 免許に係る業務に現に就いている者は、氏名を変更したときは、免許証の書替えを受けなければならない。例外はない。

D 労働安全衛生法違反により免許の取消しの処分を受けた者は、遅滞なく〔処分を受けた日から起算して 30 日以内に ✕〕、免許の取消しをした都道府県労働局長に免許証を返還しなければならない。

〔移動式クレーンの運転のために必要な力学に関する知識〕

【問31】 **(1) が不適切。⇒4章2節 _ 力に関する事項（P.99 〜）参照**

(1) 小さな物体の1点に大きさが異なり向きが一直線上にない二つの力が作用して物体が動くとき、その物体は合力〔大きい力 ✕〕の方向に動く。

【問32】 **(5) 735N ⇒4章2節 _ 7．力のつり合い（P.103 〜）参照**

- 天秤棒の支点 F を中心とした力のつり合いを考える。
- つり合いの条件
  左回りのモーメント M_1
  =右回りのモーメント M_2
  M_1（$W \times 1$ m）= M_2（$30\text{kg} \times 1.5$m）
  $1W = 45 \Rightarrow W = 45$
  $W = 45\text{kg}$
  $F = W$（45kg）+ $30\text{kg} = 75\text{kg}$
- kg ⇒ N に変換。
  $75\text{kg} \times 9.8\text{m/s}^2 = \underline{\textbf{735N}}$

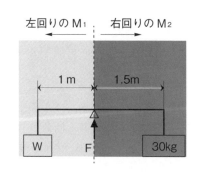

左回りの M_1　右回りの M_2

1 m　1.5m

W　F　30kg

【問33】(2) が不適切。⇒4章3節_１．質量及び重心等（P.107）参照

(2) 物体の体積をV、その単位体積当たりの質量をdとすれば、その物体の質量Wは、$\underline{W = V \times d}$〔W＝V／d ✕〕で求められる。

【問34】(3) が適切。⇒4章3節_４．重心（P.109〜）、

５．物体の安定〈座り〉（P.112）参照

(1) 物体の位置や置き方を変えても重心の位置は変わらない。

(2) 物体の中心は常に１つの点である。

(4) 長尺の荷をクレーンでつり上げるため、目安で重心位置を定めてその真上にフックを置き、玉掛けを行い、地切り直前まで少しだけつり上げたとき、荷が傾いた場合は、荷の実際の重心位置は目安とした重心位置よりも傾斜した荷の低い方〔高い方 ✕〕の側にある。

(5) 直方体の物体の置き方を変える場合、重心の位置が高くなるほど安定性は悪くなる〔良くなる ✕〕

【問35】(5) が適切。⇒4章4節_１．運動（P.113）参照

(1) 運動している物体には、外部から力が作用しない限り、同一の運動状態を永久に続けようとする〔静止している状態に戻ろうとする ✕〕性質があり、この性質を慣性という。

(2) 物体が円運動をしているとき、遠心力は、物体の質量が大きいほど大きくなる〔小さくなる ✕〕。

(3) 物体が速さや向きを変えながら運動する場合、その変化の程度を示す量を加速度〔速度 ✕〕という。

(4) 等速直線運動をしている物体の移動した距離をL、その移動に要した時間をTとすれば、その速さVは、$\underline{V = L／T}$〔V＝L×T ✕〕で求められる。

【問36】(4) 500kg ⇒4章4節_２．摩擦力（P.117〜）参照

- 垂直力 $Fw = \dfrac{\text{最大静止摩擦力 Fmax}}{\text{静止摩擦係数}\,\mu} = \dfrac{980N}{0.2} = 4,900N$

- 単位を kg に変換

$4,900N \div 9.8m/s^2 = 500$

$W = \mathbf{500kg}$

【問37】(4) が適切。⇒4章5節_１．荷重（P.119〜）参照

(1) 引張荷重〔せん断荷重 ✕〕は、棒状の材料を長手方向に引きのばすように働く荷重である。せん断荷重は、物体を横からはさみで切るように働く荷重。

(2) 荷を巻き下げているときに急制動すると、玉掛け用ワイヤロープには曲げ

荷重と<u>引張荷重</u>〔圧縮荷重 ✕〕がかかる。

(3) 移動式クレーンのフックには、<u>曲げ荷重と引張荷重</u>〔ねじり荷重と圧縮荷重 ✕〕がかかる。

(5) 両振り荷重は、<u>向き及び大きさが時間とともに変わる荷重</u>である。

【問38】(3) 24kN ⇒4章3節 _ 質量及び重心等（P.107～）、
4章6節 _ 2．つり角度（P.125～）参照

- 円柱の体積を求める。
  ＝半径×半径×3.14×高さ
  ＝0.5m × 0.5m × 3.14（π）× 2 m
  ＝1.57m³

- アルミニウムの 1 m³ 当たりの質量は約 2.7t。これで、円柱の質量を求める。
  ＝1.57m³ × 2.7t ＝ 4.239t

- ワイヤロープ1本にかかる張力 ＝ $\dfrac{つり荷の質量}{つり本数}$ × 9.8m/s² ×張力係数

- 張力係数は <u>60℃ = 1.16</u>。

$$= \frac{4.239t}{2（本）} \times 9.8m/s^2 \times 1.16 = 24.094476 ≒ \textbf{24kN}$$

【問39】(1) 12N/mm² ⇒4章5節 _ 2．応力（P.122）参照

- 引張応力の公式は以下の通り。

$$応力 = \frac{部材に作用する荷重}{部材の断面積}（N/mm^2）$$

- 単位を N/mm² に変換
  丸棒の断面積の半径＝1 cm ＝ 10mm
  部材の断面積＝半径×半径× 3.14
  　　　　　　＝ 10mm × 10mm × 3.14（π）＝ 314mm²
  部材に作用する荷重＝ 400kg × 9.8m/s² ＝ 3,920N

$$= \frac{3,920N}{314mm^2} = 12.484076\cdots ≒ \textbf{12N/mm}^2$$

- 力 F は、次の公式により求めることができる。

$$F = \frac{質量 \times 9.8m/s^2 \ (Fw)}{動滑車の数 \times 2}$$

（1）   （2）   （3）   （4）   （5）

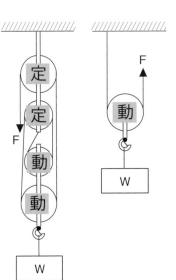

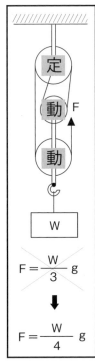

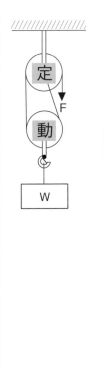

$$F = \frac{W}{\cancel{3}} g$$

⬇

$$F = \frac{W}{4} g$$

〔移動式クレーンに関する知識〕

【問1】 移動式クレーンに関する用語の記述として、適切なものは次のうちどれか。

(1) つり上げ荷重とは、アウトリガーを有する移動式クレーンにあっては、当該アウトリガーを最大に張り出し、ジブ長さを最短に、作業半径を最小にしたときに負荷させることができる最大の荷重をいい、フックなどのつり具分が含まれる。

(2) 作業半径とは、ジブフートピンからジブポイントまでの距離をいい、ジブの傾斜角を変えると作業半径が変化する。

(3) 定格速度とは、つり上げ荷重に相当する荷重の荷をつって、つり上げ、旋回などの作動を行う場合の、それぞれの最高の速度をいう。

(4) ジブの起伏とは、ジブが取り付けられたピンを支点として傾斜角を変える運動をいい、傾斜角を変える運動には、起伏シリンダの作動によるものと、巻上げ用ワイヤロープの巻取り、巻戻しによるものがある。

(5) 総揚程とは、ジブ長さを最長に、傾斜角を最大にしたときのつり具の上限位置と、ジブ長さを最短に、傾斜角を最小にしたときのつり具の上限位置との間の垂直距離をいう。

【問2】 移動式クレーンの種類、型式などに関する記述として、適切でないものは次のうちどれか。

(1) ラフテレーンクレーンは、ホイールクレーンに含まれるもので、前二輪操向、後二輪操向、四輪操向、かに操向の4種類のステアリングモードを有しているため、狭隘地での機動性に優れている。

(2) トラッククレーンは専用のクレーン用キャリアに上部旋回体を架装したもので、架装される上部旋回体の質量によって、前輪が1軸から3軸、後輪が1軸から4軸になっている。

(3) オールテレーンクレーンは、特殊な操向機構とハイドロニューマチック・サスペンション（油空圧式サスペンション）装置を有し、不整地の走行や狭所進入性に優れている。

(4) トラッククレーン及びラフテレーンクレーンのキャリアには、通常、張出しなどの作動を油圧方式で行うH形又はX形のアウトリガーが備え付けられている。

(5) 積載形トラッククレーンには、通常、「PTO」と呼ばれるクレーン作業専用の原動機が走行用原動機とは別に搭載されており、クレーン作動は「PTO」から動力が伝達された油圧装置により行われる。

【問3】 クローラクレーンに関する記述として、適切でないものは次のうちどれか。

(1) 平均接地圧（kPa 又は kN/m²）は、一般に、全装備質量から運転士、燃料、潤滑油及び冷却水の質量を除いた質量（ t ）に 9.8（m/s²）を掛けた数値を、クローラベルトの接地する総面積（m²）で割ったもので表される。

(2) クローラクレーン用下部走行体は、走行フレームの後方に起動輪、前方に遊動輪を配置してクローラベルトを巻いたもので、起動輪を駆動することにより走行する。

(3) クローラクレーン用下部走行体は、一般に、油圧シリンダで左右の走行フレーム間隔を広げ又は縮め、クローラ中心距離を変えることができる構造になっている。

(4) クローラベルトは、一般に、鋳鋼又は鍛鋼製のシューをエンドレス状につなぎ合わせたものであるが、ゴム製のものもある。

(5) クローラベルトは、シューをリンクにボルトで取り付ける組立型と、シューをピンでつなぎ合わせる一体型に分類される。

【問4】 移動式クレーンの巻上装置に関する記述として、適切でないものは次のうちどれか。

(1) 巻上装置の減速機は、歯車を用いて油圧モータの回転数を減速して必要なトルクを得るためのもので、一般に、平歯車減速式又は遊星歯車減速式のものが使用されている。

(2) 巻上げドラムのロック機構には、一般に、ウォーム歯車が用いられている。

(3) 巻上装置のクラッチは、巻上げドラムに回転を伝達したり遮断したりするものである。

(4) 巻上装置のブレーキには、クラッチドラム外側をブレーキバンドで締め付け、摩擦力で制動する構造のものがある。

(5) 巻上装置のブレーキは、一般に、作動時以外は常時ブレーキが効いている自動ブレーキ方式が用いられている。

【問5】 移動式クレーンの上部旋回体に関する記述として、適切でないものは次のうちどれか。

(1) 上部旋回体は、旋回フレームと呼ばれる溶接構造の架台に巻上げ、起伏、旋回などのクレーン装置を設置し、旋回支持体を介して下部走行体の上に架装したものをいう。

(2) オールテレーンクレーンの上部旋回体の運転室には、クレーン操作装置が装備されている。

(3) トラス（ラチス）構造ジブのクローラクレーンのAフレームには、ジブ起伏用のワイヤロープを段掛けする下部ブライドルが取り付けられている。

(4) トラス（ラチス）構造ジブのクローラクレーンの旋回フレームには、補助ジブを使用する際に取り付けるための補助ブラケットが装備されているものがある。

(5) ボールベアリング式の旋回装置は、旋回モータの動力を減速機に伝え、旋回ベアリングの旋回ギヤにかみ合っているピニオンを回転させて、上部旋回体を旋回させる。

【問6】 移動式クレーンのフロントアタッチメントに関する記述として、適切なものは次のうちどれか。

(1) 箱形構造ジブは、ジブの強度を確保するため、各段は同時に伸縮せず、必ず2段目、3段目、4段目と順番に伸縮する構造となっている。

(2) ジブバックストップは、ジブの全質量を受け止めてジブが後方へ倒れるのを防止する支柱で、箱形構造ジブに装備されている。

(3) ペンダントロープは、上部ブライドルと下部ブライドルの滑車を通して両ブライドルを接続し、ジブを支えるワイヤロープである。

(4) 主巻用フックブロックには、巻上用ワイヤロープの掛け数を変えることにより、定格荷重を使い分けるようになっているものがある。

(5) フックの代わりにグラブバケットを装備するときは、バケットの開閉を行うためのタグラインが必要である。

【問7】 ワイヤロープに関する記述として、適切でないものは次のうちどれか。

(1) ストランドとは、複数の素線などをより合わせたロープの構成要素のことで、子なわ又はより線ともいう。

(2) 「ラングより」のワイヤロープは、ロープのよりの方向とストランドのよりの方向が同じである。

(3) フィラー形29本線6よりロープ心入りは、「IWRC29 × Fi（6）」と表示される。

(4) ワイヤロープのより方には、「Sより」と「Zより」があり、一般に「Zより」が多く用いられている。

(5) 巻上げ用ワイヤロープを交換したときは、定格荷重の半分程度の荷をつって、巻上げ及び巻下げの操作を数回行い、ワイヤロープを慣らす。

【問8】 移動式クレーンの安全装置などに関する記述として、適切でないものは次のうちどれか。

(1) 玉掛け用ワイヤロープの外れ止め装置は、フックから玉掛け用ワイヤロープが外れるのを防止するための装置である。

(2) 油圧回路の安全弁は、起伏シリンダへの油圧ホースが破損した場合に、油圧回路内の油圧の急激な低下によるつり荷の落下を防止するための装置である。

(3) 旋回中に挟まれる災害などを防止するための警報装置は、周囲の作業者に危険を知らせる装置であって、通常、そのスイッチは旋回操作レバーに取り付けられている。

(4) 巻過防止装置は、巻上げなどの作動時にフックブロックが上限の高さまで上がると、自動的にその作動を停止させる装置である。

(5) 作業領域制限装置は、ジブの起伏角度、作業半径、旋回角度などの作業可能範囲をあらかじめ設定し、範囲外への作動に対し自動的に停止させる装置である。

【問9】移動式クレーンの取扱いに関する次のAからEの記述として、適切なもののみを全て挙げた組合せは (1) ～ (5) のうちどれか。

A　クローラクレーンは、側方領域に比べ前方領域及び後方領域の定格総荷重が小さい。

B　箱形構造ジブの場合、ジブを伸ばすとフックブロックが巻上げの状態になるので、ジブの伸ばしに合わせて巻下げを行う。

C　トラックの荷台と運転室の間にクレーン装置を搭載した積載形トラッククレーンは、一般に、クレーン装置及びアウトリガーの取付け位置の関係から、後方領域が最も安定が良く、側方領域、前方領域と順に安定が悪くなる。

D　移動式クレーンのワイヤロープの巻上げ速度(ワイヤロープスピード)は、一般に、ウィンチが1分間に巻き上げることができるワイヤロープ長さを「m/min」で表したものであるが、巻上げ速度はドラムに巻かれたワイヤロープの層数により変化する。

E　つり荷を下ろしたときに玉掛け用ワイヤロープが挟まり、手で抜けなくなった場合は、周囲に人がいないことを確認してから、移動式クレーンのフックの巻上げによって荷から引き抜く。

(1)　A，B，C
(2)　A，C，E
(3)　B，C，D
(4)　B，D，E
(5)　C，D

【問10】 下に掲げる表は、一般的なラフテレーンクレーンのアウトリガー最大張出しの場合における定格総荷重表を模したものであるが、定格総荷重表中に当該ラフテレーンクレーンの強度（構造部材が破損するかどうか）によって定められた荷重の値と、機体の安定（転倒するかどうか）によって定められた荷重の値の境界線が階段状の太線で示されている。

表1を用いて定格総荷重を求めるため、ジブ長さと作業半径の組合せを選び出したものが表2であるが、この表2のAからDのジブ長さと作業半径によって定まる定格総荷重の値が、機体の強度によって定められた荷重の値であるもののみを全て挙げた組合せは（1）～（5）のうちどれか。

表1　ラフテレーンクレーン定格総荷重表

アウトリガー最大張出（6.5 m） 〈全周〉				
	ジブの長さ			
	9.35 m	16.4 m	23.45 m	30.5 m
6.0 m	16.3	15.0	12.0	8.0
6.5 m	15.1	15.0	11.5	8.0
7.0 m	（境界線）	14.0	10.8	8.0
8.0 m		11.3	9.6	8.0
9.0 m		9.2	8.6	7.6
10.0 m		7.5	7.6	6.9
11.0 m		6.3	6.5	6.3
12.0 m		5.35	5.5	5.6
13.0 m		4.6	4.75	4.9

（作業半径）

（単位：t）

表2
ジブ長さと作業半径の組合せ

	ジブ長さ	作業半径
A	9.35	6.0
B	16.4	9.0
C	23.45	8.0
D	30.5	13.0

（単位：m）

(1) A，B，C

(2) A，C

(3) B，C，D

(4) B，D

(5) C，D

【問 11】 ディーゼルエンジンに関する記述として、適切なものは次のうちどれか。
 (1) 2サイクルエンジンは、燃焼室に送った高圧の燃料を電気火花によって着火し、燃焼させて、ピストンを往復運動させる。
 (2) 4サイクルエンジンは、常温常圧の空気の中に高温高圧の軽油や重油を噴射して燃焼させる。
 (3) 2サイクルエンジンは、吸入、圧縮、燃焼、排気の1循環をピストンの2行程で行う。
 (4) 4サイクルエンジンは、クランク軸が1回転するごとに1回の動力を発生する。
 (5) 4サイクルエンジンの排気行程では、吸気バルブと排気バルブは、ほぼ同時に開く。

【問 12】 移動式クレーンのディーゼルエンジンに用いられる電装品に関する記述として、適切なものは次のうちどれか。
 (1) レギュレータは、交流式直流出力発電機と呼ばれ、各電気装置に電力を供給するものである。
 (2) 始動補助装置の電熱式エアヒータは、保護金属管の中にヒートコイルが組み込まれ、これに電流が流れることで副室内を加熱するものである。
 (3) グロープラグは、直接噴射式エンジンのマニホールドの吸気通路に取り付けられ、発熱体に電流が流れることで吸気を均一に加熱するものである。
 (4) オルタネータは、エンジンの回転をファンベルトから受けて駆動し、直流電気を発生させるものである。
 (5) ディーゼルエンジンは、圧縮力が大きく始動クランキングのトルクが著しく大きいので、バッテリは24 Vを2個直列に接続して48 Vを用いることが多い。

【問 13】 油で満たされた2つのシリンダが連絡している図の装置で、ピストンA（直径1 cm）に力を加えたところ、ピストンB（直径3 cm）には81 Nの力が加わった。このとき、ピストンA（直径1 cm）に加えた力は (1) ～ (5) のうちどれか。

 (1) 9 N
 (2) 11 N
 (3) 13 N
 (4) 20 N
 (5) 27 N

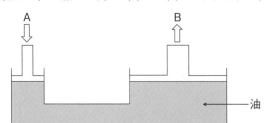

【問14】油圧駆動装置に関する記述として、適切でないものは次のうちどれか。

(1) 油圧シリンダには、単動型と複動型があり、複動型には、片ロッド式、両ロッド式及び差動式がある。

(2) ラジアル形プランジャモータは、プランジャが回転軸と同一方向に配列されている。

(3) 油圧モータは、圧油を油圧モータに押し込むことにより駆動軸を回転させる装置である。

(4) 移動式クレーンでは、荷の巻上げ用、旋回用及び走行用の油圧モータには、一般にプランジャモータが使用されている。

(5) 複動型シリンダでは、シリンダの両側に作動油の出入口を設け、そこから作動油を流入、流出させて往復運動を行わせる。

【問15】油圧装置の油圧制御弁に関する記述として、適切なものは次のうちどれか。

(1) パイロットチェック弁は、ある条件のときに逆方向にも流せるようにしたもので、アウトリガー油圧回路の配管破損時の垂直シリンダの縮小防止に用いられる。

(2) リリーフ弁は、油圧回路の油圧が設定した圧力以下になるのを防ぐために用いられる。

(3) シーケンス弁は、油の流れの方向を切り換えて油圧シリンダの運動方向を変えるために用いられる。

(4) カウンタバランス弁は、一方向の流れには設定された背圧を与えて流量を制御し、逆方向には流れないようにするものである。

(5) 絞り弁は、油圧回路が既定の圧力に達したときに自動的に絞り部の開きを変えて流量及び油圧の調整を小刻みに行い、油圧回路の圧力を一定に保つために用いられる。

【問 16】 油圧装置の付属機器に関する記述として、適切でないものは次のうちどれか。

(1) 作動油を発熱量が多い状況で使用する場合は、強制的に冷却するため、オイルクーラーが用いられる。

(2) アキュムレータは、シェル内をゴム製の隔壁（ブラダ）などにより油室とガス室に分け、ガスの圧縮性により作動油の油圧を調整する部品で、常に浄化冷却された適切なガスが供給されるよう、ガス室にエアブリーザを備えている。

(3) ラインフィルタは、圧力管路用のものと戻り管路用のものがあり、そのエレメントとしてノッチワイヤ、ろ過紙、焼結合金などが用いられている。

(4) 吸込みフィルタには、そのエレメントが金網式のものとノッチワイヤ式のものがある。

(5) 配管類の継手には密封性が要求されるので、ねじ継手、フランジ管継手、フレア管継手、くい込み継手などが使われる。

【問 17】 油圧装置の保守に関する記述として、適切でないものは次のうちどれか。

(1) フィルタは、一般的には、3か月に1回程度、エレメントを取り外して洗浄するが、洗浄してもごみや汚れが除去できない場合は新品と交換する。

(2) フィルタエレメントの洗浄は、一般的には、溶剤に長時間浸した後、ブラシ洗いをして、エレメントの内側から外側へ圧縮空気で吹く。

(3) 配管を取り外した後、配管内に空気が残ったまま組み立てて、エンジンを高速回転し全負荷運転すると、ポンプの焼付きの原因となる。

(4) 油圧ポンプの点検項目としては、ポンプを停止した状態での異音及び発熱の有無、接合部及びシール部の油漏れの有無の検査などが挙げられる。

(5) 油圧配管系統の接続部は、特に緩みやすいので、圧油の漏れの有無を毎日点検する。

【問 18】 油圧装置の作動油に関する記述として、適切でないものは次のうちどれか。

(1) 作動油の温度が使用限界温度の上限より高くなると、潤滑性が悪くなるほか、劣化を促進する。

(2) 作動油の温度が使用限界温度の下限より低くなると、油の粘度が高くなり、ポンプの運転に大きな力が必要となる。

(3) 作動油は、運転中、高温で空気などに接し、かくはん状態で使用されるので酸化しやすい。

(4) 作動油の引火点は、180 ～ 240 ℃程度である。

(5) 一般に用いられる作動油の比重は、1.85 ～ 1.95 程度である。

【問 19】 電気などに関する記述として、適切でないものは次のうちどれか。

(1) 交流は、電流及び電圧の大きさ並びにそれらの方向が周期的に変化する。

(2) 直流はDC、交流はACと表される。

(3) 変電所、開閉所などから家庭、工場などに電力を送ることを配電という。

(4) 工場の動力用電源には、一般に、200 V級又は400 V級の三相交流が使用されている。

(5) 発電所から消費地の変電所や開閉所などへの送電には、電力の損失を少なくするため、6600 Vの交流が使用されている。

【問 20】 一般的に電気をよく通す導体及び電気を通しにくい絶縁体（不導体）に区分されるものの組合せとして、適切なものは (1) ～ (5) のうちどれか。

	導体	絶縁体（不導体）
(1)	アルミニウム	海水
(2)	空気	鋳鉄
(3)	ステンレス	大理石
(4)	銅	黒鉛
(5)	雲母	ガラス

〔関係法令〕

【問 21】 つり上げ荷重3 t以上の移動式クレーンの検査に関する記述として、法令上、誤っているものは次のうちどれか。

(1) 移動式クレーンを輸入した者は、製造検査を受けなければならない。

(2) 使用検査は、都道府県労働局長が行う。

(3) 性能検査は、原則として登録性能検査機関が行う。

(4) 変更検査は、所轄労働基準監督署長が行う。

(5) 移動式クレーン検査証の有効期間をこえて使用を休止した移動式クレーンを再び使用しようとする者は、使用再開検査を受けなければならない。

【問 22】 移動式クレーンの運転 (道路上を走行させる運転を除く。) 及び玉掛けの業務に関する記述として、法令上、誤っているものは次のうちどれか。

(1) 移動式クレーン運転士免許で、つり上げ荷重 100t の浮きクレーンの運転の業務に就くことができる。

(2) 小型移動式クレーン運転技能講習の修了で、つり上げ荷重 4.9t のラフテレーンクレーンの運転の業務に就くことができる。

(3) 移動式クレーンの運転の業務に係る特別の教育の受講で、つり上げ荷重 2.9t の積載形トラッククレーンの運転の業務に就くことができる。

(4) 玉掛け技能講習の修了で、つり上げ荷重 50t のオールテレーンクレーンで行う 15t の荷の玉掛けの業務に就くことができる。

(5) 玉掛けの業務に係る特別の教育の受講で、つり上げ荷重 0.9t のホイールクレーンで行う 0.6t の荷の玉掛けの業務に就くことができる。

【問 23】 つり上げ荷重 3t 以上の移動式クレーン及び移動式クレーン検査証（以下本問において「検査証」という。）に関する記述として、法令上、誤っているものは次のうちどれか。ただし、計画届の免除認定を受けていない場合とする。

(1) 移動式クレーンを設置しようとする事業者は、あらかじめ、移動式クレーン設置報告書に移動式クレーン明細書及び検査証を添えて、所轄労働基準監督署長に提出しなければならない。

(2) 移動式クレーンを設置している者に異動があったときは、移動式クレーンを設置している者は、当該異動後 10 日以内に、検査証書替申請書に検査証を添えて、所轄労働基準監督署長を経由し検査証の交付を受けた都道府県労働局長に提出し、書替えを受けなければならない。

(3) 登録性能検査機関は、移動式クレーンに係る性能検査に合格した移動式クレーンについて、検査証の有効期間を原則として 2 年更新するものとするが、性能検査の結果により 2 年未満又は 2 年を超え 3 年以内の期間を定めて有効期間を更新することができる。

(4) 移動式クレーンを設置している者が、移動式クレーンの使用を休止しようとする場合において、その休止しようとする期間が検査証の有効期間を経過した後にわたるときは、当該検査証の有効期間満了後 10 日以内にその旨を所轄労働基準監督署長に報告しなければならない。

(5) 移動式クレーンを設置している者が当該移動式クレーンについて、その使用を廃止したときは、その者は、遅滞なく、検査証を所轄労働基準監督署長に返還しなければならない。

【問24】次の文章は移動式クレーンの使用に係る法令条文であるが、この文中の□内に入れるAからCの語句又は数値の組合せが、当該法令条文の内容と一致するものは（1）～（5）のうちどれか。

「事業者は、移動式クレーンについては、移動式クレーンⒶに記載されているⒷ（つり上げ荷重がⒸ未満の移動式クレーンにあっては、これを製造した者が指定したⒷ）の範囲をこえて使用してはならない。」

	A	B	C
(1)	設置報告書	ジブの傾斜角	5 t
(2)	設置報告書	定格荷重	3 t
(3)	検査証	定格荷重	5 t
(4)	明細書	定格荷重	3 t
(5)	明細書	ジブの傾斜角	3 t

【問25】移動式クレーンの使用に関する記述として、法令上、誤っているものは次のうちどれか。

(1) 地盤が軟弱であるため移動式クレーンが転倒するおそれのある場所においては、原則として、移動式クレーンを用いて作業を行ってはならない。

(2) 原則として、移動式クレーンにより、労働者を運搬し、又は労働者をつり上げて作業させてはならない。

(3) 移動式クレーンを用いて作業を行うときは、移動式クレーンの運転者及び玉掛けをする者が当該移動式クレーンの定格荷重を常時知ることができるよう、表示その他の措置を講じなければならない。

(4) 油圧を動力として用いる移動式クレーンの安全弁については、原則として、つり上げ荷重に相当する荷重をかけたときの油圧に相当する圧力以下で作用するように調整しておかなければならない。

(5) つり上げ荷重0.5t以上の移動式クレーンについては、厚生労働大臣が定める規格又は安全装置を具備したものでなければ使用してはならない。

【問26】移動式クレーンを用いて作業を行うときの、移動式クレーンの運転についての合図に関する記述として、法令に定める内容と一致しないものは次のうちどれか。

(1) 事業者は、移動式クレーンの運転について「一定の合図」を定めなければならない。ただし、移動式クレーンの運転者に単独で作業を行わせるときは、この限りでない。

(2) 事業者は、移動式クレーンの運転について「合図を行う者」を指名しなければならない。ただし、移動式クレーンの運転者に単独で作業を行わせるときは、この限りでない。

(3) 「合図を行う者」は、移動式クレーン運転士免許の資格を有する者、小型移動式クレーン運転技能講習を修了した者若しくは移動式クレーンの運転の業務に係る特別の教育を受講した者の中から指名しなければならない。

(4) 「合図を行う者」として指名を受けた者は、移動式クレーンを用いて行う作業に従事するときは、事業者が定めた「一定の合図」を行わなければならない。

(5) 移動式クレーンを用いて行う作業に従事する労働者は、当該「合図を行う者」が行う合図に従わなければならない。

【問27】次のうち、法令上、移動式クレーンの玉掛用具として使用禁止とされていないものはどれか。

(1) ワイヤロープ1よりの間において素線（フィラ線を除く。以下同じ。）の数の11％の素線が切断したワイヤロープ

(2) 直径の減少が公称径の8％のワイヤロープ

(3) エンドレスでないワイヤロープで、その両端にフック、シャックル、リング又はアイを備えていないもの

(4) 使用する際の安全係数が4となるフック

(5) リンクの断面の直径の減少が、製造されたときの当該直径の9％のつりチェーン

【問28】 移動式クレーンの自主検査及び点検に関する記述として、法令上、誤っているものは次のうちどれか。

(1) 1か月以内ごとに1回行う定期自主検査においては、コントローラーの異常の有無について検査を行わなければならない。

(2) 1か月をこえる期間使用せず、当該期間中に1か月以内ごとに1回行う定期自主検査を行わなかった移動式クレーンについては、その使用を再び開始した後1か月以内に、所定の事項について自主検査を行わなければならない。

(3) 1か月以内ごとに1回行う定期自主検査の結果の記録は、3年間保存しなければならない。

(4) 1年以内ごとに1回行う定期自主検査における荷重試験は、定格荷重に相当する荷重の荷をつって、つり上げ、旋回、走行等の作動を定格速度により行うものとする。

(5) 作業開始前の点検においては、クラッチの機能について点検を行わなければならない。

【問29】 つり上げ荷重 20t の移動式クレーンの検査に関する記述として、法令上、誤っているものは次のうちどれか。

(1) 製造検査における安定度試験は、定格荷重の 1.27 倍に相当する荷重の荷をつって、安定に関し最も不利な条件で地切りすることにより行うものとする。

(2) 使用検査においては、移動式クレーンの各部分の構造及び機能について点検を行うほか、荷重試験及び安定度試験を行うものとする。

(3) 性能検査における荷重試験は、定格荷重の 1.25 倍に相当する荷重の荷をつって、つり上げ、旋回、走行等の作動を行うものとする。

(4) 変更検査においては、移動式クレーンの各部分の構造及び機能について点検を行うほか、荷重試験及び安定度試験を行うものとする。

(5) 使用再開検査を受ける者は、移動式クレーンを検査しやすい位置に移さなければならない。

【問30】移動式クレーン運転士免許及び免許証に関する次のAからEの記述について、法令上、正しいもののみを全て挙げた組合せは（1）～（5）のうちどれか。

A 免許に係る業務に従事するときは、当該業務に係る免許証を携帯しなければならない。ただし、屋外作業等、作業の性質上、免許証を滅失するおそれのある業務に従事するときは、免許証に代えてその写しを携帯することで差し支えない。

B 免許に係る業務に現に就いている者は、免許証を滅失したときは、免許証の再交付を受けなければならない。ただし、当該免許証の写し及び事業者による当該免許証の所持を証明する書面を携帯するときは、この限りでない。

C 故意により、免許に係る業務について重大な事故を発生させたときは、免許の取消し又は効力の一時停止の処分を受けることがある。

D 免許の取消しの処分を受けた者は、遅滞なく、免許の取消しをした都道府県労働局長に免許証を返還しなければならない。ただし、当該免許証に移動式クレーン運転士免許と異なる種類の免許に係る事項が記載され、かつ、当該免許に係る業務に現に就いているときは、この限りでない。

E 労働安全衛生法違反により免許を取り消され、その取消しの日から起算して1年を経過しない者は、免許を受けることができない。

(1) A，B，C，D，E
(2) A，B，D
(3) B，C，E
(4) C，D，E
(5) C，E

次の科目の免除者は問31～問40は解答しないでください。

〔移動式クレーンの運転のために必要な力学に関する知識〕

【問31】力に関する記述として、適切でないものは次のうちどれか。
(1) 力の三要素とは、力の大きさ、力の向き及び力の作用点をいう。
(2) 一直線上に作用する互いに逆を向く二つの力の合力の大きさは、その二つの力の大きさの差で求められる。
(3) 小さな物体の1点に大きさが異なり向きが一直線上にない二つの力が作用して物体が動くとき、その物体は大きい力の方向に動く。
(4) 力を図で表す場合、力の作用点から力の向きに力の大きさに比例した長さの直線を引き、力の向きを矢印で示す。
(5) ナットをスパナで締め付けるとき、スパナの柄の端部を握って締め付けるよりも、柄の中央部を握って締め付ける方が大きな力を必要とする。

【問32】 図のような天びん棒で荷Wをワイヤロープでつり下げ、つり合うとき、天びん棒を支えるための力Fの値は (1) ～ (5) のうちどれか。

　　ただし、重力の加速度は 9.8m/s² とし、天びん棒及びワイヤロープの質量は考えないものとする。

(1)　 49 N
(2)　196 N
(3)　245 N
(4)　392 N
(5)　441 N

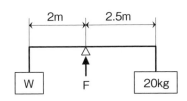

【問33】 物体の質量及び比重に関する記述として、適切でないものは次のうちどれか。

(1) 銅の比重は、約 8.9 である。

(2) 物体の体積をV、その単位体積当たりの質量をdとすれば、その物体の質量Wは、W＝V×d で求められる。

(3) アルミニウム、鋼、鉛及び木材を比重の大きい順に並べると、「鉛、鋼、アルミニウム、木材」となる。

(4) 形状が立方体で均質な材料でできている物体では、縦、横、高さ3辺の長さがそれぞれ2分の1になると質量は4分の1になる。

(5) 平地でも高い山においても、同一の物体の質量は変わらない。

【問34】 均質な材料でできた固体の物体の重心に関する記述として、適切なものは次のうちどれか。

(1) 円柱の重心の位置は、円柱の上面と底面の円の中心を結んだ線分の円柱の底面からの高さが2分の1の位置にある。

(2) 直方体の物体の置き方を変える場合、重心の位置が低くなるほど安定性は悪くなる。

(3) 重心が物体の外部にある物体は、置き方を変えると重心が物体の内部に移動する場合がある。

(4) 複雑な形状の物体の重心は、二つ以上の点になる場合があるが、重心の数が多いほどその物体の安定性は良くなる。

(5) 水平面上に置いた直方体の物体を傾けた場合、重心からの鉛直線がその物体の底面を通るときは、その物体は元の位置に戻らないで倒れる。

【問 35】 物体の運動に関する記述として、適切でないものは次のうちどれか。

(1) 外から力が作用しない限り、静止している物体が静止の状態を、また、運動している物体が同一の運動の状態を続けようとする性質を慣性という。

(2) 物体が一定の加速度で加速し、その速度が 10 秒間に 10m/s から 35m/s になったときの加速度は、25m/s² である。

(3) 運動している物体の運動の方向を変えるのに要する力は、物体の質量が大きいほど大きくなる。

(4) 等速直線運動をしている物体の移動した距離を L、その移動に要した時間を T とすれば、その速さ V は、V = L/T で求められる。

(5) 物体が円運動をしているとき、遠心力は、向心力（求心力）に対して力の大きさが等しく方向が反対である。

【問 36】 移動式クレーンに使用される鉄鋼材料（以下、本問において「材料」という。）の強さ、応力、変形などに関する記述として、適切でないものは次のうちどれか。

(1) 引張試験において、材料の試験片を材料試験機に取り付けて静かに引張荷重をかけると、加えられた荷重に応じて試験片に変形が生じるが、荷重の大きさが「応力－ひずみ線図」における比例限度以内であれば、荷重を取り除くと、試験片は荷重が作用する前の形状（原形）に戻る。

(2) 繰返し荷重が作用するとき、比較的小さな荷重であっても機械などが破壊することがあり、このような現象を疲労破壊という。

(3) 材料に荷重をかけると、材料の内部にはその荷重に抵抗し、つり合いを保とうとする内力が生じる。

(4) 材料が圧縮荷重を受けたときに生じる応力を圧縮応力という。

(5) 引張応力は、材料に作用する引張荷重を材料の表面積で割って求められる。

【問 37】 荷重に関する記述として、適切でないものは次のうちどれか。

(1) 移動式クレーンのフックには、引張荷重と曲げ荷重がかかる。

(2) 移動式クレーンのシーブを通る巻上げ用ワイヤロープには、圧縮荷重とせん断荷重がかかる。

(3) 移動式クレーンの巻上げドラムには、曲げ荷重とねじり荷重がかかる。

(4) 荷を巻き下げているときに急制動すると、玉掛け用ワイヤロープには衝撃荷重がかかる。

(5) 片振り荷重と衝撃荷重は、動荷重である。

【問38】 図AからDのとおり、同一形状で質量が異なる4つの荷を、それぞれ同じ長さの2本の玉掛け用ワイヤロープを用いて、それぞれ異なるつり角度でつり上げるとき、1本のワイヤロープにかかる張力の値が大きい順に並べたものは (1) ～ (5) のうちどれか。

ただし、いずれも荷の左右のつり合いは取れており、左右のワイヤロープの張力は同じとし、ワイヤロープの質量は考えないものとする。

張力

大 → 小

(1) A B C D
(2) A C B D
(3) B A D C
(4) C A D B
(5) D B A C

A	B	C	D
30°	60°	90°	120°
6 t	4 t	5 t	3 t

【問39】 物体に働く摩擦力に関する記述として、適切でないものは次のうちどれか。
(1) 円柱状の物体を動かす場合、転がり摩擦力は滑り摩擦力に比べると大きい。
(2) 物体に働く最大静止摩擦力は、運動摩擦力より大きい。
(3) 運動摩擦力の大きさは、物体の接触面に作用する垂直力の大きさに比例するが、接触面積には関係しない。
(4) 他の物体に接触し、その接触面に沿う方向の力が作用している物体が静止しているとき、接触面に働いている摩擦力を静止摩擦力という。
(5) 最大静止摩擦力の大きさは、静止摩擦係数に比例する。

【問40】 図のような組合せ滑車を用いて質量Wの荷を980Nの力Fでつり上げ、つり合っているとき、荷の質量Wの値は (1) ～ (5) のうちどれか。

ただし、重力の加速度は9.8m/s²とし、滑車及びワイヤロープの質量並びに摩擦は考えないものとする。
(1) 200kg
(2) 300kg
(3) 400kg
(4) 600kg
(5) 800kg

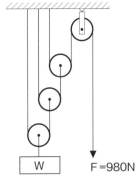

W   F =980N

◆正解一覧

問題	正解	チェック			
〔移動式クレーンに関する知識〕					
問1	(1)				
問2	(5)				
問3	(1)				
問4	(2)				
問5	(4)				
問6	(4)				
問7	(3)				
問8	(2)				
問9	(3)				
問10	(2)				
小計点					

問題	正解	チェック			
〔関係法令〕					
問21	(1)				
問22	(3)				
問23	(4)				
問24	(5)				
問25	(4)				
問26	(3)				
問27	(5)				
問28	(2)				
問29	(3)				
問30	(5)				
小計点					

問題	正解	チェック			
〔原動機及び電気に関する知識〕					
問11	(3)				
問12	(4)				
問13	(1)				
問14	(2)				
問15	(1)				
問16	(2)				
問17	(4)				
問18	(5)				
問19	(5)				
問20	(3)				
小計点					

問題	正解	チェック			
〔移動式クレーンの運転のために必要な力学に関する知識〕					
問31	(3)				
問32	(5)				
問33	(4)				
問34	(1)				
問35	(2)				
問36	(5)				
問37	(2)				
問38	(4)				
問39	(1)				
問40	(5)				
小計点					

合計点	1回目	/40
	2回目	/40
	3回目	/40
	4回目	/40
	5回目	/40

◆解説

〔移動式クレーンに関する知識〕

【問1】**(1)** が適切。⇒1章1節 _ 2．移動式クレーンの用語（P. 8）参照

  (2) 作業半径とは、<u>旋回中心から、フックの中心より下ろした鉛直線までの水平距離</u>〔ジブフートピンからジブポイントまでの距離 ✕〕のこと。

  (3) 定格速度とは、<u>定格荷重</u>〔つり上げ荷重 ✕〕に相当する荷重の荷をつって、つり上げ、旋回などの作動を行う場合の、それぞれの最高の速度をいう。

  (4) ジブの起伏とは、ジブが取り付けられたピンを支点として傾斜角を変える運動をいい、傾斜角を変える運動には、起伏シリンダの作動によるものと、<u>起伏用</u>〔巻上げ用 ✕〕ワイヤロープの巻取り、巻戻しによるものがある。

  (5) ジブ長さ、ジブの傾斜角に応じてフック、グラブバケット等のつり具を有効に上下させることができる上限と下限との水直距離を揚程といい、総揚程とは、地面から上の揚程（地上揚程）と下の揚程（地下揚程）を合わせたものをいう。

【問2】**(5)** が不適切。⇒1章2節 _ 1．トラッククレーン（P.13）参照

  (5)「PTO」(Power Take of) とは原動機から動力を取り出す装置を指す。クレーン作動は、走行用原動機から P.T.O を介して油圧装置により行われる。

【問3】**(1)** が不適切。⇒1章3節 _ 1．下部走行体（P.17）参照

  (1) 平均接地圧（kPa 又は kN/m²）は、一般に、全装備質量〔から運転士、燃料、潤滑油及び冷却水の質量を除いた質量（ t ）✕〕に 9.8 (m/s²) を掛けた数値を、クローラベルトの接地する総面積（m²）で割ったもので表される。

【問4】**(2)** が不適切。⇒1章3節 _ 2．上部旋回体（P.20）参照

  (2) 巻上げドラムのロック機構には、一般に、<u>ラチェット</u>〔ウォーム歯車 ✕〕が用いられている。

【問5】**(4)** が不適切。⇒1章3節 _ 2．上部旋回体（P.20）参照

  (4) トラス（ラチス）構造ジブのクローラクレーンの旋回フレームには、<u>ジブ以外のくい打ちリーダ用キャッチフォーク等を</u>〔補助ジブを使用する際に ✕〕取り付けるための補助ブラケットが装備されているものがある。

【問6】**(4)** が適切。⇒1章3節 _ 3．フロントアタッチメント（P.23）参照

  (1) 箱形構造ジブには、2段目、3段目、4段目と順番に伸縮する順次伸縮方式のほかに、<u>2段目、3段目、4段目が同時に伸縮する同時伸縮方式</u>がある。

(2) ジブ倒れ止め装置（ジブバックストップ）は、ジブが後ろへ倒れるときの全質量を受けるためのものではない。また一般に、トラス（ラチス）構造〔箱形構造 ✕〕ジブに装備されている。

(3) 上部ブライドルと下部ブライドルの滑車を通して両ブライドルを接続するのはジブ起伏ワイヤロープ〔ペンダントロープ ✕〕。

(5) タグラインは、グラブバケット等が振れたり回転したりするのを制御するためのものである。

【問7】(3) が不適切。⇒1章4節 _ 2．ワイヤロープのより方（P.27）参照
(3) フィラー形29本線6よりロープ心入りは、「IWRC 6 × Fi（29）」〔「IWRC29 × Fi（6）」✕〕と表示される。

【問8】(2) が不適切。⇒1章5節 _ 移動式クレーンの安全装置等（P.30〜）参照
(2) 油圧回路の逆止め弁〔安全弁 ✕〕は、起伏シリンダへの油圧ホースが破損した場合に、油圧回路内の油圧の急激な低下によるつり荷の落下を防止するための装置である。

安全弁は、回路内の油圧が設定圧力になった場合に、圧油を油タンクに戻し、常に回路内の油圧を設定圧力以上にならないようにするものである。

【問9】(3) B、C、D が適切。
⇒1章6節 _ 移動式クレーンの取扱い（P.33〜）参照
A　クローラクレーンは、ジブ長さと作業半径に応じて、全周共通の定格総荷重で作業ができる。
E　荷に引っかかって荷崩れが起きるおそれがあるため、絶対にクレーンで玉掛け用ワイヤロープを引き抜いてはならない。

【問10】(2) A、C ⇒1章6節 _ 2．定格総荷重表の見方（P.34）参照
移動式クレーンの定格総荷重は、作業半径の小さい範囲では機体の強度により規定されている。したがって、選択肢の組み合わせのうち表の境界線より上（作業半径が小さい）の欄を指しているものを選ぶ。選択肢 B と D はともに「機体の安定」によって定められた荷重の値のため、不適切。

【問11】(3) が適切。⇒2章1節_1. 原動機（P.41）、

2. ディーゼルエンジンの作動（P.42）参照

(1) ディーゼルエンジンは、空気の圧縮による自己着火により燃料を燃焼させる。電気火花による着火はガソリンエンジンの燃焼方法。

(2) 4サイクルエンジンは、<u>高温高圧</u>〔常温常圧 ✕〕の空気の中に高温高圧の軽油や重油を噴射して燃焼させる。

(4) 4サイクルエンジンは、クランク軸が<u>2回転</u>〔1回転 ✕〕するごとに1回の動力を発生する。

(5) 4サイクルエンジンの排気行程において、吸気バルブは閉じている。

【問12】(4) が適切。

⇒2章1節_4. ディーゼルエンジンの構造と機能（P.43）参照

(1) レギュレータは、<u>電圧調整器</u>〔交流式直流出力発電機 ✕〕と呼ばれ、各電気装置に電力を供給するものである。交流式直流出力発電機はオルタネータのことを指す。

(2) & (3)

「保護金属管の中にヒートコイルが組み込まれ、これに電流が流れることで副室内を加熱するもの」は<u>グロープラグ</u>についての記述。一方、「直接噴射式エンジンのマニホールドの吸気通路に取り付けられ、発熱体に電流が流れることで吸気を均一に加熱するもの」は<u>電熱式エアヒータ</u>についての記述。

(5) ディーゼルエンジンは、圧縮力が大きく始動クランキングのトルクが著しく大きいので、バッテリは<u>12V</u>〔24 V ✕〕を2個直列に接続して<u>24V</u>〔48V ✕〕を用いることが多い。

【問13】(1) 9N ⇒2章2節_2. 油圧装置の原理（P.49）参照

- パスカルの原理により、示された数値を式に当てはめてみる。

ピストンの断面積＝半径×半径×3.14（π）

⇒ピストンAの断面積＝ 0.5cm × 0.5cm × 3.14 ＝ 0.785（cm²）

⇒ピストンBの断面積＝ 1.5cm × 1.5cm × 3.14 ＝ 7.065（cm²）

$$\frac{\text{Aの圧力}}{0.785 \text{（cm}^2\text{）}} = \frac{81 \text{（N）}}{7.065 \text{（cm}^2\text{）}}$$

$$\text{Aの圧力} = 0.785 \times \frac{81}{7.065} = \mathbf{9 \text{（N）}}$$

【問14】（2）が不適切。⇒2章2節 _ 5．油圧駆動装置（P.54）参照

(2) ラジアル形プランジャモータは、プランジャが回転軸と<u>直角方向</u>〔同一方向 ×〕に配列されている。回転軸と同一方向に配列されているのは<u>アキシャル形</u>。

【問15】（1）が適切。⇒2章2節 _ 6．油圧制御弁（P.55）参照

(2) リリーフ弁は、油圧回路の油圧が設定した圧力<u>以上</u>〔以下 ×〕になるのを防ぐために用いられる。安全弁ともいう。

(3) <u>方向切換弁</u>〔シーケンス弁 ×〕は、油の流れの方向を切り換えて油圧シリンダの運動方向を変えるために用いられる。

(4) カウンタバランス弁は、一方向の流れには設定された背圧を与えて流量を制御し、<u>逆方向の流れを自由に</u>〔逆方向には流れないように ×〕するものである。

(5) 絞り弁は、流量調整ハンドルを操作することで、絞り部の開きを変えて流量の調整を行う。また、油圧の調整は行わない。

【問16】（2）が不適切。⇒2章2節 _ 7．付属機器等（P.56）、

8．配管類（P.58）参照

(2) アキュムレータは、シェル内をゴム製の隔壁（ブラダ）などにより油室とガス室に分け、ガスの圧縮性により作動油の油圧を調整する部品であるが、エアブリーザは備えられていない。エアブリーザが備えられている機器は作動油タンク。

【問17】（4）が不適切。⇒2章2節 _10．油圧装置の保守（P.60）参照

(4) 油圧ポンプの点検項目としては、ポンプを<u>作動させた</u>〔停止した ×〕状態での異音及び発熱の有無、接合部及びシール部の油漏れの有無の検査などが挙げられる。

【問18】（5）が不適切。⇒2章2節 _ 9．作動油の性質（P.60）参照

(5) 一般に用いられる作動油の比重は、<u>0.85 ～ 0.95</u>〔1.85 ～ 1.95 ×〕程度である。油は水に浮く性質のため、比重は1より小さくなる。

【問19】（5）が不適切。⇒2章3節 _ 1．電気の種類（電流）（P.63）参照

(5) 発電所から消費地の変電所や開閉所などへの送電には、電力の損失を少なくするため、<u>特別高圧（7,000V 超）</u>〔6600 V ×〕の交流が使用されている。

【問20】**(3) が適切。**⇒2章3節 _ 7．絶縁（P.69）参照

	導体	絶縁体
(1)	アルミニウム	海水 ⇒ 導体
(2)	空気 ⇒ 絶縁体	鋳鉄 ⇒ 導体
(3)	ステンレス	大理石
(4)	銅	黒鉛 ⇒ 導体
(5)	雲母 ⇒ 絶縁体	ガラス

〔関係法令〕

【問21】**(1) が誤り。**⇒3章1節 _ 3．使用検査（P.77）参照

(1) 移動式クレーンを輸入した者は、使用検査〔製造検査 ✕〕を受けなければ
ならない。

【問22】**(3) が誤り。**⇒3章2節 _ 7．特別の教育及び就業制限（P.79）参照

(3) 移動式クレーンの運転の業務に係る特別の教育の受講で、つり上げ荷重 2.9 t
の積載形トラッククレーンの運転の業務に就くことはできない〔ができる ✕〕。
特別の教育により運転可能なのは、つり上げ荷重 1 t 未満の移動式クレーン。

【問23】**(4) が誤り。**⇒3章5節 _ 2．休止の報告（P.86）参照

(4) 移動式クレーンを設置している者が、移動式クレーンの使用を休止しよう
とする場合において、その休止しようとする期間が検査証の有効期間を経過
した後にわたるときは、当該検査証の有効期間中に〔有効期間満了後 10 日以
内に ✕〕その旨を所轄労働基準監督署長に報告しなければならない。

【問24】**(5)**　⇒3章2節 _ 9．傾斜角の制限（P.79）参照

「事業者は、移動式クレーンについては、移動式クレーン明細書に記載され
ているジブの傾斜角（つり上げ荷重が 3 t 未満の移動式クレーンにあっては、
これを製造した者が指定したジブの傾斜角）の範囲をこえて使用してはなら
ない。」

【問25】**(4) が誤り。**⇒3章2節 _ 4．安全弁の調整（P.78）参照

(4) 油圧を動力として用いる移動式クレーンの安全弁については、原則として、
最大の定格荷重〔つり上げ荷重 ✕〕に相当する荷重をかけたときの油圧に相
当する圧力以下で作用するように調整しておかなければならない。

【問 26】 (3) が誤り。⇒ 3 章 2 節 _ 13. 運転の合図（P.80）参照

(3)「合図を行う者」について、特に必要な資格は定められていない。

【問 27】 (5) が使用可能。⇒ 3 章 6 節 _ 玉掛け（P.87 ～）参照

(1) ワイヤロープ 1 よりの間において素線（フィラ線を除く。以下同じ。）の数の 11％〔10％以上 ✕〕の素線が切断したワイヤロープ

(2) 直径の減少が公称径の 8％〔7％をこえる ✕〕のワイヤロープ

(3) エンドレスでないワイヤロープで、その両端にフック、シャックル、リング又はアイを備えていないものは使用できない。

(4) 使用する際の安全係数が 4〔5 未満 ✕〕となるフック

【問 28】 (2) が誤り。⇒ 3 章 3 節 _ 定期自主検査等（P.83）参照

(2) 1 か月をこえる期間使用せず、当該期間中に 1 か月以内ごとに 1 回行う定期自主検査を行わなかった移動式クレーンについては、その使用を再び開始する際に〔した後 1 か月以内に ✕〕、所定の事項について自主検査を行わなければならない。

【問 29】 (3) が誤り。⇒ 3 章 4 節 _ 性能検査（P.84）参照

(3) 性能検査における荷重試験は、定格荷重に〔定格荷重の 1.25 倍に ✕〕相当する荷重の荷をつって、つり上げ、旋回、走行等の作動を定格速度により行うものとする。

【問 30】 (5) C、E が正しい。

⇒ 3 章 7 節 _ 移動式クレーンの運転士免許（P.93）参照

A　免許に係る業務に従事するときは、これに係る免許証その他その資格を証する書面を携帯していなければならない。免許証の写し等は不可。

B　免許に係る業務に現に就いている者は、免許証を滅失したときは、免許証の再交付を受けなければならない。免許証の写しや免許証以外の書面等の携帯は認められない。

D　免許の取消しの処分を受けた者は、遅滞なく、免許の取消しをした都道府県労働局長に免許証を返還しなければならない。ただし、当該免許証に移動式クレーン運転士免許と異なる種類の免許に係る事項が記載されているときは、当該免許証から当該取消しに係る免許に係る事項を抹消して、免許証の再交付を受けなければならない。

〔移動式クレーンの運転のために必要な力学に関する知識〕

【問31】(3) が不適切。⇒4章2節 _ 4．力の合成（P.100）参照

(3) 小さな物体の1点に大きさが異なり向きが一直線上にない二つの力が作用して物体が動くとき、その物体は合力〔大きい力 ×〕の方向に動く。

【問32】(5) 441N ⇒4章2節 _ 7．力のつり合い（P.103）参照

- 天秤棒の支点Fを中心とした力のつり合いを考える。
- つり合いの条件
  左回りのモーメント M_1
  ＝右回りのモーメント M_2
  M_1 （$W \times 2\,m$）$= M_2$ （$20kg \times 2.5m$）
  $2W = 50$ ⇒ $W = 50 \div 2$
  $W = 25kg$
  $F = W$ （25kg）＋ 20kg ＝ 45kg
- kg ⇒ Nに変換。
  $45kg \times 9.8m/s^2 = $ **441N**

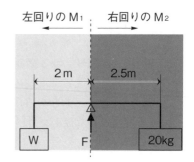

左回りの M_1　右回りの M_2

2 m　2.5m

W　F　20kg

【問33】(4) が不適切。⇒4章3節 _ 3．体積（P.108）参照

(4) 形状が立方体で均質な材料でできている物体では、縦、横、高さ3辺の長さがそれぞれ2分の1になると質量は8分の1〔4分の1 ×〕になる。

【問34】(1) が適切。⇒4章3節 _ 4．重心（P.109）、
5．物体の安定〈座り〉（P.112）参照

(2) 直方体の物体の置き方を変える場合、重心の位置が低くなるほど安定性は良くなる〔悪くなる ×〕。

(3) 物体の位置や置き方を変えても重心の位置は変わらない。

(4) 物体の中心は常に1つの点である。

(5) 水平面上に置いた直方体の物体を傾けた場合、重心からの鉛直線がその物体の底面を外れた〔通る ×〕ときは、その物体は元の位置に戻らないで倒れる。

【問35】(2) が不適切。⇒4章4節 _ 1．運動（P.113）参照

(2) 物体が一定の加速度で加速し、その速度が10秒間に10m/sから35m/sになったときの加速度は、2.5〔25 ×〕m/s² である。

- 加速度＝ $\dfrac{35m/s - 10m/s}{10\ s\ (秒)} = \dfrac{25m/s}{10\ s\,(秒)} = $ **2.5m/s²**

【問 36】(5) が不適切。⇒ 4 章 5 節 ＿ 2．応力（P.122）参照

(5) 引張応力は、材料に作用する引張荷重を材料の<u>断面積</u>〔表面積 ✕〕で割って求められる。

- 応力 ＝ $\dfrac{部材に作用する荷重}{部材の断面積}$ （N/mm^2）

【問 37】(2) が不適切。⇒ 4 章 5 節 ＿ 1．荷重（P.119）参照

(2) 移動式クレーンのシーブを通る巻上げ用ワイヤロープには、<u>引張荷重と曲げ荷重</u>〔圧縮荷重とせん断荷重 ✕〕がかかる。

【問 38】(4) Ｃ＞Ａ＞Ｄ＞Ｂ　⇒ 4 章 6 節 ＿ 2．つり角度（P.125）参照

- ワイヤロープ 1 本にかかる張力 ＝ $\dfrac{つり荷の質量}{つり本数}$ ×9.8m/s^2×張力係数

- 張力係数　⇒　<u>30℃＝1.04、60℃＝1.16、90℃＝1.41、120℃＝2.0</u>

$A = \dfrac{6\,t}{2\,（本）} \times 9.8\text{m/s}^2 \times 1.04 = 30.576\text{kN}$

$B = \dfrac{4\,t}{2\,（本）} \times 9.8\text{m/s}^2 \times 1.16 = 22.736\text{kN}$

$C = \dfrac{5\,t}{2\,（本）} \times 9.8\text{m/s}^2 \times 1.41 = 34.545\text{kN}$

$D = \dfrac{3\,t}{2\,（本）} \times 9.8\text{m/s}^2 \times 2.0 = 29.4\text{kN}$

＝ <u>C（34.545kN）＞ A（30.576kN）＞ D（29.4kN）＞ B（22.736kN）</u>

【問 39】(1) が不適切。⇒ 4 章 4 節 ＿ 2．摩擦力（P.117）参照

(1) 円柱状の物体を動かす場合、転がり摩擦力は滑り摩擦力に比べると<u>小さい</u>〔大きい ✕〕。

【問40】（5）800kg　⇒4章7節 _ 3．組合せ滑車（P.130）参照

- 図ではロープの端が別の動滑車につられている。荷の質量は1つめの動滑車によりW/2⇒2つめでW/4⇒3つめでW/8となる。

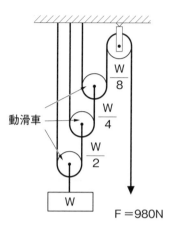

- 次の公式により求めることができる

$$F = \frac{\text{質量} \times 9.8\text{m/s}^2}{2^n \ (n = \text{動滑車の数})}$$

F = 980N

$$980\text{N} = \frac{\text{荷の質量 W} \times 9.8\text{m/s}^2}{2^3 \ (n = \text{動滑車の数})}$$

$$980\text{N} = \frac{9.8\text{W}}{2^3} = \frac{9.8\text{W}}{8}$$

$$980 = 1.225\text{W}$$

$$W = \frac{980}{1.225}$$

$$W = 800 = \underline{\textbf{800kg}}$$

〔移動式クレーンに関する知識〕

【問1】 移動式クレーンに関する用語の記述として、適切なものは次のうちどれか。

(1) つり上げ荷重とは、アウトリガーを有する移動式クレーンにあっては、当該アウトリガーを最大限に張り出し、ジブ長さを最長に、傾斜角を最小にしたときに負荷させることができる最大の荷重をいい、フックなどのつり具分が含まれる。

(2) 作業半径とは、ジブフートピンからジブポイントまでの距離をいい、ジブの傾斜角を変えると作業半径が変化する。

(3) 定格速度とは、定格荷重に相当する荷重の荷をつって、つり上げ、旋回などの作動を行う場合の、それぞれの最高の速度をいう。

(4) ジブの起伏とは、ジブが取り付けられたピンを支点として傾斜角を変える運動をいい、傾斜角を変える運動には、起伏シリンダの作動によるものと、巻上げ用ワイヤロープの巻取り、巻戻しによるものがある。

(5) 総揚程とは、ジブ長さを最長に、傾斜角を最大にしたときのつり具の上限位置と、ジブ長さを最短に、傾斜角を最小にしたときのつり具の上限位置との間の垂直距離をいう。

【問2】 移動式クレーンの種類、型式などに関する記述として、適切でないものは次のうちどれか。

(1) オールテレーンクレーンは、道路上での高速走行性と不整地での走行性を有している。

(2) 浮きクレーンは、長方形の箱形などの台船上にクレーン装置を搭載した型式のもので、船体型式には自航式と非自航式があり、クレーン装置型式には旋回式と非旋回式がある。

(3) 積載形トラッククレーンのクレーン操作は、車両の側方で行う方式のものが多いが、安全面から、クレーン操作を離れた場所で行うことができるリモコン式やラジコン式の遠隔操作装置もある。

(4) ラフテレーンクレーンのキャリアには、通常、張出しなどの作動をラックピニオン方式で行うH形又はM形のアウトリガーが備え付けられている。

(5) つり上げ性能がおおむね10t以下のトラッククレーンの下部走行体には、通常の貨物運搬トラックのシャシを補強したものが用いられている。

【問3】 クローラクレーンに関する記述として、適切なものは次のうちどれか。

(1) クローラクレーン用下部走行体は、走行フレームの前方に起動輪、後方に遊動輪を配置してクローラベルトを巻いたもので、起動輪を駆動することにより走行する。

(2) クローラクレーン用下部走行体は、左右方向の安定を良くするため、起動輪の軸中心から遊動輪の軸中心までの距離を長くすることができる構造になっている。

(3) クローラベルトには、シューをリンクにボルトで取り付ける一体型と、シューをピンでつなぎ合わせる組立型がある。

(4) 平均接地圧（kPa 又は kN/m²）は、一般に、全装備質量（t）に 9.8（m/s²）を掛けた数値を、左右のクローラベルトの総面積（m²）で割ったもので表される。

(5) 全装備質量とは、作業装置を装着してクレーン作業を行うときのクローラクレーンの総質量に運転士、燃料、潤滑油、冷却水などを加えた質量をいう。

【問4】 移動式クレーンの巻上装置に関する記述として、適切でないものは次のうちどれか。

(1) 巻上げドラムは、巻上げ用ワイヤロープを巻き取る鼓状のもので、ワイヤロープが整然と巻けるように溝が付いているものが多い。

(2) 巻上げドラムのロック機構には、一般に、ウォーム歯車が用いられている。

(3) 巻上装置のクラッチは、巻上げドラムに回転を伝達したり遮断したりするものである。

(4) 巻上装置のブレーキには、クラッチドラム外側をブレーキバンドで締め付け、摩擦力で制動する構造のものがある。

(5) 巻上装置のブレーキは、一般に、作動時以外は常時ブレーキが効いている自動ブレーキ方式が用いられている。

【問5】 移動式クレーンの上部旋回体に関する記述として、適切でないものは次の
うちどれか。

(1) 上部旋回体は、旋回フレームと呼ばれる溶接構造の架台に巻上げ、起伏、
旋回などのクレーン装置を設置し、旋回支持体を介して下部走行体の上に架
装したものをいう。

(2) オールテレーンクレーンの上部旋回体の運転室には、クレーン操作装置が
装備されている。

(3) トラス（ラチス）構造ジブのクローラクレーンのAフレームには、ジブ起
伏用のワイヤロープを段掛けする下部ブライドルが取り付けられている。

(4) トラス（ラチス）構造ジブのクローラクレーンの旋回フレームには、補助
ジブを使用する際に取り付けるための補助ブラケットが装備されているもの
がある。

(5) ボールベアリング式の旋回装置は、旋回モータの動力を減速機に伝え、旋
回ベアリングの旋回ギヤにかみ合っているピニオンを回転させて、上部旋回
体を旋回させる。

【問6】 移動式クレーンのフロントアタッチメントに関する記述として、適切なも
のは次のうちどれか。

(1) 主巻用フックブロックには、巻上用ワイヤロープの掛け数を変えることに
より、定格荷重を使い分けるようになっているものがある。

(2) 箱形構造ジブは、ジブの強度を確保するため、各段は同時に伸縮せず、必
ず2段目、3段目、4段目と順番に伸縮する構造となっている。

(3) ペンダントロープは、上部ブライドルと下部ブライドルの滑車を通して両
ブライドルを接続し、ジブを支えるワイヤロープである。

(4) ジブバックストップは、ジブの全質量を受け止めてジブが後方へ倒れるの
を防止する支柱で、箱形構造ジブに装備されている。

(5) フックの代わりにグラブバケットを装備するときは、バケットの開閉を行
うためのタグラインが必要である。

【問7】 ワイヤロープに関する記述として、適切なものは次のうちどれか。

(1) 「Sより」のワイヤロープは、ロープを縦にして見たとき、右上から左下へストランドがよられている。

(2) 心綱は、ストランドを構成する素線のうち、ストランドの中心にある素線をより合わせたロープの構成要素のことで、より線ともいう。

(3) フィラー形29本線6よりロープ心入りは、「IWRC 6 × Fi（29）」と表示される。

(4) ストランド6よりのワイヤロープの径の測定は、ワイヤロープの同一断面の外接円の直径を3方向から測定し、その最大値をとる。

(5) ワイヤロープをクリップ止めするときは、クリップのUボルトを引張側のワイヤロープに当て、クリップのナットをロープの端末側で締め付ける。

【問8】 移動式クレーンの安全装置などに関する記述として、適切でないものは次のうちどれか。

(1) 玉掛け用ワイヤロープの外れ止め装置は、フックから玉掛け用ワイヤロープが外れるのを防止するための装置である。

(2) 油圧回路の安全弁は、起伏シリンダへの油圧ホースが破損した場合に、油圧回路内の油圧の急激な低下によるつり荷の落下を防止するための装置である。

(3) 旋回中に挟まれる災害などを防止するための警報装置は、周囲の作業者に危険を知らせる装置であって、通常、そのスイッチは旋回操作レバーに取り付けられている。

(4) 巻過防止装置は、巻上げなどの作動時にフックブロックが上限の高さまで上がると、自動的にその作動を停止させる装置である。

(5) 作業領域制限装置は、ジブの起伏角度、作業半径、旋回角度などの作業可能範囲をあらかじめ設定し、範囲外への作動に対し自動的に停止させる装置である。

【問9】 移動式クレーンの取扱いに関する次のAからEの記述について、適切なもののみを全て挙げた組合せは（1）〜（5）のうちどれか。

A　クローラクレーンは、側方領域に比べ前方領域及び後方領域の定格総荷重が小さい。

B　箱形構造ジブの場合、ジブを伸ばすとフックブロックが巻上げの状態になるので、ジブの伸ばしに合わせて巻下げを行う。

C　トラックの荷台と運転室の間にクレーン装置を搭載した積載形トラッククレーンは、一般に、クレーン装置及びアウトリガーの取付け位置の関係から、後方領域が最も安定が良く、側方領域、前方領域と順に安定が悪くなる。

D　巻上げ操作による荷の横引きを行うときは、周囲に人がいないことを確認してから行う。

E　つり荷を下ろしたときに玉掛け用ワイヤロープが挟まり、手で抜けなくなった場合は、周囲に人がいないことを確認してから、移動式クレーンのフックの巻上げによって荷から引き抜く。

(1)　A，B，C

(2)　A，C，E

(3)　B，C

(4)　B，D，E

(5)　C，D

【問 10】 下に掲げる表は、一般的なラフテレーンクレーンのアウトリガー最大張
出しの場合における定格総荷重表を模したものであるが、定格総荷重表中に当
該ラフテレーンクレーンの強度（構造部材が破損するかどうか）によって定め
られた荷重の値と、機体の安定（転倒するかどうか）によって定められた荷重
の値の境界線が階段状の太線で示されている。

表 1 を用いて定格総荷重を求めるため、ジブ長さと作業半径の組合せを選
び出したものが表 2 であるが、この表 2 の A から D のジブ長さと作業半径に
よって定まる定格総荷重の値が、機体の強度によって定められた荷重の値で
あるもののみを全て挙げた組合せは (1) ～ (5) のうちどれか。

表1　ラフテレーンクレーン定格総荷重表

アウトリガー最大張出 (6.5 m)				〈全周〉
		ジブの長さ		
		9.35 m	16.4 m	23.45 m	30.5 m
作業半径	6.0 m	16.3	15.0	12.0	8.0
	6.5 m	15.1	15.0	11.5	8.0
	7.0 m	境界線	14.0	10.8	8.0
	8.0 m		11.3	9.6	8.0
	9.0 m		9.2	8.6	7.6
	10.0 m		7.5	7.6	6.9
	11.0 m		6.3	6.5	6.3
	12.0 m		5.35	5.5	5.6
	13.0 m		4.6	4.75	4.9

（単位：t）

表2
ジブ長さと作業半径の組合せ

	ジブ長さ	作業半径
A	9.35	6.0
B	16.4	9.0
C	23.45	8.0
D	30.5	13.0

（単位：m）

(1) A，B
(2) A，C
(3) B，C
(4) B，D
(5) C，D

【問 11】 エンジンに関する記述として、適切なものは次のうちどれか。

(1) ディーゼルエンジンやガソリンエンジンなどの内燃機関は、燃料の燃焼エネルギーを機械力に変える装置である。

(2) ディーゼルエンジンは、燃焼室に送った高温高圧の軽油や重油を電気火花によって着火、燃焼させて、ピストンを往復運動させる。

(3) エンジンは、吸入、燃焼、圧縮、排気の行程順の1循環で1回の動力を発生する。

(4) ディーゼルエンジンは、ガソリンエンジンに比べ、一般に、運転経費は安いが熱効率が悪い。

(5) 4サイクルエンジンは、クランク軸が1回転するごとに1回の動力を発生する。

【問 12】 移動式クレーンのディーゼルエンジンに取り付けられる補機、装置などに関する記述として、適切なものは次のうちどれか。

(1) 始動補助装置の電熱式エアヒータは、保護金属管の中にヒートコイルが組み込まれ、これに電流が流れることで副室内を加熱するものである。

(2) タイミングギヤは、クランク軸の後端に取り付けられたギヤで、エンジンの燃焼行程のエネルギーを一時的に蓄えてクランク軸の回転を円滑にするためのものである。

(3) ガバナは、エンジンの出力を増加させるなどのために、高い圧力の空気をシリンダ内に強制的に送り込む装置で、動力は排気の圧力により回転するタービン又はクランク軸から取る。

(4) エンジン停止装置には、燃料噴射ポンプへの燃料供給をカットする方式、空気の吸込みを停止する方式などがある。

(5) レギュレータは、交流式直流出力発電機と呼ばれ、各電気装置に電力を供給するものである。

【問 13】 油で満たされた二つのシリンダが連絡している図の装置で、ピストンA（直径2cm）に8Nの力を加えるとき、ピストンB（直径5cm）に加わる力は (1) ～ (5) のうちどれか。

(1) 16 N

(2) 20 N

(3) 25 N

(4) 40 N

(5) 50 N

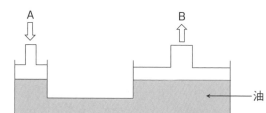

【問14】油圧発生装置の歯車ポンプの機構及び特徴に関する記述として、適切でないものは次のうちどれか。

(1) 歯車ポンプは、ケーシング内でかみ合う歯車によって、吸込み口から吸い込んだ油を吐出し口に押し出す機構である。

(2) 歯車ポンプには、内接形と外接形があり、移動式クレーンでは外接形が使用されている。

(3) 歯車ポンプは、簡単な構造でキャビテーションが発生しないため、ポンプ効率が良く、20〜30MPaの高圧が容易に得られる。

(4) 歯車ポンプは、プランジャポンプに比べて、小形で軽量である。

(5) 歯車ポンプは、プランジャポンプに比べて、故障が少なく保守が容易である。

【問15】油圧装置の油圧制御弁に関する記述として、適切でないものは次のうちどれか。

(1) リリーフ弁は、油圧回路の油圧が設定した圧力以上になるのを防ぐために用いられる。

(2) 絞り弁は、自動的に絞り部の開きを変えて流量及び油圧の調整を行うものである。

(3) パイロットチェック弁は、ある条件のときに逆方向にも流せるようにしたもので、アウトリガー油圧回路の配管破損時の垂直シリンダの縮小防止に用いられる。

(4) 逆止め弁は、所定の圧力に達すると、一方向には流れを通過させるが、逆方向への流れを止めてしまうものである。

(5) 方向切換弁は、油の流れの方向を切り換えるもので、油圧シリンダの運動方向などを変えるために用いられる。

【問16】油圧装置の付属機器に関する記述として、適切でないものは次のうちどれか。

(1) 作動油を発熱量が多い状況で使用する場合は、強制的に冷却するため、オイルクーラーが用いられる。

(2) ラインフィルタは、油圧回路を流れる作動油をろ過してごみを取り除くもので、圧力管路用のものと戻り管路用のものがある。

(3) 吸込みフィルタには、そのエレメントが金網式のものとノッチワイヤ式のものがある。

(4) エアブリーザは、作動油タンクに流入する作動油の衝撃圧の吸収及び圧油の脈動の減衰の機能を有する。

(5) 配管類の継手には密封性が要求されるので、ねじ継手、フランジ管継手、フレア管継手、くい込み継手などが使われる。

【問17】油圧装置の保守に関する次のAからEの記述について、適切でないもののみを全て挙げた組合せは（1）～（5）のうちどれか。

A　作動油中に異物が混入すると、異物が摺動面などにかみ込み、異常摩耗により金属粉などが更に発生し作動油中の異物となり傷を広げるため、結果として速度低下、圧力上昇不良、油漏れなどの原因となる。

B　油圧ポンプの点検項目としては、ポンプを停止した状態での異音及び発熱の有無、接合部及びシール部の油漏れの有無の検査などが挙げられる。

C　油圧配管系統の接続部は、特に緩みやすいので、圧油の漏れを6か月に1回程度点検する。

D　油圧配管系統の分解整備後、配管内に空気が残った場合は、ポンプの焼き付きを防止するため、油圧ポンプを全負荷運転し配管内の空気を除去する。

E　フィルタエレメントの洗浄は、一般的には、溶剤に長時間浸した後、ブラシ洗いをして、エレメントの内側から外側へ圧縮空気で吹く。

(1) A，B，C　　　　(2) A，E　　　　(3) B，C，D
(4) B，C，D，E　　(5) C，E

【問18】油圧装置の作動油に関する記述として、適切でないものは次のうちどれか。
(1) 作動油の温度が使用限界温度の上限より高くなると、潤滑性が悪くなるほか、劣化を促進する。
(2) 作動油の温度が使用限界温度の下限より低くなると、油の粘度が高くなり、ポンプの運転に大きな力が必要となる。
(3) 作動油は、運転中、高温で空気などに接し、かくはん状態で使用されるので酸化しやすい。
(4) 作動油の引火点は、180 ～ 240 ℃程度である。
(5) 一般に用いられる作動油の比重は、1.85 ～ 1.95 程度である。

【問19】電気に関する記述として、適切なものは次のうちどれか。
(1) 発電所から消費地の変電所や開閉所などへの送電には、電力の損失を少なくするため、特別高圧の交流が使用されている。
(2) 工場の動力用電源には、一般に、200 V級又は400 V級の単相交流が使用されている。
(3) 直流はAC、交流はDC と表される。
(4) 交流は、常に一定の方向に電流が流れる。
(5) 電力として配電される交流は、地域によらず、家庭用は 50Hz、工場の動力用は 60Hz の周波数で供給されている。

【問20】一般的に電気をよく通す導体及び電気を通しにくい絶縁体に区分される
　　　ものの組合せとして、適切なものは（1）〜（5）のうちどれか。

	導体	絶縁体
(1)	鋳鉄	海水
(2)	雲母	空気
(3)	鋼	黒鉛
(4)	ステンレス	鉛
(5)	アルミニウム	磁器

〔関係法令〕

【問21】つり上げ荷重4tの移動式クレーンの検査に関する記述として、法令上、
　　　正しいものは次のうちどれか。
　　(1) 使用検査は、所轄労働基準監督署長が行う。
　　(2) 性能検査は、原則として登録性能検査機関が行う。
　　(3) 移動式クレーンを輸入した者は、製造検査を受けなければならない。
　　(4) 移動式クレーンの原動機に変更を加えた者は、変更検査を受けなければな
　　　らない。
　　(5) 使用を廃止した移動式クレーンを再び使用しようとする者は、使用再開検
　　　査を受けなければならない。

【問22】次の文章はつり上げ荷重3t以上の移動式クレーンに係る法令条文である
　　　が、この文中の□内に入れるAからCの語句の組合せとして、正しいものは（1）
　　　〜（5）のうちどれか。
　　　　「移動式クレーンを設置している者が当該移動式クレーンについて、その使
　　　用をAしたとき、又はつり上げ荷重を3t未満に変更したときは、その者は、B、
　　　移動式クレーン検査証を所轄Cに返還しなければならない。」

	A	B	C
(1)	休止	10日以内に	労働基準監督署長
(2)	廃止	遅滞なく	都道府県労働局長
(3)	廃止	10日以内に	都道府県労働局長
(4)	廃止	遅滞なく	労働基準監督署長
(5)	休止	10日以内に	都道府県労働局長

【問 23】 移動式クレーンの運転（道路上を走行させる運転を除く。）及び玉掛けの業務に関する記述として、法令上、誤っているものは次のうちどれか。

(1) 移動式クレーン運転士免許で、つり上げ荷重 100t の浮きクレーンの運転の業務に就くことができる。

(2) 小型移動式クレーン運転技能講習の修了で、つり上げ荷重 4.9t のラフテレーンクレーンの運転の業務に就くことができる。

(3) 移動式クレーンの運転の業務に係る特別の教育の受講で、つり上げ荷重 2.9t の積載形トラッククレーンの運転の業務に就くことができる。

(4) 玉掛け技能講習の修了で、つり上げ荷重 50t のオールテレーンクレーンで行う 15t の荷の玉掛けの業務に就くことができる。

(5) 玉掛けの業務に係る特別の教育の受講で、つり上げ荷重 0.9t のホイールクレーンで行う 0.6t の荷の玉掛けの業務に就くことができる。

【問 24】 次の文章は移動式クレーンに係る法令条文であるが、この文中の□内に入れる A 及び B の語句の組合せとして、正しいものは (1) 〜 (5) のうちどれか。
「事業者は、移動式クレーンについては、移動式クレーン Ａ に記載されている Ｂ（つり上げ荷重が 3 t 未満の移動式クレーンにあっては、これを製造した者が指定した Ｂ）の範囲をこえて使用してはならない。」

	A	B
(1)	設置報告書	つり上げ荷重
(2)	設置報告書	定格荷重
(3)	明細書	ジブの傾斜角
(4)	検査証	定格速度
(5)	検査証	ジブの傾斜角

【問25】 移動式クレーンの使用に関する記述として、法令上、誤っているものは次のうちどれか。

(1) つり上げ荷重0.5t以上の移動式クレーンについては、厚生労働大臣が定める規格又は安全装置を具備したものでなければ使用してはならない。

(2) 移動式クレーンを用いて作業を行うときは、移動式クレーンの運転者及び玉掛けをする者が当該移動式クレーンの定格荷重を常時知ることができるよう、表示その他の措置を講じなければならない。

(3) 油圧を動力として用いる移動式クレーンの安全弁については、原則として、つり上げ荷重に相当する荷重をかけたときの油圧に相当する圧力以下で作用するように調整しておかなければならない。

(4) 地盤が軟弱であるため移動式クレーンが転倒するおそれのある場所においては、原則として、移動式クレーンを用いて作業を行ってはならない。

(5) 原則として、移動式クレーンにより、労働者を運搬し、又は労働者をつり上げて作業させてはならない。

【問26】 移動式クレーンに係る作業を行う場合における、つり上げられている荷の下への労働者の立入りに関する記述として、法令上、違反とならないものは次のうちどれか。

(1) つりチェーンを用いて2箇所に玉掛けをした荷がつり上げられているとき、つり上げられている荷の下へ労働者を立ち入らせた。

(2) つりクランプ1個を用いて玉掛けをした荷がつり上げられているとき、つり上げられている荷の下へ労働者を立ち入らせた。

(3) ハッカー2個を用いて玉掛けをした荷がつり上げられているとき、つり上げられている荷の下へ労働者を立ち入らせた。

(4) 動力下降以外の方法によって荷を下降させるとき、つり上げられている荷の下へ労働者を立ち入らせた。

(5) 複数の荷が一度につり上げられている場合であって、当該複数の荷が結束され、箱に入れられる等により固定されていないとき、つり上げられている荷の下へ労働者を立ち入らせた。

【問27】つり上げ荷重 20t の移動式クレーンの検査に関する記述として、法令上、誤っているものは次のうちどれか。

(1) 製造検査においては、移動式クレーンの各部分の構造及び機能について点検を行うほか、荷重試験及び安定度試験を行うものとする。

(2) 使用検査を受ける者は、移動式クレーンを検査しやすい位置に移さなければならない。

(3) 性能検査においては、移動式クレーンの各部分の構造及び機能について点検を行うほか、荷重試験を行うものとする。

(4) 変更検査における荷重試験は、定格荷重に相当する荷重の荷をつって、つり上げ、旋回、走行等の作動を定格速度により行うものとする。

(5) 使用再開検査における安定度試験は、定格荷重の 1.27 倍に相当する荷重の荷をつって、安定に関し最も不利な条件で地切りすることにより行う。

【問28】移動式クレーンの自主検査及び点検に関する記述として、法令上、正しいものは次のうちどれか。

(1) 1 か月以内ごとに 1 回行う定期自主検査においては、ブレーキの異常の有無について検査を行わなければならない。

(2) 1 か月をこえる期間使用せず、当該期間中に 1 か月以内ごとに 1 回行う定期自主検査を行わなかった移動式クレーンについては、その使用を再び開始した後 1 か月以内に、所定の事項について自主検査を行わなければならない。

(3) 1 年以内ごとに 1 回行う定期自主検査においては、つり上げ荷重に相当する荷重の荷をつって行う荷重試験を実施しなければならない。

(4) 定期自主検査を行った場合は、移動式クレーン検査証にその結果を記載しなければならない。

(5) 作業開始前の点検を行い、異常を認めたときは、その日の作業開始後、遅滞なく補修しなければならない。

【問29】次のうち、法令上、移動式クレーンの玉掛用具として使用禁止とされていないものはどれか。

(1) 伸びが製造されたときの長さの 6 ％のつりチェーン

(2) ワイヤロープ 1 よりの間において素線（フィラ線を除く。以下同じ。）の数の 11 ％の素線が切断したワイヤロープ

(3) エンドレスでないワイヤロープで、その両端にフック、シャックル、リング又はアイを備えていないもの

(4) 使用する際の安全係数が 4 となるシャックル

(5) 直径の減少が公称径の 6 ％のワイヤロープ

【問30】次の文章は移動式クレーン運転士免許証に係る法令条文を抜粋したものであるが、この文中の□内に入れるA及びBの語句の組合せとして、正しいものは（1）〜（5）のうちどれか。

　「労働安全衛生法違反により免許の取消しの処分を受けた者は、Ａ、免許の取消しをしたＢに免許証を返還しなければならない。」

	A	B
(1)	ただちに	労働基準監督署長
(2)	遅滞なく	都道府県労働局長
(3)	遅滞なく	労働基準監督署長
(4)	処分を受けた日から起算して30日以内に	都道府県労働局長
(5)	取消しの日から起算して1年を経過しない間に	都道府県労働局長

次の科目の免除者は問31〜問40は解答しないでください。

〔移動式クレーンの運転のために必要な力学に関する知識〕

【問31】力に関する記述として、適切でないものは次のうちどれか。
　(1) 力の三要素とは、力の大きさ、力の向き及び力の作用点をいう。
　(2) 力の作用と反作用とは、同じ直線上で作用し、大きさが等しく、向きが反対である。
　(3) 一直線上に作用する互いに逆を向く二つの力の合力の大きさは、その二つの力の大きさの差で求められる。
　(4) 小さな物体の1点に大きさが異なり向きが一直線上にない二つの力が作用して物体が動くとき、その物体は大きい力の方向に動く。
　(5) 力のモーメントの大きさは、力の大きさと、回転軸の中心から力の作用線に下ろした垂線の長さの積で求められる。

【問32】図のような「てこ」において、A点に力を加えて、B点の質量60kgの荷をワイヤロープによりつるとき、必要な力Pの値は（1）〜（5）のうちどれか。
　　ただし、重力の加速度は9.8m/s²とし、「てこ」及びワイヤロープの質量は考えないものとする。
　(1) 115 N
　(2) 147 N
　(3) 196 N
　(4) 235 N
　(5) 294 N

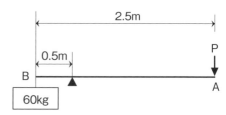

【問33】 下記に掲げるAからDの物体の体積を求める計算式として、適切なもののみを全て挙げた組合せは (1) ~ (5) のうちどれか。

　　　　ただし、πは円周率とする。

形状名称	立体図形	体積計算式
A　円柱	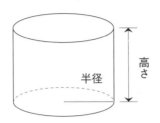	半径^2×π×高さ×$\dfrac{1}{2}$
B　三角柱	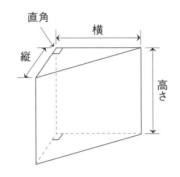	縦×横×高さ×$\dfrac{1}{2}$
C　球		直径^3×π×$\dfrac{4}{3}$
D　円錐体	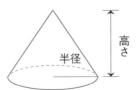	半径^2×π×高さ×$\dfrac{1}{3}$

(1)　A，B
(2)　A，C
(3)　B，C
(4)　B，D
(5)　C，D

【問34】 均質な材料でできた固体の物体の重心に関する記述として、適切なものは次のうちどれか。

(1) 円柱の重心の位置は、円柱の上面と底面の円の中心を結んだ線分の円柱の底面からの高さが2分の1の位置にある。

(2) 直方体の物体の置き方を変える場合、重心の位置が低くなるほど安定性は悪くなる。

(3) 重心が物体の外部にある物体は、置き方を変えると重心が物体の内部に移動する場合がある。

(4) 複雑な形状の物体の重心は、二つ以上の点になる場合があるが、重心の数が多いほどその物体の安定性は良くなる。

(5) 水平面上に置いた直方体の物体を傾けた場合、重心からの鉛直線がその物体の底面を通るときは、その物体は元の位置に戻らないで倒れる。

【問35】 物体の運動に関する記述として、適切でないものは次のうちどれか。

(1) 外から力が作用しない限り、静止している物体が静止の状態を、また、運動している物体が同一の運動の状態を続けようとする性質を慣性という。

(2) 物体が一定の加速度で加速し、その速度が10秒間に10m/sから35m/sになったときの加速度は、25m/s² である。

(3) 運動している物体の運動の方向を変えるのに要する力は、物体の質量が大きいほど大きくなる。

(4) 等速直線運動をしている物体の移動した距離をL、その移動に要した時間をTとすれば、その速さVは、 V＝L/T で求められる。

(5) 物体が円運動をしているとき、遠心力は、向心力（求心力）に対して力の大きさが等しく方向が反対である。

【問36】 物体に働く摩擦力に関する記述として、適切でないものは次のうちどれか。

(1) 円柱状の物体を動かす場合、転がり摩擦力は滑り摩擦力に比べると大きい。

(2) 物体に働く最大静止摩擦力は、運動摩擦力より大きい。

(3) 運動摩擦力の大きさは、物体の接触面に作用する垂直力の大きさに比例するが、接触面積には関係しない。

(4) 他の物体に接触し、その接触面に沿う方向の力が作用している物体が静止しているとき、接触面に働いている摩擦力を静止摩擦力という。

(5) 最大静止摩擦力の大きさは、静止摩擦係数に比例する。

【問37】 図AからCのとおり、同一形状で質量が異なる3つの荷を、それぞれ同じ長さの2本の玉掛け用ワイヤロープを用いて、それぞれ異なるつり角度でつり上げるとき、1本のワイヤロープにかかる張力の値が大きい順に並べたものは（1）～（5）のうちどれか。

　　ただし、いずれも荷の左右のつり合いは取れており、左右のワイヤロープの張力は同じとし、ワイヤロープの質量は考えないものとする。

```
　　　　張力
　　　大　　→　　小
(1)　 A 　　B 　　C
(2)　 A 　　C 　　B
(3)　 B 　　A 　　C
(4)　 C 　　A 　　B
(5)　 C 　　B 　　A
```

A（60°）20 t　　B（90°）19 t　　C（120°）18 t

【問38】 荷重に関する記述として、適切なものは次のうちどれか。

(1) 移動式クレーンのフックには、主に圧縮荷重がかかる。

(2) 片振り荷重は、大きさは同じであるが、向きが時間とともに変わる荷重である。

(3) 移動式クレーンの巻上げドラムには、曲げ荷重とねじり荷重がかかる。

(4) 荷重が繰返し作用すると、比較的小さな荷重であっても機械や構造物が破壊することがあるが、このような現象を引き起こす荷重を静荷重という。

(5) 荷を巻き下げているときに急制動すると、玉掛け用ワイヤロープには、圧縮荷重とせん断荷重がかかる。

【問39】軟鋼の材料の強さ、応力、変形などに関する記述として、適切でないものは次のうちどれか。

(1) 引張試験で、材料が破断するまでにかけられる最大の荷重を、荷重をかける前の材料の断面積で割った値を引張強さという。

(2) 材料がせん断荷重を受けたときに生じる応力をせん断応力という。

(3) 引張試験において、材料の試験片を材料試験機に取り付けて静かに引張荷重をかけると、加えられた荷重に応じて試験片に変形が生じるが、荷重の大きさが応力－ひずみ線図における比例限度以内であれば、荷重を取り除くと、試験片は荷重が作用する前の形状（原形）に戻る。

(4) 材料に荷重をかけると、材料の内部にはその荷重に抵抗し、つり合いを保とうとする内力が生じる。

(5) 圧縮応力は、材料に作用する圧縮荷重を材料の長さで割って求められる。

【問40】図のような組合せ滑車を用いて質量300kgの荷をつるとき、これを支えるために必要な力Fの値に最も近いものは(1)～(5)のうちどれか。

　　ただし、重力の加速度は9.8m/s²とし、滑車及びワイヤロープの質量並びに摩擦は考えないものとする。

(1) 245 N
(2) 368 N
(3) 420 N
(4) 490 N
(5) 980 N

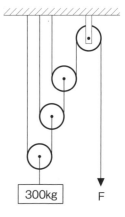

◆正解一覧

問題	正解	チェック			
〔移動式クレーンに関する知識〕					
問 1	(3)				
問 2	(4)				
問 3	(5)				
問 4	(2)				
問 5	(4)				
問 6	(1)				
問 7	(3)				
問 8	(2)				
問 9	(3)				
問 10	(2)				
小計点					

問題	正解	チェック			
〔関係法令〕					
問 21	(2)				
問 22	(4)				
問 23	(3)				
問 24	(3)				
問 25	(3)				
問 26	(1)				
問 27	(4)				
問 28	(1)				
問 29	(5)				
問 30	(2)				
小計点					

問題	正解	チェック			
〔原動機及び電気に関する知識〕					
問 11	(1)				
問 12	(4)				
問 13	(5)				
問 14	(3)				
問 15	(2)				
問 16	(4)				
問 17	(3)				
問 18	(5)				
問 19	(1)				
問 20	(5)				
小計点					

問題	正解	チェック			
〔移動式クレーンの運転のために必要な力学に関する知識〕					
問 31	(4)				
問 32	(2)				
問 33	(4)				
問 34	(1)				
問 35	(2)				
問 36	(1)				
問 37	(5)				
問 38	(3)				
問 39	(5)				
問 40	(2)				
小計点					

合計点	1回目	/40
	2回目	/40
	3回目	/40
	4回目	/40
	5回目	/40

〔移動式クレーンに関する知識〕

【問1】(3) が適切。⇒1章1節_2．移動式クレーンの用語（P.8）参照

(1) つり上げ荷重とは、アウトリガーを有する移動式クレーンにあっては、当該アウトリガーを最大限に張り出し、ジブ長さを<u>最短</u>〔最長 ✕〕に、傾斜角を<u>最大</u>〔最小 ✕〕にしたときに負荷させることができる最大の荷重をいい、フックなどのつり具分が含まれる。

(2) 作業半径とは、<u>旋回中心から、フックの中心より下ろした鉛直線までの水平距離</u>〔ジブフートピンからジブポイントまでの距離 ✕〕のこと。

(4) ジブの起伏とは、ジブが取り付けられたピンを支点として傾斜角を変える運動をいい、傾斜角を変える運動には、起伏シリンダの作動によるものと、<u>起伏用</u>〔巻上げ用 ✕〕ワイヤロープの巻取り、巻戻しによるものがある。

(5) ジブ長さ、ジブの傾斜角に応じてフック、グラブバケット等のつり具を有効に上下させることができる上限と下限との水直距離を揚程といい、総揚程とは、地面から上の揚程（地上揚程）と下の揚程（地下揚程）を合わせたものをいう。

【問2】(4) が不適切。⇒1章2節_移動式クレーンの種類及び形式（P.12）参照

(4) ラフテレーンクレーンのキャリアには、通常、張出しなどの作動を<u>油圧式</u>〔ラックピニオン方式 ✕〕で行うH形又は<u>X形</u>〔M形 ✕〕のアウトリガーが備え付けられている。

【問3】(5) が適切。⇒1章3節_1．下部走行体（P.17）参照

(1) クローラクレーン用下部走行体は、走行フレームの<u>後方</u>〔前方 ✕〕に起動輪、<u>前方</u>〔後方 ✕〕に遊動輪を配置してクローラベルトを巻いたもので、起動輪を駆動することにより走行する。

(2) クローラクレーン用下部走行体は、左右方向の安定を良くするため、<u>左右クローラベルト中心距離</u>〔起動輪の軸中心から遊動輪の軸中心までの距離 ✕〕を長くすることができる構造になっている。

(3) クローラベルトには、シューをリンクにボルトで取り付ける<u>組立型</u>〔一体型 ✕〕と、シューをピンでつなぎ合わせる<u>一体型</u>〔組立型 ✕〕がある。

(4) 平均接地圧（kPa 又は kN/m²）は、一般に、全装備質量（t）に 9.8（m/s²）を掛けた数値を、左右の<u>クローラベルトの接地する総面積</u>〔クローラベルトの総面積 ✕〕（m²）で割ったもので表される。

【問4】(2) が不適切。⇒1章3節_2．上部旋回体（P.20）参照

(2) 巻上げドラムのロック機構には、一般に、<u>ラチェット</u>〔ウォーム歯車 ✕〕が用いられている。

【問5】(4) が不適切。⇒1章3節 _ 2．上部旋回体（P.20）参照

(4) トラス（ラチス）構造ジブのクローラクレーンの旋回フレームには、<u>ジブ以外のくい打ちリーダ用キャッチフォーク等</u>〔補助ジブを ×〕を使用する際に取り付けるための補助ブラケットが装備されているものがある。

【問6】(1) が適切。⇒1章3節 _ 3．フロントアタッチメント（P.23）参照

(2) 箱形構造ジブの伸縮方式は、2段目、3段目、4段目と順番に伸縮する順次伸縮方式と各段のジブが同時に伸縮する同時伸縮方式がある。

(3) 上部ブライドルと下部ブライドルの滑車を通して両ブライドルを接続するのは<u>ジブ起伏ワイヤロープ</u>〔ペンダントロープ ×〕。

(4) ジブ倒れ止め装置（ジブバックストップ）は、ジブが後ろへ倒れるときの全質量を受けるためのものではない。また、<u>トラス（ラチス）構造</u>〔箱形構造 ×〕ジブに装備されている。

(5) フックの代わりにグラブバケットを装備するときは、<u>グラブバケット等が振れたり回転したりするのを制御するため</u>〔バケットの開閉を行うため ×〕のタグラインが必要である。

【問7】(3) が適切。⇒1章4節 _ 2．ワイヤロープのより方（P.27）、
　　　　　　　　　　　4．ワイヤロープの端末処理と使用時の留意点（P.29）参照

(1)「Sより」のワイヤロープは、ロープを縦にして見たとき、<u>左上から右下</u>〔右上から左下 ×〕へストランドがよられている。

(2) 心綱は、ワイヤロープの中心にあるもので、ストランドの切断を防止するためのもの。

(4) ストランド6よりのワイヤロープの径の測定は、ワイヤロープの同一断面の外接円の直径を3方向から測定し、その<u>平均値</u>〔最大値 ×〕をとる。

(5) ワイヤロープをクリップ止めするときは、クリップのUボルトを<u>端末側</u>〔引張側 ×〕のワイヤロープに当て、クリップのナットをロープ<u>引張側</u>〔端末側 ×〕で締め付ける。

【問8】(2) が不適切。⇒1章5節 _ 移動式クレーンの安全装置等（P.30～）参照

(2) 油圧回路の<u>逆止め弁</u>〔安全弁 ×〕は、起伏シリンダへの油圧ホースが破損した場合に、油圧回路内の油圧の急激な低下によるつり荷の落下を防止するための装置である。

　　安全弁は、回路内の油圧が設定圧力になった場合に、圧油を油タンクに戻し、常に回路内の油圧を設定圧力以上にならないようにするものである。

【問9】**(3)** B、C が適切。⇒1章6節 _ 移動式クレーンの取扱い（P.33～）参照

 A クローラクレーンは、ジブ長さと作業半径に応じて、全周共通の定格総荷重で作業ができる。

 D 巻上げ操作やジブ上げ操作、旋回操作等による荷の横引きなどは脱索によるワイヤロープの損傷、ジブの折損等につながるので絶対に行ってはならない。

 E 荷に引っかかって荷崩れが起きるおそれがあるため、絶対にクレーンで玉掛け用ワイヤロープを引き抜いてはならない。

【問10】**(2)** A、C⇒1章6節 _ **2．定格総荷重表の見方（P.34）参照**

 移動式クレーンの定格総荷重は、<u>作業半径の小さい範囲</u>では<u>機体の強度</u>により規定されている。したがって、選択肢の組み合わせのうち表の境界線より上（作業半径が小さい）の欄を指しているものを選ぶ。選択肢BとDはともに「機体の安定」によって定められた荷重の値のため、不適切。

〔原動機及び電気に関する知識〕

【問11】**(1)** が適切。⇒2章1節 _ **1．原動機（P.41）、**
          2．ディーゼルエンジンの作動（P.42）参照

 (2) ディーゼルエンジンは、空気の圧縮による自己着火により燃料を燃焼させる。電気火花による着火はガソリンエンジンの燃焼方法。

 (3) エンジンは、<u>吸入、圧縮、燃焼、排気</u>〔吸入、燃焼、圧縮、排気 ✕〕の行程順の1循環で1回の動力を発生する。

 (4) ディーゼルエンジンは、ガソリンエンジンに比べ、一般に、運転経費は<u>安く、熱効率も良い</u>〔安いが熱効率が悪い ✕〕。

 (5) 4サイクルエンジンは、クランク軸が<u>2回転</u>〔1回転 ✕〕するごとに1回の動力を発生する。

【問12】**(4)** が適切。
   ⇒2章1節 _ **4．ディーゼルエンジンの構造と機能（P.43）参照**

 (1) 始動補助装置の<u>グロープラグ</u>〔電熱式エアヒータ ✕〕は、保護金属管の中にヒートコイルが組み込まれ、これに電流が流れることで副室内を加熱するものである。

 (2) <u>フライホイール</u>〔タイミングギヤ ✕〕は、クランク軸の後端に取り付けられたギヤで、エンジンの燃焼行程のエネルギーを一時的に蓄えてクランク軸の回転を円滑にするためのものである。

(3) 過給器〔ガバナ ✕〕は、エンジンの出力を増加させるなどのために、高い圧力の空気をシリンダ内に強制的に送り込む装置で、動力は排気の圧力により回転するタービン又はクランク軸から取る。

(5) レギュレータは、電圧調整器〔交流式直流出力発電機 ✕〕と呼ばれ、各電気装置に電力を供給するものである。

【問13】 (5) 50N ⇒2章2節_2．油圧装置の原理（P.49）参照

▪ パスカルの原理により、示された数値を式に当てはめてみる。

ピストンの断面積＝半径×半径×3.14（π）

⇒ピストンAの断面積＝ 1.0cm × 1.0cm × 3.14 ＝ 3.14（cm²）

⇒ピストンBの断面積＝ 2.5cm × 2.5cm × 3.14 ＝ 19.625（cm²）

Aの圧力＝ 8 N

$$\frac{8 \text{（N）}}{3.14 \text{（cm}^2\text{）}} = \frac{\text{Bの圧力}}{19.625 \text{（cm}^2\text{）}}$$

Bの圧力＝ $19.625 \times \dfrac{8}{3.14}$ ＝ **50（N）**

【問14】 (3) が不適切。⇒2章2節_4．油圧発生装置（P.51）参照

(3) 歯車ポンプは、キャビテーションにより騒音や振動が起こることがある。また、ポンプ効率は、油の粘度による影響を受けやすい。

【問15】 (2) が不適切。⇒2章2節_6．油圧制御弁（P.55）参照

(2) 絞り弁は、流量調整ハンドルを操作することで〔自動的に ✕〕絞り部の開きを変えて流量及び油圧の調整を行うものである。

【問16】 (4) が不適切。⇒2章2節_7．付属機器等（P.56）、8．配管類（P.58）参照

(4) エアブリーザは、作動油タンク内油面の上下動に伴いタンクに出入りする空気をろ過して、タンク内にちりやごみが入らないようにするためのもの。なお、作動油の衝撃圧の吸収及び圧油の脈動の減衰の機能を有する油圧装置の付属機器は、アキュムレータ。

【問17】 (3) B、C、D が不適切。⇒2章2節_10．油圧装置の保守（P.60）参照

B 油圧ポンプの点検項目としては、ポンプを作動させた〔停止した ✕〕状態での異音及び発熱の有無、接合部及びシール部の油漏れの有無の検査などが挙げられる。

C　油圧配管系統の接続部は、特に緩みやすいので、圧油の漏れを<u>毎日</u>〔6か月に1回程度 ✕〕点検する。

D　配管内に空気が残ったまま組み立てて、エンジンを高速回転し全負荷運転すると、ポンプの焼付きの原因となるので行わない。

【問18】(5) が不適切。⇒2章2節 _ 9．作動油の性質（P.60）参照

(5)　一般に用いられる作動油の比重は、<u>0.85 ～ 0.95</u>〔1.85 ～ 1.95 ✕〕程度である。油は水に浮く性質のため、比重は1より小さくなる。

【問19】(1) が適切。⇒2章3節 _ 1．電気の種類（電流）（P.63）参照

(2)　工場の動力用電源には、一般に、200 V級又は400 V級の<u>三相交流</u>〔単相交流 ✕〕が使用されている。

(3)　直流は<u>DC</u>〔AC ✕〕、交流は<u>AC</u>〔DC ✕〕と表される。

(4)　<u>直流</u>〔交流 ✕〕は、常に一定の方向に電流が流れる。交流において、電流の流れは周期的に変化する。

(5)　日本において電力として配電される交流の周波数は、東日本で50Hz、西日本で60Hzとなっている。

【問20】(5) が適切。⇒2章3節 _ 7．絶縁（P.69）参照

	導体	絶縁体
(1)	鋳鉄	<u>海水 ⇒ 導体</u>
(2)	<u>雲母 ⇒ 絶縁体</u>	空気
(3)	鋼	<u>黒鉛 ⇒ 導体</u>
(4)	ステンレス	<u>鉛 ⇒ 導体</u>
(5)	アルミニウム	磁器

〔関係法令〕

【問21】(2) が正しい。⇒2章 _ 関係法令の重要ポイントまとめ（P.96）参照

(1)　使用検査は、所轄<u>都道府県労働局長</u>〔労働基準監督署長 ✕〕が行う。

(3)　移動式クレーンを輸入した者は、<u>使用検査</u>〔製造検査 ✕〕を受けなければならない。

(4)　変更検査を受けなければならないのは、移動式クレーンの<u>ジブその他の構造部分</u>もしくは<u>台車に該当する部分</u>に変更を加えた場合。原動機は対象外。

(5)　使用を<u>休止</u>〔廃止 ✕〕した移動式クレーンを再び使用しようとする者は、使用再開検査を受けなければならない。

【問22】（4）が正しい。⇒3章5節_4．検査証の返還（P.86）参照

　　「移動式クレーンを設置している者が当該移動式クレーンについて、その使用を廃止したとき、又はつり上げ荷重を3t未満に変更したときは、その者は、遅滞なく、移動式クレーン検査証を所轄労働基準監督署長に返還しなければならない。」

【問23】（3）が誤り。⇒3章2節_7．特別の教育及び就業制限（P.79）参照

　（3）移動式クレーンの運転の業務に係る特別の教育の受講で、つり上げ荷重2.9tの積載形トラッククレーンの運転の業務に就くことはできない〔ができる ×〕。特別の教育により運転可能なのは、つり上げ荷重1t未満の移動式クレーン。

【問24】（3）が正しい。⇒3章2節_9．傾斜角の制限（P.79）参照

　　「事業者は、移動式クレーンについては、移動式クレーン明細書に記載されているジブの傾斜角（つり上げ荷重が3t未満の移動式クレーンにあっては、これを製造した者が指定したジブの傾斜角）の範囲をこえて使用してはならない。」

【問25】（3）が誤り。⇒3章2節_4．安全弁の調整（P.78）参照

　（3）油圧を動力として用いる移動式クレーンの安全弁については、原則として、最大の定格荷重〔つり上げ荷重 ×〕に相当する荷重をかけたときの油圧に相当する圧力以下で作用するように調整しておかなければならない。

【問26】（1）が違反とならない。⇒3章2節_15．立入禁止（P.81）参照

　（1）荷を吊り上げる際につりチェーンを用いて2箇所に玉掛けをした場合は、立ち入り禁止事項に該当しない。

【問27】（4）が誤り。⇒3章5節_1．移動式クレーンの変更（P.85）参照

　（4）変更検査における荷重試験は、定格荷重の1.25倍〔定格荷重 ×〕に相当する荷重の荷をつって、つり上げ、旋回、走行等の作動を定格速度により行うものとする。※製造検査の規定に同じ。

【問28】（1）が正しい。⇒3章3節_定期自主検査等（P.83）参照

　（2）1か月をこえる期間使用せず、当該期間中に1か月以内ごとに1回行う定期自主検査を行わなかった移動式クレーンについては、その使用を再び開始する際に〔開始した後1か月以内 ×〕に、所定の事項について自主検査を行わなければならない。

(3) １年以内ごとに１回行う定期自主検査においては、<u>定格荷重</u>〔つり上げ荷重 ✕〕に相当する荷重の荷をつって行う荷重試験を実施しなければならない。

(4) 定期自主検査を行った場合は、その結果を記録しなければならない。しかし、移動式クレーン検査証に記載しなければならない定めはない。

(5) 作業開始前の点検を行い、異常を認めたときは、<u>直ちに</u>〔その日の作業開始後、遅滞なく ✕〕補修しなければならない。

【問 29】 **(5) が使用可能。⇒３章６節＿１．玉掛用具の安全係数（P.87）、**
２．不適格な玉掛用具（P.88）、３．リングの具備等（P.91）参照

(1) 伸びが製造されたときの長さの６％〔５％をこえる ✕〕のつりチェーン

(2) ワイヤロープ１よりの間において素線（フィラ線を除く。以下同じ。）の数の11％〔10％以上 ✕〕の素線が切断したワイヤロープ

(3) エンドレスでないワイヤロープで、その両端にフック、シャックル、リング又はアイを備えていないものは使用できない。

(4) 使用する際の安全係数が４〔５未満 ✕〕となるシャックル

【問 30】 **(2) が正しい。⇒３章７節＿７．免許証の返還（P.94）参照**

「労働安全衛生法違反により免許の取消しの処分を受けた者は、<u>遅滞なく</u>、免許の取消しをした<u>都道府県労働局長</u>に免許証を返還しなければならない。」

〔**移動式クレーンの運転のために必要な力学に関する知識**〕

【問 31】 **(4) が不適切。⇒４章２節＿４．力の合成（P.100）参照**

(4) 小さな物体の１点に大きさが異なり向きが一直線上にない二つの力が作用して物体が動くとき、その物体は<u>合力</u>〔大きい力 ✕〕の方向に動く。

【問 32】 **(2) 147N ⇒４章２節＿７．力のつり合い（P.103）参照**

・つり合いの条件から、支点を中心に右回りのモーメントを考える。

$60\,(\mathrm{kg}) \times 0.5\,(\mathrm{m}) \times 9.8\,(\mathrm{m/s^2}) = 294\,(\mathrm{N})$

$2.5\,(\mathrm{m}) - 0.5\,(\mathrm{m}) = 2.0\,(\mathrm{m})$

$294 = \mathrm{P} \times 2.0$

$\mathrm{P} = \dfrac{294}{2} = \underline{\textbf{147N}}$

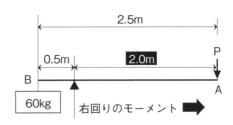

【問33】 (4) B、D が適切。⇒４章３節 ＿ ３．体積（P.108）参照

  A   円柱の体積は「半径 ^{2} ×π×高さ」で求める。

  C   球の体積は「(半径) ^{3} ×π× $\dfrac{4}{3}$ 」

【問34】 (1) が適切。⇒４章３節 ＿ ４．重心（P.109）、

５．物体の安定〈座り〉（P.112）参照

(2) 直方体の物体の置き方を変える場合、重心の位置が低くなるほど安定性は良くなる〔悪くなる ×〕。

(3) 物体の位置や置き方を変えても重心の位置は変わらない。

(4) 物体の中心は常に１つの点である。

(5) 水平面上に置いた直方体の物体を傾けた場合、重心からの鉛直線がその物体の底面を外れた〔通る ×〕ときは、その物体は元の位置に戻らないで倒れる。

【問35】 (2) が不適切。⇒４章４節 ＿ １．運動（P.113）参照

(2) 物体が一定の加速度で加速し、その速度が 10 秒間に 10m/s から 35m/s になったときの加速度は、2.5〔25 ×〕m/s^2 である。

・加速度 $= \dfrac{35\text{m/s} - 10\text{m/s}}{10\text{ s (秒)}} = \dfrac{25\text{m/s}}{10\text{ s (秒)}} = \textbf{2.5m/s}^2$

【問36】 (1) が不適切。⇒４章４節 ＿ ２．摩擦力（P.117）参照

(1) 円柱状の物体を動かす場合、転がり摩擦力は滑り摩擦力に比べると小さい〔大きい ×〕。

【問37】 (5) C＞B＞A ⇒４章６節 ＿ ２．つり角度（P.125）参照

・ワイヤロープ１本にかかる張力 $= \dfrac{\text{つり荷の質量}}{\text{つり本数}} \times 9.8\text{m/s}^2 \times 張力係数$

・張力係数 ⇒ 60℃＝1.16、90℃＝1.41、120℃＝2.0

$A = \dfrac{20\text{t}}{2\text{ (本)}} \times 9.8\text{m/s}^2 \times 1.16 = 113.68\text{kN}$

$B = \dfrac{19\text{t}}{2\text{ (本)}} \times 9.8\text{m/s}^2 \times 1.41 = 131.271\text{kN}$

$C = \dfrac{18\text{t}}{2\text{ (本)}} \times 9.8\text{m/s}^2 \times 2.0 = 176.4\text{kN}$

= **C（176.4kN）＞B（131.271kN）＞A（113.68kN）**

(1) 移動式クレーンのフックには、主に<u>引張荷重と曲げ荷重</u>〔圧縮荷重 ✕〕がかかる。

(2) 片振り荷重は、<u>向き</u>〔大きさ ✕〕は同じであるが、<u>大きさ</u>〔向き ✕〕が時間とともに変わる荷重である。

(4) 荷重が繰返し作用すると、比較的小さな荷重であっても機械や構造物が破壊することがあるが、このような現象を引き起こす荷重を<u>繰返し荷重</u>〔静荷重 ✕〕という。

(5) 荷を巻き下げているときに急制動すると、玉掛け用ワイヤロープには、<u>衝撃荷重</u>〔圧縮荷重とせん断荷重 ✕〕がかかる。

【問 39】**(5)** **が不適切。**⇒４章５節 _ ２．応力（P.122）参照

(5) 圧縮応力は、材料に作用する圧縮荷重を材料の<u>断面積</u>〔長さ ✕〕で割って求められる。

【問 40】**(2)** **368N** ⇒４章７節 _ ３．組合せ滑車（P.130）参照

- 図ではロープの端が別の動滑車につられている。荷の質量は１つめの動滑車により Fw/ 2 ⇒２つめで Fw/ 4 ⇒３つめで Fw/ 8 となる。

- この組合せ滑車の場合、つり荷を動滑車の数毎に１／２を掛けることで F の値を求めることができる。

- 次の公式により求めることができる

$$F = \frac{質量 \times 9.8m/s^2}{2^n \ (n = 動滑車の数)}$$

$$= \frac{300kg \times 9.8m/s^2}{2^3} = \frac{2{,}940}{8} N$$

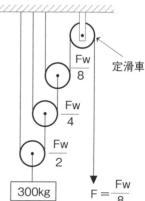

定滑車

$F = \dfrac{Fw}{8}$

F = 367.5

- したがって、**368N** が最も近い値となる。

〔移動式クレーンに関する知識〕

【問1】 移動式クレーンに関する用語の記述として、適切なものは次のうちどれか。

(1) つり上げ荷重とは、アウトリガーを有する移動式クレーンにあっては、当該アウトリガーを最大限に張り出し、ジブ長さを最長に、傾斜角を最小にしたときに負荷させることができる最大の荷重をいい、フックなどのつり具分が含まれる。

(2) 定格速度とは、つり上げ荷重に相当する荷重の荷をつって、つり上げ、旋回などの作動を行う場合の、それぞれの最高の速度をいう。

(3) ジブの起伏とは、ジブが取り付けられたピンを支点として傾斜角を変える運動をいい、傾斜角を変える運動には、起伏シリンダの作動によるものと、巻上げ用ワイヤロープの巻取り、巻戻しによるものがある。

(4) 総揚程とは、ジブ長さを最長に、傾斜角を最大にしたときのつり具の上限位置と、ジブ長さを最短に、傾斜角を最小にしたときのつり具の上限位置との間の垂直距離をいう。

(5) 巻下げとは、巻上装置のドラムに巻き取った巻上げ用ワイヤロープを巻き戻す作動によって、荷を垂直に下ろす運動をいう。

【問2】 移動式クレーンの種類、型式などに関する記述として、適切でないものは次のうちどれか。

(1) ラフテレーンクレーンのアウトリガーにはH形アウトリガーとX形アウトリガーがあり、アウトリガーの作動は、ほとんどが油圧式である。

(2) オールテレーンクレーンは、特殊な操向機構と油空圧式サスペンション装置を有し、不整地の走行や狭所進入性に優れている。

(3) 浮きクレーンは、長方形の箱形などの台船上にクレーン装置を搭載した型式のものであるが、台船の構造上、自ら航行するものはない。

(4) 積載形トラッククレーンは、走行用原動機からPTO（原動機から動力を取り出す装置）を介して駆動される油圧装置によりクレーン作動を行う。

(5) ラフテレーンクレーンの下部走行体には、2軸から4軸の車軸を装備する専用のキャリアが用いられ、駆動方式には、常時全軸駆動方式及びパートタイム駆動方式がある。

【問3】 クローラクレーンに関する記述として、適切でないものは次のうちどれか。

(1) クローラクレーンは、比較的軟弱な地盤でも走行できるが、走行速度は極めて遅い。

(2) クローラクレーン用下部走行体は、走行フレームの後方に遊動輪、前方に起動輪を配置してクローラベルトを巻いたもので、起動輪を駆動することにより走行する。

(3) クローラベルトは、シューをリンクにボルトで取り付ける組立型と、シューをピンでつなぎ合わせる一体型に分類される。

(4) クローラクレーン用下部走行体は、一般に、油圧シリンダで左右の走行フレーム間隔を広げ又は縮め、クローラ中心距離を変えることができる構造になっている。

(5) 平均接地圧（kPa 又は kN/m²）は、一般に、全装備質量（t）に 9.8（m/s²）を掛けた数値を、クローラベルトの接地する総面積（m²）で割ったもので表される。

【問4】 移動式クレーンの上部旋回体に関する記述として、適切なものは次のうちどれか。

(1) トラッククレーンの旋回フレーム上には、巻上装置、クレーン操作用の運転室などが設置され、カウンタウエイトは下部走行体に取り付けられている。

(2) オールテレーンクレーンの上部旋回体の運転室には、クレーン操作装置及び走行用操縦装置が装備されている。

(3) ラフテレーンクレーンの上部旋回体の運転室には、クレーン操作装置が装備されており、走行用操縦装置は下部走行体に装備されている。

(4) トラス（ラチス）構造ジブのクローラクレーンのAフレームには、ジブ起伏用のワイヤロープを段掛けする下部ブライドルが取り付けられている。

(5) トラス（ラチス）構造ジブのクローラクレーンの旋回フレームには、補助ジブを使用する際に取り付けるための補助ブラケットが装備されているものがある。

【問5】 移動式クレーンの巻上装置に関する記述として、適切でないものは次のうちどれか。

(1) 巻上装置は、ウインチ操作レバーを操作すると、油圧モータ、クラッチ、ドラム、減速機の順に駆動力が伝わり、荷の巻上げ、巻下げが行われる。

(2) 巻上げドラムは、巻上げ用ワイヤロープを巻き取る鼓状のもので、ワイヤロープが整然と巻けるよう溝が付いているものが多い。

(3) 巻上装置の減速機は、油圧モータの回転数を減速し、必要なトルクを得るためのもので、一般に、平歯車減速式又は遊星歯車減速式のものが使用されている。

(4) 巻上装置のブレーキには、クラッチドラム外側をブレーキバンドで締め付け、摩擦力で制動する構造のものがある。

(5) 巻上装置の駆動軸が回転していても、クラッチ作動用の油圧シリンダに圧油を送らなければ、巻上げドラムに回転は伝わらない。

【問6】 移動式クレーンのフロントアタッチメントに関する記述として、適切でないものは次のうちどれか。

(1) 補助ジブのうち取付角（オフセット）を油圧シリンダなどにより無段階に設定できる構造のジブをラッフィングジブという。

(2) リフティングマグネットは、電磁石を応用したつり具で、不意の停電に対してつり荷の落下を防ぐため、停電保護装置を備えるものがある。

(3) ペンダントロープは、ジブ上端と上部ブライドルをつなぐワイヤロープである。

(4) 箱形構造ジブは、ジブの強度を確保するため、各段は同時に伸縮せず、必ず2段目、3段目、4段目と順番に伸縮する構造となっている。

(5) ジブバックストップは、ジブが後方へ倒れるのを防止するための支柱で、トラス（ラチス）構造のジブに装備されている。

【問7】 ワイヤロープに関する記述として、適切でないものは次のうちどれか。

(1) 「ラングより」のワイヤロープは、ロープのよりの方向とストランドのよりの方向が同じである。

(2) 「Sより」のワイヤロープは、ロープを縦にして見たとき、左上から右下へストランドがよられている。

(3) フィラー形29本線6よりロープ心入りは、「IWRC 6 × Fi (29)」と表示される。

(4) ストランド6よりのワイヤロープの径の測定は、ワイヤロープの同一断面の外接円の直径を3方向から測定し、その平均値を算出する。

(5) 心綱は、ストランドを構成する素線のうち、ストランドの中心にある素線をより合わせたロープの構成要素のことで、より線ともいう。

【問8】 移動式クレーンの安全装置などに関する記述として、適切でないものは次のうちどれか。

(1) 過負荷防止装置には、つり荷の荷重が定格荷重を超えようとしたときに警報を発し、定格荷重を超えたときに自動的に作動を停止させる機能を有するものがある。

(2) 玉掛け用ワイヤロープの外れ止め装置は、シーブから玉掛け用ワイヤロープが外れるのを防止するための装置である。

(3) ジブ起伏停止装置は、ジブの起こし過ぎによるジブの折損や後方への転倒を防止するための装置である。

(4) 巻過防止装置は、巻上げなどの作動時にフックブロックが上限の高さまで上がると、自動的にその作動を停止させる装置である。

(5) 旋回警報装置は、旋回中に挟まれる災害などを防止するため、周囲の作業者に危険を知らせる装置で、通常、そのスイッチは旋回操作レバーに取り付けられている。

【問9】 移動式クレーンの取扱いに関する記述として、適切なものは次のうちどれか。

(1) トラッククレーンは、荷をつって旋回する場合、一般に、前方領域が最も安定が良く、後方領域は側方領域よりも安定が悪い。

(2) 箱形構造ジブの場合、ジブを伸ばすとフックブロックが巻上げの状態になるので、ジブの伸ばしに合わせて巻下げを行う。

(3) クローラクレーンは、側方領域に比べ前方領域及び後方領域の定格総荷重が小さい。

(4) 巻上げ操作による荷の横引きを行うときは、周囲に人がいないことを確認してから行う。

(5) つり荷を下ろしたときに玉掛け用ワイヤロープが挟まり、手で抜けなくなった場合は、周囲に人がいないことを確認してから、移動式クレーンのフックの巻上げによって荷から引き抜く。

【問10】 下に掲げる表は、一般的なラフテレーンクレーンのアウトリガー最大張出しの場合における定格総荷重表を模したものであるが、定格総荷重表中に当該ラフテレーンクレーンの強度（構造部材が破損するかどうか）によって定められた荷重の値と、機体の安定（転倒するかどうか）によって定められた荷重の値の境界線が階段状の太線で示されている。

下表を用いて定格総荷重を求める場合、(1) ～ (5) のジブ長さと作業半径の組合せのうち、その組合せによって定まる定格総荷重の値が、機体の安定によって定められた荷重の値であるものはどれか。

	ジブ長さ	作業半径
(1)	9.35 m	6.5 m
(2)	16.4 m	8.0 m
(3)	23.45 m	9.0 m
(4)	30.5 m	10.0 m
(5)	30.5 m	11.0 m

ラフテレーンクレーン定格総荷重表

アウトリガー最大張出 (6.5 m)					（全周）
		ジブの長さ			
		9.35 m	16.4 m	23.45 m	30.5 m
作業半径	6.0 m	16.3	15.0	12.0	8.0
	6.5 m	15.1	15.0	11.6	8.0
	7.0 m		14.0	10.8	8.0
	8.0 m	境界線	11.3	9.6	8.0
	9.0 m		9.2	8.6	7.6
	10.0 m		7.5	7.6	6.9
	11.0 m		6.3	6.5	6.3
	12.0 m		5.35	5.5	5.6
	13.0 m		4.6	4.75	4.9

(単位：t)

〔原動機及び電気に関する知識〕

【問 11】 エンジンに関する記述として、適切でないものは次のうちどれか。
  (1) ディーゼルエンジンやガソリンエンジンなどの内燃機関は、燃料の燃焼エネルギーを機械力に変える装置である。
  (2) 移動式クレーンには、直接噴射式ディーゼルエンジンが多く搭載されている。
  (3) ディーゼルエンジンは、常温常圧の空気の中に高温高圧の軽油や重油を噴射して燃焼させる。
  (4) ディーゼルエンジンは、ガソリンエンジンに比べ、一般に、熱効率が良く運転経費が安い。
  (5) ディーゼルエンジンは、その燃料の引火点が高いため、ガソリンエンジンに比べ火災の危険度は少ないが、冬期の始動性はやや悪い。

【問 12】 移動式クレーンのディーゼルエンジンに取り付けられる補機、装置及びその部品に関する記述として、適切なものは次のうちどれか。
  (1) 始動補助装置の電熱式エアヒータは、保護金属管の中にヒートコイルが組み込まれ、これに電流が流れることで副室内を加熱するものである。
  (2) タイミングギヤは、クランク軸の後端に取り付けられたギヤで、エンジンの燃焼行程のエネルギーを一時的に蓄えてクランク軸の回転を円滑にするためのものである。
  (3) グロープラグは、直接噴射式エンジンのマニホールドの吸気通路に取り付けられ、発熱体に電流が流れることで吸気を均一に加熱するものである。
  (4) スターティングモータは、モータ部とピニオン部で構成されている。
  (5) ディーゼルエンジンは、圧縮力が大きく始動クランキングのトルクが著しく大きいので、バッテリは 24 V を 2 個直列に接続して 48 V を用いることが多い。

【問 13】 油で満たされた二つのシリンダが連絡している図の装置で、ピストン A（直径 1 cm）に 9 N の力を加えるとき、ピストン B（直径 3 cm）に加わる力は (1)～(5) のうちどれか。

  (1) 3 N
  (2) 9 N
  (3) 18 N
  (4) 27 N
  (5) 81 N

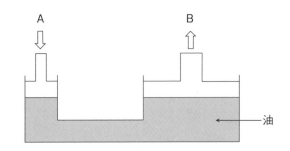

【問 14】 油圧発生装置のプランジャポンプに関する記述として、適切でないもの
は次のうちどれか。

(1) プランジャポンプは、歯車ポンプに比べて、より高圧の圧油が得られる。

(2) プランジャポンプは、歯車ポンプに比べて、構造が複雑で部品数が多い。

(3) プランジャポンプは、歯車ポンプに比べて、大容量の脈動が少ない圧油が
得られる。

(4) プランジャポンプは、シリンダとプランジャの摺動部分が長いため、油漏
れが多い。

(5) 可変容量形のプランジャポンプは、吐出量を加減することができる。

【問 15】 次の文中の□内に入れるAからCの語句の組合せとして、正しいものは (1)
〜 (5) のうちどれか。

「移動式クレーンに使われる油圧制御弁を機能別に分類すると、圧力制御弁、
流量制御弁及び方向制御弁の3種類がある。その例を挙げると、圧力制御弁
にはⒶがあり、流量制御弁にはⒷがあり、方向制御弁にはⒸがある。」

	A	B	C
(1)	シーケンス弁	絞り弁	逆止め弁
(2)	アンロード弁	減圧弁	方向切換弁
(3)	減圧弁	絞り弁	リリーフ弁
(4)	逆止め弁	リリーフ弁	シーケンス弁
(5)	リリーフ弁	逆止め弁	アンロード弁

【問 16】 油圧装置の付属機器に関する記述として、適切でないものは次のうちど
れか。

(1) 作動油をためておく作動油タンクには、適切な作動油が供給されるように
エアブリーザ、油面計などが取り付けられている。

(2) 作動油を発熱量が多い状況で使用する場合は、強制的に冷却する必要があ
るため、オイルクーラーが用いられる。

(3) アキュムレータは、シェル内をゴム製の隔壁（ブラダ）などにより油室と
ガス室に分け、ガスの圧縮性により作動油の油圧を調整する部品で、衝撃圧
の吸収のため、油室にリターンフィルタを備えている。

(4) ラインフィルタは、油圧回路を流れる作動油をろ過してごみを取り除くも
ので、圧力管路用のものと戻り管路用のものがある。

(5) 吸込みフィルタには、そのエレメントが金網式のものとノッチワイヤ式の
ものがある。

【問 17】 油圧装置の保守に関する記述として、適切でないものは次のうちどれか。

(1) 油圧ポンプ、油圧駆動装置及び弁類は、工作精度の高い部品で構成されており、現場で簡単に分解できないので、修理工場などで分解整備を行う。

(2) 作動油中の異物混入、取付け部の緩み、シールの劣化などによりシールが破損すると、作動油漏れ、圧力降下などを引き起こす。

(3) フィルタエレメントの洗浄は、一般的には、溶剤に長時間浸した後、ブラシ洗いをして、エレメントの内側から外側へ圧縮空気で吹く。

(4) フィルタは、一般的には、3か月に1回程度、エレメントを取り外して洗浄するが、洗浄してもごみや汚れが除去できない場合は新品と交換する。

(5) 油圧配管系統の分解整備後、配管内に空気が残った場合は、ポンプの焼き付きを防止するため、油圧ポンプを全負荷運転し配管内の空気を除去する。

【問 18】 油圧装置の作動油に関する記述として、適切でないものは次のうちどれか。

(1) 正常な作動油は、通常 0.05 % 程度の水分を含んでいるが、オイルクーラーの水漏れなどにより更に水分が混入すると乳白色に変化する。

(2) 作動油は、運転中、高温で空気などに接し、かくはん状態で使用されるので蒸発しやすい。

(3) 作動油の粘性とは、油が管路を流れるのを妨げようとする性質をいい、この粘性の程度を表す値を粘度という。

(4) 作動油の温度が使用限界温度の下限より低くなると、油の粘度が高くなり、ポンプの運転に大きな力が必要となる。

(5) 作動油の使用限度の判定方法には、作動油を目で見て判定する方法と、性状試験を行って判定する方法がある。

【問 19】 電気に関する記述として、適切でないものは次のうちどれか。

(1) 発電所から変電所までは、6600 V の高圧で電力が送られている。

(2) 工場の動力用電源には、一般に、200 V 級又は 400 V 級の三相交流が使用されている。

(3) 電力会社から電源として供給される交流の周波数には、地域によって 50Hz と 60Hz がある。

(4) 変電所、開閉所などから家庭、工場などに電力を送ることを配電という。

(5) 交流は、電流及び電圧の大きさ並びにそれらの方向が時間の経過に従い周期的に変化する。

【問20】 一般的に電気をよく通す導体及び電気を通しにくい絶縁体に区分される
ものの組合せとして、適切なものは (1) ～ (5) のうちどれか。

	導体	絶縁体
(1)	鋳鉄	黒鉛
(2)	アルミニウム	大地
(3)	鋼	海水
(4)	銅	磁器
(5)	雲母	空気

〔関係法令〕

【問21】 つり上げ荷重3t以上の移動式クレーンの検査に関する記述として、法令
上、誤っているものは次のうちどれか。
(1) 製造検査は、所轄都道府県労働局長が行う。
(2) 移動式クレーンを輸入した者は、原則として使用検査を受けなければなら
ない。
(3) 性能検査は、原則として登録性能検査機関が行う。
(4) 移動式クレーンの原動機に変更を加えた者は、変更検査を受けなければな
らない。
(5) 使用再開検査は、所轄労働基準監督署長が行う。

【問22】 次の文章は移動式クレーンに係る法令条文を表したものであるが、この
文中の□内に入れるAからCの語句の組合せとして、正しいものは (1) ～ (5)
のうちどれか。

  ただし、検査証とは移動式クレーン検査証のことをいう。

  「つり上げ荷重3t以上の移動式クレーンを設置している者が、当該移動式
  クレーンについて、その使用をⒶしたとき又はつり上げ荷重を3t未満に変更
  したときは、その者は、遅滞なく、Ⓑを所轄Ⓒに返還しなければならない。」

	A	B	C
(1)	休止	製造許可証	労働基準監督署長
(2)	休止	検査証	都道府県労働局長
(3)	廃止	検査証	都道府県労働局長
(4)	廃止	製造許可証	都道府県労働局長
(5)	廃止	検査証	労働基準監督署長

【問23】移動式クレーンの運転（道路上を走行させる運転を除く。）及び玉掛けの業務に関する記述として、法令上、正しいものは次のうちどれか。

(1) 移動式クレーン運転士免許では、つり上げ荷重50tの浮きクレーンの運転の業務に就くことができない。

(2) 小型移動式クレーン運転技能講習の修了では、つり上げ荷重6tのラフテレーンクレーンの運転の業務に就くことができない。

(3) 玉掛け技能講習の修了では、つり上げ荷重10tのクローラクレーンを用いて行う5tの荷の玉掛けの業務に就くことができない。

(4) 玉掛けの業務に係る特別の教育の受講で、つり上げ荷重4tの積載形トラッククレーンを用いて行う0.9tの荷の玉掛けの業務に就くことができる。

(5) 移動式クレーンの運転の業務に係る特別の教育の受講で、つり上げ荷重2tのホイールクレーンの運転の業務に就くことができる。

【問24】移動式クレーンの使用及び就業に関する記述として、法令上、誤っているものは次のうちどれか。

(1) 移動式クレーンに係る作業を行うときは、移動式クレーンの上部旋回体との接触による危険がある箇所に労働者を立ち入らせてはならない。ただし、監視人を配置し、その者に当該危険がある箇所への労働者の立入りを監視させるときは、この限りでない。

(2) アウトリガーを有する移動式クレーンを用いて作業を行うときは、当該アウトリガーを最大限に張り出さなければならない。ただし、アウトリガーを最大限に張り出すことができない場合であって、当該移動式クレーンに掛ける荷重が当該移動式クレーンのアウトリガーの張り出し幅に応じた定格荷重を下回ることが確実に見込まれるときは、この限りでない。

(3) 移動式クレーンについては、移動式クレーン明細書に記載されているジブの傾斜角（つり上げ荷重が3t未満のものにあっては、これを製造した者が指定した傾斜角）の範囲をこえて使用してはならない。

(4) 移動式クレーンにその定格荷重をこえる荷重をかけて使用してはならない。

(5) 移動式クレーンの運転者を、荷をつったままで、運転位置から離れさせてはならない。

【問25】 移動式クレーンの使用に関する記述として、法令上、誤っているものは次のうちどれか。

(1) 地盤が軟弱であるため移動式クレーンが転倒するおそれのある場所においては、原則として、移動式クレーンを用いて作業を行ってはならない。

(2) 労働者から移動式クレーンの安全装置の機能が失われている旨の申出があったときは、すみやかに、適当な措置を講じなければならない。

(3) 油圧を動力として用いる移動式クレーンの安全弁については、原則として、つり上げ荷重に相当する荷重をかけたときの油圧に相当する圧力以下で作用するように調整しておかなければならない。

(4) 移動式クレーンを用いて作業を行うときは、移動式クレーンの運転者及び玉掛けをする者が当該移動式クレーンの定格荷重を常時知ることができるよう、表示その他の措置を講じなければならない。

(5) 原則として、移動式クレーンにより、労働者を運搬し、又は労働者をつり上げて作業させてはならない。

【問26】 次の文章は移動式クレーンに係る法令条文であるが、この文中の□内に入れるA及びBの数値の組合せとして、正しいものは (1) ～ (5) のうちどれか。

「事業者は、移動式クレーンの巻過防止装置については、フック、グラブバケット等のつり具の上面又は当該つり具の巻上げ用シーブの上面と、ジブの先端のシーブその他当該上面が接触するおそれのある物（傾斜したジブを除く。）の下面との間隔が<u>A</u>m以上（直働式の巻過防止装置にあっては、<u>B</u>m以上）となるように調整しておかなければならない。」

	A	B
(1)	0.05	0.15
(2)	0.05	0.25
(3)	0.15	0.05
(4)	0.15	0.25
(5)	0.25	0.05

【問27】 つり上げ荷重 20t の移動式クレーンの検査に関する記述として、法令上、誤っているものは次のうちどれか。

(1) 製造検査においては、移動式クレーンの各部分の構造及び機能について点検を行うほか、荷重試験及び安定度試験を行うものとする。

(2) 使用検査における安定度試験は、定格荷重の 1.27 倍に相当する荷重の荷をつって、安定に関し最も不利な条件で地切りすることにより行うものとする。

(3) 性能検査における荷重試験は、定格荷重の 1.25 倍に相当する荷重の荷をつって、つり上げ、旋回、走行等の作動を行うものとする。

(4) 変更検査を受ける者は、移動式クレーンを検査しやすい位置に移さなければならない。

(5) 使用再開検査を受ける者は、荷重試験及び安定度試験のための荷及び玉掛用具を準備しなければならない。

【問28】 移動式クレーンの自主検査及び点検に関する記述として、法令上、誤っているものは次のうちどれか。

(1) 1 年以内ごとに 1 回行う定期自主検査においては、つり上げ荷重に相当する荷重の荷をつって行う荷重試験を実施しなければならない。

(2) 1 か月以内ごとに 1 回行う定期自主検査においては、ブレーキの異常の有無について検査を行わなければならない。

(3) 作業開始前の点検においては、コントローラーの機能について点検を行わなければならない。

(4) 定期自主検査の結果は、記録し、これを 3 年間保存しなければならない。

(5) 定期自主検査又は作業開始前の点検を行い、異常を認めたときは、直ちに補修しなければならない。

【問29】 次のうち、法令上、移動式クレーンの玉掛用具として使用禁止とされているものはどれか。

(1) ワイヤロープ 1 よりの間において素線（フィラ線を除く。以下同じ。）の数の 9 ％の素線が切断したワイヤロープ

(2) 直径の減少が公称径の 6 ％のワイヤロープ

(3) 使用する際の安全係数が 6 となるシャックル

(4) リンクの断面の直径の減少が、製造されたときの当該直径の 11 ％のつりチェーン

(5) 伸びが製造されたときの長さの 4 ％のつりチェーン

【問30】次の文章は移動式クレーン運転士免許証に係る法令条文を抜粋したものであるが、この文中の□内に入れるAからCの語句の組合せとして、正しいものは（1）～（5）のうちどれか。

「免許証の交付を受けた者で、当該免許に係る業務に現に就いているもの又は就こうとするものは、免許証を滅失し、又はⒶしたときは、免許証再交付申請書を免許証の交付を受けたⒷ又はその者のⒸに提出し、免許証の再交付を受けなければならない。」

	A	B	C
(1)	損傷	労働基準監督署長	住所を管轄する労働基準監督署長
(2)	損傷	都道府県労働局長	住所を管轄する都道府県労働局長
(3)	紛失	労働基準監督署長	所属事業場の所在地を管轄する労働基準監督署長
(4)	免許の種類を変更	都道府県労働局長	所属事業場の所在地を管轄する都道府県労働局長
(5)	免許の種類を変更	労働基準監督署長	所属事業場の所在地を管轄する労働基準監督署長

次の科目の免除者は問31～問40は解答しないでください。

〔移動式クレーンの運転のために必要な力学に関する知識〕

【問31】力に関する記述として、適切なものは次のうちどれか。
(1) 力の三要素とは、力の大きさ、力のつり合い及び力の作用点をいう。
(2) 多数の力が一点に作用し、つり合っているとき、これらの力の合力は0（ゼロ）になる。
(3) 力の大きさをF、回転軸の中心から力の作用線に下ろした垂線の長さをLとすれば、力のモーメントMは、M＝F／Lで求められる。
(4) 小さな物体の1点に大きさが異なり向きが一直線上にない二つの力が作用して物体が動くとき、その物体は大きい力の方向に動く。
(5) 力の大きさと向きが変わらなければ、力の作用点が変わっても物体に与える効果は変わらない。

【問32】 図のような天びん棒で荷Wをワイヤロープでつり下げ、つり合うとき、天びん棒を支えるための力Fの値は (1) 〜 (5) のうちどれか。

　　ただし、重力の加速度は9.8m/s²とし、天びん棒及びワイヤロープの質量は考えないものとする。

(1)　98 N
(2)　196 N
(3)　294 N
(4)　392 N
(5)　490 N

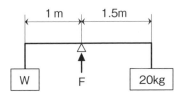

【問33】 物体の質量及び比重に関する記述として、適切でないものは次のうちどれか。

(1) 鉛1m³の質量は、約11.4tである。
(2) 物体の体積をV、その単位体積当たりの質量をdとすれば、その物体の質量Wは、W＝V×dで求められる。
(3) 銅の比重は、約8.9である。
(4) 形状が立方体で均質な材料でできている物体では、縦、横、高さ3辺の長さがそれぞれ4倍になると質量は16倍になる。
(5) 水2.7m³の質量とアルミニウム1m³の質量はほぼ同じである。

【問34】次の文中の□内に入れるAからCの語句の組合せとして、正しいものは (1) 〜 (5) のうちどれか。

　　「水平面においてある物体が図に示すように傾いているとき、この物体に作用する[A]により生じている力が合力Wとして重心Gに鉛直に作用し、回転の中心△を支点として、物体を[B]とする方向に[C]として働く。」

	A	B	C
(1)	重力	元に戻そう	モーメント
(2)	重力	倒そう	遠心力
(3)	復元力	元に戻そう	引張応力
(4)	遠心力	倒そう	引張応力
(5)	向心力	元に戻そう	動荷重

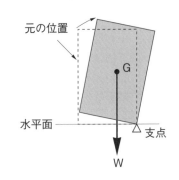

【問 35】 物体の運動に関する記述として、適切でないものは次のうちどれか。

(1) 物体の運動の「速い」、「遅い」の程度を示す量を速さといい、単位時間に物体が移動した距離で表す。

(2) 物体が円運動をしているときの遠心力と向心力は、力の大きさが等しく、向きが反対である。

(3) 物体が一定の加速度で加速し、その速度が 2 秒間に 10m/s から 20m/s になったときの加速度は、10m/s² である。

(4) 運動している物体には、外部から力が作用しない限り、永久に同一の運動を続けようとする性質があり、この性質を慣性という。

(5) 静止している物体を動かしたり、運動している物体の速度を変えるためには力が必要である。

【問 36】 軟鋼の材料の強さ、応力、変形などに関する記述として、適切でないものは次のうちどれか。

(1) 引張試験において、材料の試験片を材料試験機に取り付けて静かに引張荷重をかけると、加えられた荷重に応じて試験片に変形が生じるが、荷重の大きさが応力−ひずみ線図における比例限度以内であれば、荷重を取り除くと、試験片は荷重が作用する前の形状（原形）に戻る。

(2) 繰返し荷重が作用するとき、比較的小さな荷重であっても機械や構造物が破壊することがあり、このような現象を疲労破壊という。

(3) 材料に荷重をかけると、材料の内部にはその荷重に抵抗し、つり合いを保とうとする内力が生じる。

(4) 材料が圧縮荷重を受けたときに生じる応力を圧縮応力という。

(5) 引張応力は、材料に作用する引張荷重を材料の表面積で割って求められる。

【問 37】 荷重に関する記述として、適切でないものは次のうちどれか。

(1) 移動式クレーンのシーブを通る巻上げ用ワイヤロープには、引張荷重と曲げ荷重がかかる。

(2) 移動式クレーンのフックには、ねじり荷重と圧縮荷重がかかる。

(3) 移動式クレーンの巻上げドラムには、曲げ荷重とねじり荷重がかかる。

(4) 片振り荷重と衝撃荷重は、動荷重である。

(5) 荷を巻き下げているときに急制動すると、玉掛け用ワイヤロープには衝撃荷重がかかる。

【問 38】 図 A から C のとおり、同一形状で質量が異なる 3 つの荷を、それぞれ同じ長さの 2 本の玉掛け用ワイヤロープを用いて、それぞれ異なるつり角度でつり上げるとき、1 本のワイヤロープにかかる張力の値が大きい順に並べたものは (1) ～ (5) のうちどれか。

ただし、いずれも荷の左右のつり合いは取れており、左右のワイヤロープの張力は同じとし、ワイヤロープの質量は考えないものとする。

張力

大	→	小
(1) A,	B,	C
(2) B,	A,	C
(3) B,	C,	A
(4) C,	B,	A
(5) C,	A,	B

A　　　　　B　　　　　C

60°　　　　90°　　　　120°

3 t　　　　4 t　　　　2 t

【問 39】 物体に働く摩擦力に関する記述として、適切でないものは次のうちどれか。

(1) 水平面で静止している物体に力を加えなければ、摩擦力は働かない。

(2) 最大静止摩擦力の大きさは、静止摩擦係数に反比例する。

(3) 物体が他の物体に接触しながら運動しているときに働く摩擦力を、運動摩擦力という。

(4) 運動摩擦力の大きさは、物体の接触面に作用する垂直力の大きさに比例するが、接触面積には関係しない。

(5) 円柱状の物体を動かす場合、転がり摩擦力は滑り摩擦力に比べると小さい。

【問 40】 図のような滑車を用いて、質量Wの荷をつり上げるとき、荷を支えるために必要な力Fを求める式がそれぞれの図の下部に記載してあるが、これらの力Fを求める式として、誤っているものは (1) ～ (5) のうちどれか。

ただし、g は重力の加速度とし、滑車及びワイヤロープの質量並びに摩擦は考えないものとする。

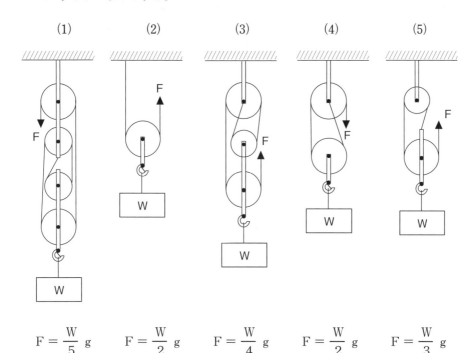

(1)	(2)	(3)	(4)	(5)
$F = \dfrac{W}{5}\,g$	$F = \dfrac{W}{2}\,g$	$F = \dfrac{W}{4}\,g$	$F = \dfrac{W}{2}\,g$	$F = \dfrac{W}{3}\,g$

◆正解一覧

問題	正解	チェック				
〔移動式クレーンに関する知識〕						
問 1	(5)					
問 2	(3)					
問 3	(2)					
問 4	(4)					
問 5	(1)					
問 6	(4)					
問 7	(5)					
問 8	(2)					
問 9	(2)					
問 10	(2)					
小計点						

問題	正解	チェック				
〔関係法令〕						
問 21	(4)					
問 22	(5)					
問 23	(2)					
問 24	(1)					
問 25	(3)					
問 26	(5)					
問 27	(3)					
問 28	(1)					
問 29	(4)					
問 30	(2)					
小計点						

〔原動機及び電気に関する知識〕						
問 11	(3)					
問 12	(4)					
問 13	(5)					
問 14	(4)					
問 15	(1)					
問 16	(3)					
問 17	(5)					
問 18	(2)					
問 19	(1)					
問 20	(4)					
小計点						

〔移動式クレーンの運転のために必要な力学に関する知識〕						
問 31	(2)					
問 32	(5)					
問 33	(4)					
問 34	(1)					
問 35	(3)					
問 36	(5)					
問 37	(2)					
問 38	(3)					
問 39	(2)					
問 40	(1)					
小計点						

合計点	1回目	/40
	2回目	/40
	3回目	/40
	4回目	/40
	5回目	/40

◆解説

〔移動式クレーンに関する知識〕

【問1】(5) が適切。⇒1章1節_2．移動式クレーンの用語（P.8）参照

(1) つり上げ荷重とは、アウトリガーを有する移動式クレーンにあっては、当該アウトリガーを最大限に張り出し、ジブ長さを<u>最短</u>〔最長 ×〕に、傾斜角を<u>最大</u>〔最小 ×〕にしたときに負荷させることができる最大の荷重をいい、フックなどのつり具分が含まれる。

(2) 定格速度とは、<u>定格荷重</u>〔つり上げ荷重 ×〕に相当する荷重の荷をつって、つり上げ、旋回などの作動を行う場合の、それぞれの最高の速度をいう。

(3) ジブの起伏とは、ジブが取り付けられたピンを支点として傾斜角を変える運動をいい、傾斜角を変える運動には、起伏シリンダの作動によるものと、<u>起伏用</u>〔巻上げ用 ×〕ワイヤロープの巻取り、巻戻しによるものがある。

(4) ジブ長さ、ジブの傾斜角に応じてフック、グラブバケット等のつり具を有効に上下させることができる上限と下限との水直距離を揚程といい、総揚程とは、地面から上の揚程（地上揚程）と下の揚程（地下揚程）を合わせたものをいう。

【問2】(3) が不適切。

⇒1章2節_5．浮き（フローティング）クレーン（P.16）参照

(3) 浮きクレーンは、長方形の箱形などの台船上にクレーン装置を搭載した型式のもので、<u>自航式と非自航式があり、クレーン装置が旋回するものと旋回しないもの、また、ジブが起伏するものと固定したものなどがある。</u>〔あるが、台船の構造上、自ら航行するものはない。 ×〕

【問3】(2) が不適切。⇒1章3節_1．下部走行体（P.17）参照

(2)クローラクレーン用下部走行体は、走行フレームの後方に<u>起動輪</u>〔遊動輪 ×〕、前方に<u>遊動輪</u>〔起動輪 ×〕を配置してクローラベルトを巻いたもので、起動輪を駆動することにより走行する。

【問4】(4) が適切。⇒1章3節_2．上部旋回体（P.20）、

3．フロントアタッチメント（P.23）参照

(1) トラッククレーンの旋回フレーム上には、巻上装置、クレーン操作用の運転室などが設置され、カウンタウエイトは<u>後方</u>〔下部走行体 ×〕に取り付けられている。

(2) & (3) トラッククレーンは、クレーン操作装置と走行用操縦装置が別々の運転室に設けられており、ホイールクレーンは<u>一つの運転室で走行とクレーン操作が行える</u>。

縦書き第5回目　令和3年10月公表問題　解答と解説

(5) 補助ブラケットは、くい打ちリーダ用キャッチフォーク等を取り付けるために装備されている。

【問5】 **(1)** が不適切。⇒**1章3節_2．上部旋回体（P.20）参照**
(1) 巻上装置は、ウインチ操作レバーを操作すると、油圧モータ、<u>減速機、クラッチ、ドラムの順に</u>〔クラッチ、ドラム、減速機の順に ✕〕駆動力が伝わり、荷の巻上げ、巻下げが行われる。

【問6】 **(4)** が不適切。⇒**1章3節_3．フロントアタッチメント（P.23）参照**
(4) 箱形構造ジブには、2段目、3段目、4段目と順番に伸縮する順次伸縮方式のほかに、<u>2段目、3段目、4段目が同時に伸縮する同時伸縮方式がある</u>。

【問7】 **(5)** が不適切。⇒**1章4節_1．ワイヤロープの構造（P.26）参照**
(5) 心綱は、<u>ワイヤロープの中心に入れて心にしたもの</u>で、繊維心やワイヤロープのロープ心（鋼心）等がある。

【問8】 **(2)** が不適切。⇒**1章3節_3．フロントアタッチメント（P.23）参照**
(2) 玉掛け用ワイヤロープの外れ止め装置は、<u>フック</u>〔シーブ ✕〕から玉掛け用ワイヤロープが外れるのを防止するための装置である。

【問9】 **(2)** が適切。⇒**1章6節_5．移動式クレーンの作業と注意（P.36）参照**
(1) トラッククレーンは、荷をつって旋回する場合、一般に、<u>後方</u>〔前方領域 ✕〕が最も安定が良く、次に側方となっており、前方領域は側方、後方よりも安定が悪い。
(3) クローラクレーンは、<u>側方領域、前方領域及び後方領域の定格総荷重は同じである</u>〔側方領域に比べ前方領域及び後方領域の定格総荷重が小さい ✕〕。
(4) 巻上げ操作による荷の横引きは<u>絶対に行ってはならない</u>。
(5) つり荷を下ろしたときに玉掛け用ワイヤロープが挟まり、手で抜けなくなった場合、危険なので<u>フックの巻上げによって荷から引き抜く行為は絶対に行ってはならない</u>（玉掛け用ワイヤロープが荷に引っかかって荷崩れが起きる）。

【問10】 **(2)** ジブ長さ 16.4 m、作業半径 8.0 mが正しい。
⇒**1章6節_2．定格総荷重表の見方（P.34）参照**
移動式クレーンの定格総荷重は、<u>作業半径の大きい範囲では機体の安定により</u>規定されている。したがって、選択肢の組み合わせのうち表の境界線より下（作業半径が大きい）の欄を指しているものを選ぶ。

〔原動機及び電気に関する知識〕

【問 11】 **(3)** が不適切。⇒2章1節_2．ディーゼルエンジンの作動（P.42）参照

(3) ディーゼルエンジンは、<u>高温高圧</u>〔常温常圧 ✕〕の空気の中に高温高圧の軽油や重油を噴射して燃焼させる。

【問 12】 **(4)** が適切。
⇒2章1節_4．ディーゼルエンジンの構造と機能（P.43）参照

(1) & (3)
始動補助装置の<u>グロープラグ</u>〔電熱式エアヒータ ✕〕は、保護金属管の中にヒートコイルが組み込まれ、これに電流が流れることで副室内を加熱するものである。<u>電熱式エアヒータ</u>〔グロープラグ ✕〕は、直接噴射式エンジンのマニホールドの吸気通路に取り付けられ、発熱体に電流が流れることで吸気を均一に加熱するものである。

(2) <u>フライホイール</u>〔タイミングギヤ ✕〕は、クランク軸の後端に取り付けられた<u>円盤状の回転体</u>〔ギヤ ✕〕で、エンジンの燃焼行程のエネルギーを一時的に蓄えてクランク軸の回転を円滑にするためのものである。タイミングギヤは、吸排気バルブの開閉のタイミングを決めるものである。

(5) ディーゼルエンジンは、圧縮力が大きく始動クランキングのトルクが著しく大きいので、バッテリは<u>12V</u>〔24V ✕〕を2個直列に接続して<u>24V</u>〔48V ✕〕を用いることが多い。

【問 13】 **(5) 81N** ⇒2章2節_2．油圧装置の原理（P.49）参照

- パスカルの原理により、示された数値を式に当てはめてみる。
  ピストンの断面積＝半径×半径× 3.14 （π）
  ⇒ピストンAの断面積＝ $0.5 \times 0.5 \times 3.14 = 0.785$ （cm²）
  ⇒ピストンBの断面積＝ $1.5 \times 1.5 \times 3.14 = 7.065$ （cm²）

$$\frac{\text{Bの圧力}}{7.065 \ （\text{cm}^2）} = \frac{9 \ （\text{N}）}{0.785 \ （\text{cm}^2）}$$

$$\text{Bの圧力} = 7.065 \times \frac{9}{0.785} = \textbf{81 （N）}$$

【問 14】 **(4)** が不適切。⇒2章2節_3．油圧装置のしくみと構成（P.51）参照

(4) プランジャポンプは、シリンダとプランジャの摺動部分が長いため、油漏れが<u>少ない</u>〔多い ✕〕。

【問 15】（1）が適切。⇒2章2節 _ 6．油圧制御弁（P.55）参照

　　「移動式クレーンに使われる油圧制御弁を機能別に分類すると、圧力制御弁、流量制御弁及び方向制御弁の3種類がある。その例を挙げると、圧力制御弁にはシーケンス弁があり、流量制御弁には絞り弁があり、方向制御弁には逆止め弁がある。」

【問 16】（3）が不適切。⇒2章2節 _ 7．付属機器等（P.56）参照

　（3）アキュムレータは、シェル内をゴム製の隔壁（ブラダ）などにより油室とガス室に分け、ガスの圧縮性により作動油の油圧を調整する部品であるが、リターンフィルタ等は備えられていない。リターンフィルタが備えられている機器は作動油タンク。

【問 17】（5）が不適切。⇒2章2節 _10．油圧装置の保守（P.60）参照

　（5）ポンプの焼き付きの原因となるため、エンジン及び油圧ポンプの全負荷運転は行わない。ポンプの運転前に配管内の空気を十分に抜くこと。

【問 18】（2）が不適切。⇒2章2節 _ 9．作動油の性質（P.60）参照

　（2）作動油は、運転中、高温で空気などに接し、かくはん状態で使用されるので劣化あるいは酸化〔蒸発 ✕〕しやすい。

【問 19】（1）が不適切。⇒2章3節 _ 1．電気の種類（電流）（P.63）参照

　（1）発電所から変電所までは、7000V を超える特別高圧〔6600 Vの高圧 ✕〕で電力が送られている。

【問 20】（4）が適切。⇒2章3節 _ 7．絶縁（P.69）参照

	導体	絶縁体
（1）	鋳鉄	黒鉛 ⇒ 導体
（2）	アルミニウム	大地 ⇒ 導体
（3）	鋼	海水 ⇒ 導体
（4）	銅	磁器
（5）	雲母 ⇒ 絶縁体	空気

〔関係法令〕

【問21】(4) が誤り。⇒3章5節 _ 1. 移動式クレーンの変更（P.85）参照

(4) ジブその他の構造部分または台車に該当する部分に変更を加えた者は、当該移動式クレーンについて、所轄労働基準監督署長の検査（変更検査）を受けなければならない。原動機は変更届が必要だが、変更検査は対象外。

【問22】(5) が正しい。⇒3章5節 _ 4. 検査証の返還（P.86）参照

「つり上げ荷重3t以上の移動式クレーンを設置している者が、当該移動式クレーンについて、その使用を廃止したとき又はつり上げ荷重を3t未満に変更したときは、その者は、遅滞なく、検査証を所轄労働基準監督署長に返還しなければならない。」

【問23】(2) が正しい。⇒3章2節 _ 7. 特別の教育及び就業制限（P.79）、
**　　　　　　　　　　　　　　3章6節 _ 5. 就業制限（P.92）参照**

(1) 移動式クレーン運転士免許では、つり上げ荷重50tの浮きクレーンの運転の業務に就くことができる〔できない ✕〕。制限はないため、全て運転可能。

(3) 玉掛け技能講習の修了では、つり上げ荷重10tのクローラクレーンを用いて行う5tの荷の玉掛けの業務に就くことができる〔できない ✕〕。

(4) 玉掛けの業務に係る特別の教育の受講で、つり上げ荷重4tの積載形トラッククレーンを用いて行う0.9tの荷の玉掛けの業務に就くことができない〔できる ✕〕。特別の教育受講で就ける玉掛け業務は、つり上げ荷重1t未満。

(5) 移動式クレーンの運転の業務に係る特別の教育の受講で、つり上げ荷重2tのホイールクレーンの運転の業務に就くことができない〔できる ✕〕。特別の教育受講で運転できるのは、つり上げ荷重1t未満の移動式クレーン。

【問24】(1) が誤り。⇒3章2節 _15. 立入禁止（P.81）参照

(1) 移動式クレーンに係る作業を行うときは、移動式クレーンの上部旋回体との接触による危険がある箇所に労働者を立ち入らせてはならない。※いかなる場合でも禁止。

【問25】(3) が誤り。⇒3章2節 _ 4. 安全弁の調整（P.78）参照

(3) 油圧を動力として用いる移動式クレーンの安全弁については、原則として、最大の定格荷重〔つり上げ荷重 ✕〕に相当する荷重をかけたときの油圧に相当する圧力以下で作用するように調整しておかなければならない。

【問 26】 (5) が正しい。⇒ 3 章 2 節 _ 3. 巻過防止装置の調整（P.78）参照

　　「事業者は、移動式クレーンの巻過防止装置については、フック、グラブバケット等のつり具の上面又は当該つり具の巻上げ用シーブの上面と、ジブの先端のシーブその他当該上面が接触するおそれのある物（傾斜したジブを除く。）の下面との間隔が <u>0.25 m 以上</u>（直働式の巻過防止装置にあっては、<u>0.05 m 以上</u>）となるように調整しておかなければならない。」

【問 27】 (3) が誤り。⇒ 3 章 4 節 _ 性能検査（P.84）参照

　(3) 性能検査における荷重試験は、定格荷重〔の 1.25 倍 ✕〕に相当する荷重の荷をつって、つり上げ、旋回、走行等の作動を<u>定格速度</u>により行うものとする。

【問 28】 (1) が誤り。⇒ 3 章 3 節 _ 定期自主検査等（P.83）参照

　(1) 1 年以内ごとに 1 回行う定期自主検査においては、<u>定格荷重</u>〔つり上げ荷重 ✕〕に相当する荷重の荷をつって行う荷重試験を実施しなければならない。なお、製造検査においては定格荷重の 1.25 倍に相当する荷重で行う。

【問 29】 (4) が使用禁止。⇒ 3 章 6 節 _ 2. 不適格な玉掛用具（P.88）参照

　(4) リンクの断面の直径の減少が、製造されたときの当該直径の 11 %〔10 % 以上 ✕〕のつりチェーン

【問 30】 (2) が正しい。⇒ 3 章 7 節 _ 4. 免許証の再交付または書替え（P.93）参照

　　「免許証の交付を受けた者で、当該免許に係る業務に現に就いているもの又は就こうとするものは、免許証を滅失し、又は<u>損傷</u>したときは、免許証再交付申請書を免許証の交付を受けた<u>都道府県労働局長</u>又はその者の<u>住所を管轄する都道府県労働局長</u>に提出し、免許証の再交付を受けなければならない。」

〔移動式クレーンの運転のために必要な力学に関する知識〕

【問 31】 (2) が適切。⇒ 4 章 2 節 _ 力に関する事項（P.99 ～）参照

　(1) 力の三要素とは、力の大きさ、<u>力の向き</u>〔力のつり合い ✕〕及び力の作用点をいう。

　(3) 力の大きさを F、回転軸の中心から力の作用線に下ろした垂線の長さを L とすれば、力のモーメント M は、<u>M ＝ F × L</u>〔M ＝ F / L ✕〕で求められる。

　(4) 小さな物体の 1 点に大きさが異なり向きが一直線上にない二つの力が作用して物体が動くとき、その物体は<u>合力</u>〔大きい力 ✕〕の方向に動く。

　(5) 力の大きさと向きが同様であっても、<u>力の作用点が作用線上以外に変わると物体に与える効果も変わる</u>

【問32】 (5) 490N ⇒4章2節_7．力のつり合い（P.103）参照

- 天秤棒の支点Fを中心とした力のつり合いを考える。
- つり合いの条件

  左回りのモーメント M_1

  ＝右回りのモーメント M_2

  M_1（$W \times 1\,m$）＝ M_2（$20kg \times 1.5m$）

  $1\,W = 30$ ⇒ $W = 30$

  $W = 30kg$

  $F = W$（$30kg$）＋$20kg = 50kg$
- $kg \Rightarrow N$ に変換。

  $50kg \times 9.8m/s^2 = \underline{\textbf{490N}}$

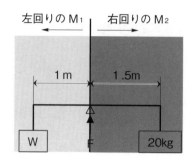

【問33】 (4) が不適切。⇒4章3節_3．体積（P.108）参照

(4) 形状が立方体で均質な材料でできている物体では、縦、横、高さ3辺の長さがそれぞれ4倍になると質量は <u>64倍</u>〔16倍 ×〕になる。

【問34】 (1) が適切。⇒4章3節_5．物体の安定〈座り〉（P.112）参照

「水平面においてある物体が図に示すように傾いているとき、この物体に作用する<u>重力</u>により生じている力が合力Wとして重心Gに鉛直に作用し、回転の中心△を支点として、物体を<u>元に戻そう</u>とする方向に<u>モーメント</u>として働く。」

【問35】 (3) が不適切。⇒4章4節_1．運動（P.113）参照

(3) 物体が一定の加速度で加速し、その速度が2秒間に10m/sから20m/sになったときの加速度は、<u>5 m/s²</u>〔10m/s² ×〕である。

- 加速度＝ $\dfrac{20m/s - 10m/s}{2\,s（秒）} = \dfrac{10m/s}{2\,s（秒）} = \underline{\textbf{5 m/s}^2}$

【問36】 (5) が不適切。⇒4章5節_2．応力（P.122）参照

(5) 引張応力は、材料に作用する引張荷重を材料の<u>断面積</u>〔表面積 ×〕で割って求められる。

- 応力＝ $\dfrac{部材に作用する荷重}{部材の断面積}$（$N/mm^2$）

(2) 移動式クレーンのフックには、<u>引張荷重と曲げ荷重</u>〔ねじり荷重と圧縮荷重 **✕**〕がかかる。

【問 38】(3) B ＞ C ＞ A ⇒ 4 章 6 節 _ 2．つり角度（P.125）参照

- ワイヤロープ 1 本にかかる張力＝ $\dfrac{\text{つり荷の質量}}{\text{つり本数}}$ × 9.8m/s^2 × 張力係数

- 張力係数 ⇒ <u>60℃＝ 1.16、90℃＝ 1.41、120℃＝ 2.0</u>

$$A = \frac{3\,t}{2\,(\text{本})} \times 9.8\text{m/s}^2 \times 1.16 = 17.052\text{kN}$$

$$B = \frac{4\,t}{2\,(\text{本})} \times 9.8\text{m/s}^2 \times 1.41 = 27.636\text{kN}$$

$$C = \frac{2\,t}{2\,(\text{本})} \times 9.8\text{m/s}^2 \times 2.0 = 19.6\text{kN}$$

= **B（27.636kN）＞ C（19.6kN）＞ A（17.052kN）**

【問 39】(2) が不適切。⇒ 4 章 4 節 _ 2．摩擦力（P.117）参照

(2) 最大静止摩擦力の大きさは、静止摩擦係数に<u>比例</u>〔反比例 **✕**〕する。

- 最大静止摩擦力 Fmax ＝静止摩擦係数 μ ×垂直力 Fw

【問40】（1）が不適切。⇒4章7節_3．組合せ滑車（P.130）参照

- 力Ｆは、次の公式により求めることができる。

$$F = \frac{質量 \times 9.8 m/s^2 \ （Fw）}{動滑車の数 \times 2}$$

※ただし、設問（5）のイラストにおける動滑車のパターンの場合、上記の式に当てはめると正しい"力Ｆ"を求められない。その場合、次の式で考える。

$$F = \frac{質量 \times 9.8 m/s^2 \ （Fw）}{荷をつっているロープの数}$$

- （5）の動滑車に力が働いているロープの数は3本である。

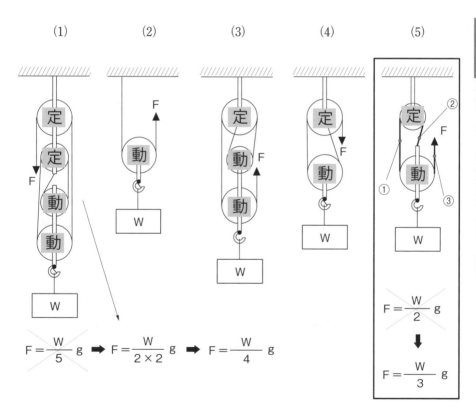

〔移動式クレーンに関する知識〕

【問1】 移動式クレーンに関する用語の記述として、適切なものは次のうちどれか。

(1) 作業半径とは、ジブフートピンからジブポイントまでの距離をいい、ジブの傾斜角を変えると作業半径が変化する。

(2) 定格荷重とは、移動式クレーンの構造及び材料に応じて負荷させることができる最大の荷重をいい、フックなどのつり具分が含まれる。

(3) 定格速度とは、定格荷重に相当する荷重の荷をつって、つり上げ、旋回などの作動を行う場合の、それぞれの最高の速度をいう。

(4) ジブの起伏とは、ジブが取り付けられたピンを支点として傾斜角を変える運動をいい、傾斜角を変える運動には、起伏シリンダの作動によるものと、巻上げ用ワイヤロープの巻取り、巻戻しによるものがある。

(5) 総揚程とは、ジブ長さを最長に、傾斜角を最大にしたときのつり具の上限位置と、ジブ長さを最短に、傾斜角を最小にしたときのつり具の上限位置との間の垂直距離をいう。

【問2】 クローラクレーンに関する記述として、適切でないものは次のうちどれか。

(1) クローラクレーン用下部走行体は、走行フレームの後方に起動輪、前方に遊動輪を配置してクローラベルトを巻いたもので、起動輪を駆動することにより走行する。

(2) クローラベルトは、一般に、鋳鋼又は鍛鋼製のシューをエンドレス状につなぎ合わせたものであるが、ゴム製のものもある。

(3) クローラベルトのシューには、幅の広いものと狭いものがあり、シューを取り換えることにより接地圧を変えることができる。

(4) 平均接地圧（kPa 又は kN/m²）は、一般に、全装備質量 (t) に 9.8 (m/s²) を掛けた数値を、クローラクレーンの下部走行体の水平投影面積（下部走行体を真上から見たときに水平面上に投影される面積：単位 m²）で割ったもので表される。

(5) クローラクレーン用下部走行体は、一般に、油圧シリンダで左右の走行フレーム間隔を広げ又は縮め、クローラ中心距離を変えることができる構造になっている。

【問3】移動式クレーンの種類、型式などに関する記述として、適切なものは次のうちどれか。

(1) 浮きクレーンは、長方形の箱形などの台船上にクレーン装置を搭載した型式のもので、船体型式には自航式と非自航式があり、クレーン装置型式には旋回式と非旋回式がある。

(2) オールテレーンクレーンは、特殊な操向機構と油空圧式サスペンション装置を有し、狭所への進入性は優れているが、不整地は走行できない。

(3) 積載形トラッククレーンのクレーン作動は、走行用原動機とは別のクレーン作業用原動機からPTO（原動機から動力を取り出す装置）を介して動力が伝達された油圧装置により行われる。

(4) トラッククレーン及びラフテレーンクレーンのキャリアには、通常、張出しなどの作動をラックピニオン方式で行うH形又はM形のアウトリガーが備え付けられている。

(5) ラフテレーンクレーンの下部走行体には、専用のキャリアが用いられ、通常、車軸は2軸で、前輪のみを駆動する方式である。

【問4】移動式クレーンのフロントアタッチメントに関する記述として、適切でないものは次のうちどれか。

(1) 補助ジブのうち取付角（オフセット）を油圧シリンダなどにより無段階に設定できる構造のジブをラッフィングジブという。

(2) リフティングマグネットは、電磁石を応用したつり具で、不意の停電に対してつり荷の落下を防ぐため、停電保護装置を備えるものがある。

(3) ペンダントロープは、ジブ上端と上部ブライドルをつなぐワイヤロープである。

(4) 箱形構造ジブは、ジブの強度を確保するため、各段は同時に伸縮せず、必ず2段目、3段目、4段目と順番に伸縮する構造となっている。

(5) ジブバックストップは、ジブが後方へ倒れるのを防止するための支柱で、トラス（ラチス）構造のジブに装備されている。

【問5】移動式クレーンの巻上装置に関する記述として、適切でないものは次のうちどれか。

(1) 巻上装置は、ウインチ操作レバーを操作すると、油圧モータ、クラッチ、ドラム、減速機の順に駆動力が伝わり、荷の巻上げ、巻下げが行われる。

(2) 巻上げドラムは、巻上げ用ワイヤロープを巻き取る鼓状のもので、ワイヤロープが整然と巻けるよう溝が付いているものが多い。

(3) 巻上装置の減速機は、油圧モータの回転数を減速し、必要なトルクを得るためのもので、一般に、平歯車減速式又は遊星歯車減速式のものが使用されている。

(4) 巻上装置のブレーキには、クラッチドラム外側をブレーキバンドで締め付け、摩擦力で制動する構造のものがある。

(5) 巻上装置の駆動軸が回転していても、クラッチ作動用の油圧シリンダに圧油を送らなければ、巻上げドラムに回転は伝わらない。

【問6】移動式クレーンの上部旋回体に関する記述として、適切でないものは次のうちどれか。

(1) 旋回フレームは、上部旋回体の基盤となるフレームで、旋回ベアリングを介して下部機構に取り付けられている。

(2) トラス（ラチス）構造ジブのクローラクレーンの旋回フレームには、補助ジブを使用する際に取り付けるための補助ブラケットが装備されているものがある。

(3) トラッククレーンの上部旋回体は、旋回フレーム上に巻上装置、運転室などが設置され、旋回フレームの後部にカウンタウエイトが取り付けられている。

(4) ラフテレーンクレーンの上部旋回体の運転室には、走行用操縦装置、クレーン操作装置などが装備されている。

(5) オールテレーンクレーンの上部旋回体の運転室には、クレーン操作装置が装備され、走行用操縦装置は下部走行体に装備されている。

【問7】 ワイヤロープに関する記述として、適切でないものは次のうちどれか。

(1) 「Zより」のワイヤロープは、ロープを縦にして見たとき、右上から左下へストランドがよられている。

(2) 「ラングより」のワイヤロープは、ロープのよりの方向とストランドのよりの方向が同じである。

(3) ワイヤロープの谷断線の点検は、ロープを小さな半径に曲げると断線した素線がはみ出すので、これを目視により確認する。

(4) 巻上げ用ワイヤロープを交換したときは、定格荷重の半分程度の荷をつって、巻上げ及び巻下げの操作を数回行い、ワイヤロープを慣らす。

(5) ストランド6よりのワイヤロープの径の測定は、ワイヤロープの同一断面の外接円の直径を3方向から測定し、その最大値をとる。

【問8】 移動式クレーンの取扱いに関する記述として、適切なものは次のうちどれか。

(1) クローラクレーンは、側方領域に比べ前方領域及び後方領域の定格総荷重が小さい。

(2) 箱形構造ジブの場合、ジブを伸ばすとフックブロックが巻下げの状態になるので、ワイヤロープが乱巻きにならないよう、ジブの伸ばしに合わせて巻上げを行う。

(3) 積載形トラッククレーンは、一般に、クレーン装置及びアウトリガーの取付け位置の関係から、後方領域が最も安定が良く、側方領域、前方領域と順に安定が悪くなる。

(4) 巻上げ操作による荷の横引きを行うときは、周囲に人がいないことを確認してから行う。

(5) つり荷を下ろしたときに玉掛け用ワイヤロープが挟まり、手で抜けなくなった場合は、周囲に人がいないことを確認してから、移動式クレーンのフックの巻上げによって荷から引き抜く。

【問9】 移動式クレーンの安全装置などに関する記述として、適切なものは次のうちどれか。

(1) 過負荷防止装置は、ジブの各傾斜角において、つり荷の荷重が定格荷重を超えようとしたときに警報を発して注意を喚起し、定格荷重を超えたときに転倒する危険性が高くなるつり荷の巻上げ、ジブの起こし及び伸ばしの作動を自動的に停止させる装置である。

(2) ジブ起伏停止装置は、ジブの起こし過ぎによるジブの折損や後方への転倒を防止するための装置で、ジブの起こし角が操作限界になったとき、そのまま操作レバーを引いてもジブの作動を自動的に停止させる装置である。

(3) 玉掛け用ワイヤロープの外れ止め装置は、シーブから玉掛け用ワイヤロープが外れるのを防止するための装置である。

(4) 油圧回路の安全弁は、起伏シリンダへの油圧ホースが破損した場合に、油圧回路内の油圧の急激な低下によるつり荷の落下を防止するための装置である。

(5) 移動式クレーンの旋回時などに周囲の作業員に危険を知らせるための警報装置は、通常、運転室内に設けられた足踏み式スイッチにより操作し、運転者が任意の場所で警報を発することができるものである。

【問10】 下に掲げる表は、一般的なラフテレーンクレーンのアウトリガー最大張出しの場合における定格総荷重表を模したものであるが、定格総荷重表中に当該ラフテレーンクレーンの強度（構造部材が破損するかどうか）によって定められた荷重の値と、機体の安定（転倒するかどうか）によって定められた荷重の値の境界線が階段状の太線で示されている。

下表を用いて定格総荷重を求める場合、(1) ～ (5) のジブ長さと作業半径の組み合わせのうち、その組み合わせによって定まる定格総荷重の値が、機体の安定によって定められた値であるものはどれか。

	ジブ長さ	作業半径
(1)	9.35 m	6.5 m
(2)	16.4 m	8.0 m
(3)	23.45 m	9.0 m
(4)	30.5 m	10.0 m
(5)	30.5 m	11.0 m

ラフテレーンクレーン定格総荷重表

アウトリガー最大張出 (6.5 m)					(全周)
		ジブの長さ			
		9.35 m	16.4 m	23.45 m	30.5 m
作業半径	6.0 m	16.3	15.0	12.0	8.0
	6.5 m	15.1	15.0	11.6	8.0
	7.0 m	境界線	14.0	10.6	8.0
	8.0 m		11.3	9.6	8.0
	9.0 m		9.2	8.6	7.6
	10.0 m		7.5	7.6	6.9
	11.0 m		6.3	6.5	6.3
	12.0 m		5.35	5.5	5.6
	13.0 m		4.6	4.75	4.9

(単位：t)

【問 11】 エンジンに関する記述として、適切なものは次のうちどれか。

(1) エンジンは、吸入、燃焼、圧縮、排気の行程順の1循環で1回の動力を発生する。

(2) 4サイクルエンジンは、クランク軸が2回転するごとに1回の動力を発生する。

(3) 4サイクルエンジンの排気行程では、吸気バルブと排気バルブは、ほぼ同時に開く。

(4) ディーゼルエンジンは、常温常圧の空気の中に高温高圧の軽油や重油を噴射して燃焼させる。

(5) ディーゼルエンジンは、ガソリンエンジンに比べ、一般に、運転経費は安いが熱効率が悪い。

【問 12】 移動式クレーンのディーゼルエンジンに取り付けられる補機、装置及びその部品に関する記述として、適切でないものは次のうちどれか。

(1) 燃料噴射ノズルは、燃料の噴射量を加減して負荷の変動による回転速度を調整するものである。

(2) フライホイールは、燃焼行程のエネルギーを一時的に蓄えてクランク軸の回転を円滑にするもので、クランク軸の後端部に取り付けられる。

(3) エアクリーナは、燃料の燃焼に必要な空気をシリンダに吸い込むとき、じんあいを吸い込まないようにろ過するものである。

(4) タイミングギヤは、カム軸とクランク軸の間に組み込まれたギヤで、エンジンの各行程が必要とする時期に吸排気バルブの開閉や燃料の噴射を行わせるためのものである。

(5) 4サイクルエンジンの過給器は、エンジンの出力を増加するため、高い圧力の空気をシリンダ内に強制的に送り込むものである。

【問 13】 油で満たされた二つのシリンダが連絡している図の装置で、ピストンA（直径1cm）に9Nの力を加えるとき、ピストンB（直径3cm）に加わる力は (1) ～ (5) のうちどれか。

(1) 3 N
(2) 9 N
(3) 18 N
(4) 27 N
(5) 81 N

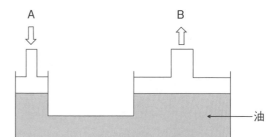

【問 14】油圧駆動装置に関する記述として、適切でないものは次のうちどれか。

(1) 油圧シリンダには、単動型と複動型があり、複動型には、片ロッド式、両ロッド式及び差動式がある。

(2) ラジアル形プランジャモータは、プランジャが回転軸と同一方向に配列されている。

(3) 油圧モータは、圧油を油圧モータに押し込むことにより駆動軸を回転させる装置である。

(4) 移動式クレーンでは、荷の巻上げ用、旋回用及び走行用の油圧モータには、一般にプランジャモータが使用されている。

(5) 複動型シリンダでは、シリンダの両側に作動油の出入口を設け、そこから作動油を流入、流出させて往復運動を行わせる。

【問 15】次の文中の□内に入れるAからCの語句の組合せとして、正しいものは (1)～ (5) のうちどれか。

「移動式クレーンに使われる油圧制御弁を機能別に分類すると、圧力制御弁、流量制御弁及び方向制御弁の３種類がある。その例を挙げると、圧力制御弁には A があり、流量制御弁には B があり、方向制御弁には C がある。」

	A	B	C
(1)	シーケンス弁	絞り弁	逆止め弁
(2)	アンロード弁	減圧弁	方向切換弁
(3)	減圧弁	絞り弁	リリーフ弁
(4)	逆止め弁	リリーフ弁	シーケンス弁
(5)	リリーフ弁	逆止め弁	アンロード弁

【問 16】油圧装置の付属機器に関する記述として、適切でないものは次のうちどれか。

(1) 作動油をためておく作動油タンクには、適切な作動油が供給されるようにエアブリーザ、吸込みフィルタなどが取り付けられている。

(2) 作動油の油温が高温になると障害が起こるので、発熱量が多い使用状況の場合は、強制的に冷却するためにオイルクーラーが用いられる。

(3) アキュムレータは、シェル内をゴム製の隔壁（ブラダ）などにより油室とガス室に分け、ガス室に窒素ガスを封入することによって、圧油を貯蔵する機能を有している。

(4) ラインフィルタは、作動油をろ過するための金網式のエレメントを備えたもので、ポンプ吸込み側に取り付けられる。

(5) 圧力計は、一般にブルドン管圧力計が用いられている。

【問 17】 油圧装置の作動油に関する記述として、適切でないものは次のうちどれか。

(1) 作動油の粘性とは、油が管路を流れるのを妨げようとする性質をいい、この粘性の程度を表す値を粘度という。

(2) 作動油の比重は、一般に 0.85 ～ 0.95 程度である。

(3) 作動油は、運転中、高温で空気などに接し、かくはん状態で使用されるので酸化しやすい。

(4) 正常な作動油は、通常 1 ％程度の水分を含んでいるが、オイルクーラーの水漏れなどにより更に水分が混入すると、作動油は泡立つようになる。

(5) 作動油の引火点は、180 ～ 240℃程度である。

【問 18】 油圧装置の保守に関する次のAからEの記述について、適切でないものみを全て挙げた組み合わせは (1) ～ (5) のうちどれか。

A 作動油中に異物が混入すると、異物が摺動面などにかみ込み、異常摩耗により金属粉などが更に発生し作動油中の異物となり傷を広げるため、結果として速度低下、圧力上昇不良、油漏れなどの原因となる。

B 油圧ポンプの点検項目としては、ポンプを停止した状態での異音及び発熱の有無、接合部及びシール部の油漏れの有無の検査などが挙げられる。

C 油圧配管系統の接続部は、特に緩みやすいので、圧油の漏れを6か月に1回程度点検する。

D 油圧配管系統の分解整備後、配管内に空気が残った場合は、ポンプの焼き付きを防止するため、油圧ポンプを全負荷運転し配管内の空気を除去する。

E フィルタエレメントの洗浄は、一般的には、溶剤に長時間浸した後、ブラシ洗いをして、エレメントの内側から外側へ圧縮空気で吹く。

(1) A，B，C

(2) A，E

(3) B，C，D

(4) B，C，D，E

(5) C，E

【問 19】 電気に関する記述として、適切でないものは次のうちどれか。

(1) 交流は、電流及び電圧の大きさ及び方向が周期的に変化する。

(2) 直流はAC、交流はDCと表される。

(3) 電力会社から電源として供給される交流の周波数には、地域によって 50Hz と 60Hz がある。

(4) 工場の動力用電源には、一般に、200 V 級又は 400 V 級の三相交流が使用されている。

(5) 発電所から変電所までは、特別高圧で電力が送られている。

【問20】 一般的に電気をよく通す導体及び電気を通しにくい絶縁体に区分される
ものの組合せとして、適切なものは（1）〜（5）のうちどれか。

	導体	絶縁体
(1)	鋳鉄	海水
(2)	雲母	空気
(3)	鋼	黒鉛
(4)	ステンレス	鉛
(5)	アルミニウム	磁器

〔関係法令〕

【問21】 つり上げ荷重3t以上の移動式クレーンに係る許可又は検査に関する記述
として、法令上、誤っているものは次のうちどれか。
(1) 移動式クレーンを製造しようとする者は、原則として、あらかじめ、所轄
都道府県労働局長の製造許可を受けなければならない。
(2) 使用検査は、所轄労働基準監督署長が行う。
(3) 性能検査は、原則として登録性能検査機関が行う。
(4) 移動式クレーンの台車に変更を加えた者は、原則として、変更検査を受け
なければならない。
(5) 移動式クレーン検査証の有効期間をこえて使用を休止した移動式クレーン
を再び使用しようとする者は、使用再開検査を受けなければならない。

【問22】 次の文中の□内に入れるAからCの語句の組合せとして、法令上、正し
いものは（1）〜（5）のうちどれか。
　「つり上げ荷重3t以上の移動式クレーンを設置している者が当該移動式ク
レーンについて、その使用を🅐したとき、又はつり上げ荷重を3t未満に変更
したときは、その者は、🅑、移動式クレーン検査証を所轄🅒に返還しなけれ
ばならない。」

	A	B	C
(1)	休止	10日以内に	労働基準監督署長
(2)	廃止	遅滞なく	都道府県労働局長
(3)	廃止	10日以内に	都道府県労働局長
(4)	廃止	遅滞なく	労働基準監督署長
(5)	休止	10日以内に	都道府県労働局長

【問 23】 移動式クレーンの運転（道路上を走行させる運転を除く。）及び玉掛けの業務に関する記述として、法令上、誤っているものは次のうちどれか。

(1) 移動式クレーン運転士免許で、つり上げ荷重 100t の浮きクレーンの運転の業務に就くことができる。

(2) 小型移動式クレーン運転技能講習の修了では、つり上げ荷重 6t のラフテレーンクレーンの運転の業務に就くことができない。

(3) 移動式クレーンの運転の業務に係る特別の教育の受講で、つり上げ荷重 1.5t のホイールクレーンの運転の業務に就くことができる。

(4) 玉掛け技能講習の修了で、つり上げ荷重 20t のクローラクレーンで行う 5t の荷の玉掛けの業務に就くことができる。

(5) 玉掛けの業務に係る特別の教育の受講では、つり上げ荷重 2t の積載形トラッククレーンで行う 0.9t の荷の玉掛けの業務に就くことができない。

【問 24】 次の文中の□内に入れる A 及び B の語句の組合せとして、法令上、正しいものは (1) ～ (5) のうちどれか。

「事業者は、移動式クレーンについては、移動式クレーン A に記載されている B （つり上げ荷重が 3t 未満の移動式クレーンにあっては、これを製造した者が指定した B ）の範囲をこえて使用してはならない。」

	A	B
(1)	設置報告書	つり上げ荷重
(2)	設置報告書	定格荷重
(3)	明細書	ジブの傾斜角
(4)	検査証	定格速度
(5)	検査証	ジブの傾斜角

【問 25】 次の文中の□内に入れる A から C の語句の組合せとして、法令上、正しいものは (1) ～ (5) のうちどれか。

「事業者は、油圧を動力として用いる移動式クレーンの A については、原則として、B に相当する荷重をかけたときの油圧に相当する C するように調整しておかなければならない。」

	A	B	C
(1)	安全弁	最大の定格荷重	圧力以下で作用
(2)	安全弁	つり上げ荷重	圧力以下で作用
(3)	減圧弁	つり上げ荷重	圧力以上で作用
(4)	ジブ	定格荷重の 1.25 倍	圧力以上で伸縮
(5)	ジブ	最大の定格荷重	圧力以下で伸縮

【問26】移動式クレーンに係る作業を行う場合において、法令上、つり上げられている荷の下に労働者を立ち入らせることが禁止されていないものは、次のうちどれか。

(1) つりチェーンを用いて2箇所に玉掛けをした荷がつり上げられているとき。

(2) つりクランプ1個を用いて玉掛けをした荷がつり上げられているとき。

(3) 陰圧により吸着させるつり具を用いて玉掛けをした荷がつり上げられているとき。

(4) 動力下降以外の方法によって荷を下降させるとき。

(5) 複数の荷が一度につり上げられている場合であって、当該複数の荷が結束され、箱に入れられる等により固定されていないとき。

【問27】つり上げ荷重20tの移動式クレーンの検査に関する記述として、法令上、誤っているものは次のうちどれか。

(1) 製造検査における安定度試験は、定格荷重の1.27倍に相当する荷重の荷をつって、当該移動式クレーンの安定に関し最も不利な条件で地切りすることにより行うものとする。

(2) 使用検査における荷重試験は、定格荷重の1.25倍に相当する荷重の荷をつって、つり上げ、旋回、走行等の作動を行うものとする。

(3) 変更検査を受ける者は、荷重試験及び安定度試験のための荷及び玉掛用具を準備しなければならない。

(4) 性能検査においては、移動式クレーンの各部分の構造及び機能について点検を行うほか、荷重試験及び安定度試験を行うものとする。

(5) 使用再開検査を受ける者は、当該検査に立ち会わなければならない。

【問28】移動式クレーンの自主検査及び点検に関する記述として、法令上、誤っているものは次のうちどれか。

(1) 1年以内ごとに1回行う定期自主検査における荷重試験では、定格荷重に相当する荷重の荷をつって、つり上げ、旋回、走行等の作動を定格速度により行わなければならない。

(2) 1か月以内ごとに1回行う定期自主検査においては、コントローラーの異常の有無について検査を行わなければならない。

(3) 作業開始前の点検においては、ブレーキの機能について点検を行わなければならない。

(4) 1か月をこえる期間使用せず、当該期間中に1か月以内ごとに1回行う定期自主検査を行わなかった移動式クレーンについては、その使用を再び開始する際に、所定の事項について自主検査を行わなければならない。

(5) 1年以内ごとに1回行う定期自主検査の結果の記録は3年間保存し、1か月以内ごとに1回行う定期自主検査の結果の記録は1年間保存しなければならない。

【問29】 次のうち、法令上、移動式クレーンの玉掛用具として使用禁止とされていないものはどれか。

(1) 伸びが製造されたときの長さの6%のつりチェーン

(2) ワイヤロープ1よりの間において素線（フィラ線を除く。以下同じ。）の数の11%の素線が切断したワイヤロープ

(3) エンドレスでないワイヤロープで、その両端にフック、シャックル、リング又はアイを備えていないもの

(4) 使用する際の安全係数が4となるシャックル

(5) 直径の減少が公称径の6%のワイヤロープ

【問30】 移動式クレーン運転士免許及び免許証に関する記述として、法令上、違反とならないものは次のうちどれか。

(1) つり上げ荷重が10tの移動式クレーンの運転の業務に副担当者として従事しているが、主担当者が免許証を携帯しているので、自らは免許証を携帯していない。

(2) 免許証の書替えを受ける必要のある者が、免許証書替申請書を免許証を交付した都道府県労働局長ではなく、本人の住所を管轄する都道府県労働局長に提出した。

(3) 移動式クレーン運転中に、重大な過失により労働災害を発生させたため、移動式クレーン運転士免許の取消しの処分を受けた者が、免許証の免許の種類の欄に移動式クレーン運転士免許に加えて、他の種類の免許に係る事項が記載されているので、移動式クレーン運転士免許の取消しをした都道府県労働局長に免許証を返還していない。

(4) 移動式クレーンの運転の業務に従事している者が、免許証を滅失したが、当該免許証の写し及び事業者による当該免許証の所持を証明する書面を携帯しているので、免許証の再交付を受けていない。

(5) 移動式クレーンの運転の業務に従事している者が、氏名を変更したが、他の技能講習修了証等で変更後の氏名を確認できるので、免許証の書替えを受けていない。

次の科目の免除者は問３１〜問４０は解答しないでください。

〔移動式クレーンの運転のために必要な力学に関する知識〕

【問31】 力に関する記述として、適切でないものは次のうちどれか。
(1) 力の大きさと向きが変わらなければ、力の作用点が変わっても物体に与える効果は変わらない。
(2) 物体の一点に二つ以上の力が働いているとき、その二つ以上の力をそれと同じ効果を持つ一つの力にまとめることができる。
(3) 力の作用と反作用とは、同じ直線上で作用し、大きさが等しく、向きが反対である。
(4) 一直線上に作用する互いに逆を向く二つの力の合力の大きさは、その二つの力の大きさの差で求められる。
(5) 力の大きさをF、回転軸の中心から力の作用線に下ろした垂線の長さをLとすれば、力のモーメントMは、M＝F×Lで求められる。

【問32】 図のように三つの重りをワイヤロープによりつるした天びん棒が支点O でつり合っているとき、B点につるした重りPの質量の値は (1) 〜 (5) のうちどれか。
ただし、天びん棒及びワイヤロープの質量は考えないものとする。

(1) 20kg
(2) 30kg
(3) 40kg
(4) 50kg
(5) 60kg

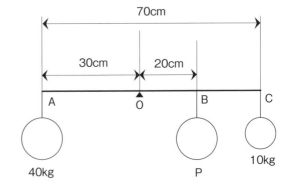

【問33】下記に掲げる物体の体積を求める計算式として、適切でないものは次のうちどれか。

ただし、πは円周率とする。

形状名称	立体図形	体積計算式
(1) 立方体	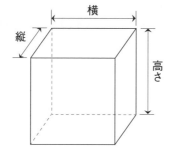	縦×横×高さ
(2) 円柱	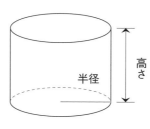	半径^2×π×高さ
(3) 球体		半径^3×π×$\dfrac{4}{3}$
(4) 円錐体		半径^2×π×高さ×$\dfrac{1}{3}$
(5) 直方体	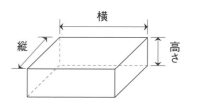	縦×横×高さ×$\dfrac{1}{2}$

【問 34】均質な材料でできた固体の物体の重心に関する次のAからEの記述について、適切でないもののみを全て挙げた組み合わせは (1) 〜 (5) のうちどれか。

A　直方体の物体の置き方を変える場合、重心の位置が高くなるほど安定性は悪くなる。

B　重心の位置が物体の外部にある物体であっても、置き方を変えると重心の位置が物体の内部に移動する場合がある。

C　複雑な形状の物体の重心は、二つ以上の点になる場合があるが、重心の数が多いほどその物体の安定性は良くなる。

D　直方体の物体の置き方を変える場合、物体の底面積が小さくなるほど安定性は悪くなる。

E　水平面上に置いた直方体の物体を傾けた場合、重心からの鉛直線がその物体の底面を通るときは、その物体は元の位置に戻らないで倒れる。

(1)　A，B，C

(2)　A，D

(3)　B，C，D

(4)　B，C，E

(5)　C，D，E

【問 35】荷重に関する記述として、適切なものは次のうちどれか。

(1) 移動式クレーンの巻上げドラムには、曲げ荷重と引張荷重がかかる。

(2) 移動式クレーンのフックには、ねじり荷重と圧縮荷重がかかる。

(3) 繰返し荷重が作用するとき、比較的小さな荷重であっても機械や構造物が破壊することがあるが、このような現象を疲労破壊という。

(4) 片振り荷重は、大きさは同じであるが、向きが時間とともに変わる荷重である。

(5) 荷を巻き下げているときに急制動すると、玉掛け用ワイヤロープには、圧縮荷重がかかる。

【問 36】図のように、水平な床面に置いた質量Wの物体を床面に沿って引っ張り、動き始める直前の力Fの値が 490N であったとき、Wの値は (1) 〜 (5) のうちどれか。

ただし、接触面の静止摩擦係数は 0.5 とし、重力の加速度は 9.8m/s² とする。

(1)　　25kg

(2)　　100kg

(3)　　245kg

(4)　　980kg

(5)　2401kg

【問 37】 物体の運動に関する記述として、適切なものは次のうちどれか。

(1) 運動している物体には、外部から力が作用しない限り、静止している状態に戻ろうとする性質があり、この性質を慣性という。

(2) 物体が円運動をしているとき、遠心力は、物体の質量が大きいほど小さくなる。

(3) 物体が速さや向きを変えながら運動する場合、その変化の程度を示す量を速度という。

(4) 等速直線運動をしている物体の移動した距離をL、その移動に要した時間をTとすれば、その速さVは、V＝L×Tで求められる。

(5) 物体が一定の加速度で加速し、その速度が6秒間に8m/sから17m/sになったときの加速度は、1.5m/s²である。

【問 38】 図AからCのとおり、同一形状で質量が異なる3つの荷を、それぞれ同じ長さの2本の玉掛け用ワイヤロープを用いて、それぞれ異なるつり角度でつり上げるとき、1本のワイヤロープにかかる張力の値が大きい順に並べたものは (1) ～ (5) のうちどれか。

ただし、いずれも荷の左右のつり合いは取れており、左右のワイヤロープの張力は同じとし、ワイヤロープの質量は考えないものとする。

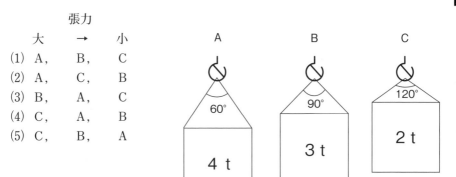

張力

大	→	小
(1) A,	B,	C
(2) A,	C,	B
(3) B,	A,	C
(4) C,	A,	B
(5) C,	B,	A

【問 39】 軟鋼の材料の強さ、応力、変形などに関する記述として、適切でないものは次のうちどれか。

(1) 引張試験で、材料が破断するまでにかけられる最大の荷重を、荷重をかける前の材料の断面積で割った値を引張強さという。

(2) 材料がせん断荷重を受けたときに生じる応力をせん断応力という。

(3) 引張試験で、材料に荷重をかけると変形が生じるが、荷重の大きさが、応力－ひずみ曲線図における比例限度以内であれば、荷重を取り除くと荷重が作用する前の原形に戻る。

(4) 材料に荷重をかけると、材料の内部にはその荷重に抵抗し、つり合いを保とうとする内力が生じる。

(5) 圧縮応力は、材料に作用する圧縮荷重を材料の長さで割って求められる。

【問 40】 図のような組合せ滑車を用いて質量 400kg の荷をつるとき、これを支えるために必要な力Fの値は (1) ～ (5) のうちどれか。

ただし、重力の加速度は 9.8m/s² とし、滑車及びワイヤロープの質量並びに摩擦は考えないものとする。

(1) 280 N
(2) 350 N
(3) 420 N
(4) 490 N
(5) 980 N

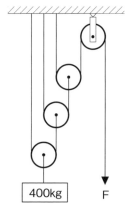

400kg　　F

◆正解一覧

問題	正解	チェック			
〔移動式クレーンに関する知識〕					
問1	(3)				
問2	(4)				
問3	(1)				
問4	(4)				
問5	(1)				
問6	(2)				
問7	(5)				
問8	(3)				
問9	(2)				
問10	(2)				
小計点					

問題	正解	チェック			
〔関係法令〕					
問21	(2)				
問22	(4)				
問23	(3)				
問24	(3)				
問25	(1)				
問26	(1)				
問27	(4)				
問28	(5)				
問29	(5)				
問30	(2)				
小計点					

問題	正解	チェック			
〔原動機及び電気に関する知識〕					
問11	(2)				
問12	(1)				
問13	(5)				
問14	(2)				
問15	(1)				
問16	(4)				
問17	(4)				
問18	(3)				
問19	(2)				
問20	(5)				
小計点					

問題	正解	チェック			
〔移動式クレーンの運転のために必要な力学に関する知識〕					
問31	(1)				
問32	(3)				
問33	(5)				
問34	(4)				
問35	(3)				
問36	(2)				
問37	(5)				
問38	(1)				
問39	(5)				
問40	(4)				
小計点					

合計点	1回目	/40
	2回目	/40
	3回目	/40
	4回目	/40
	5回目	/40

◆解説

〔移動式クレーンに関する知識〕

【問1】(3) が適切。⇒1章1節 _ 2．移動式クレーンの用語（P.8）参照

(1) 作業半径とは、旋回中心から、フックの中心より下ろした鉛直線までの水平距離〔ジブフートピンからジブポイントまでの距離 ×〕のこと。

(2) 定格荷重とは、移動式クレーンの構造及び材料並びに傾斜角及びジブ長さに応じて負荷させることができる最大の荷重をいい、フックなどのつり具分の質量を除いた荷重をいう〔含まれる ×〕。

(4) ジブの起伏とは、ジブが取り付けられたピンを支点として傾斜角を変える運動をいい、傾斜角を変える運動には、起伏シリンダの作動によるものと、起伏用〔巻上げ用 ×〕ワイヤロープの巻取り、巻戻しによるものがある。

(5) ジブ長さ、ジブの傾斜角に応じてフック、グラブバケット等のつり具を有効に上下させることができる上限と下限との水直距離を揚程といい、総揚程とは、地面から上の揚程（地上揚程）と下の揚程（地下揚程）を合わせたものをいう。

【問2】(4) が不適切。⇒1章3節 _ 1．下部走行体（P.17）参照

(4) 平均接地圧（kPa 又は kN/m^2）は、一般に、全装備質量（t）に 9.8（m/s^2）を掛けた数値を、履帯の地面に接する部分の総面積〔クローラクレーンの下部走行体の水平投影面積（下部走行体を真上から見たときに水平面上に投影される面積：単位 m^2）×〕で割ったもので表される。

【問3】(1) が適切。⇒1章2節 _ 移動式クレーンの種類及び形式（P.12〜）参照

(2) オールテレーンクレーンは、特殊な操向機構と油空圧式サスペンション装置を有し、狭所への進入性や、不整地走行にも優れている〔不整地は走行できない ×〕。

(3) 積載形トラッククレーンのクレーン作動は、走行用原動機から〔走行用原動機とは別の ×〕P.T.O を介して油圧装置により行われている。

(4) トラッククレーン及びラフテレーンクレーンのキャリアには、通常、張出しなどの作動を油圧式〔ラックピニオン方式 ×〕で行う H 形又は X 形〔M 形 ×〕のアウトリガーが備え付けられている。

(5) ラフテレーンクレーンの下部走行体には、専用のキャリアが用いられ、2軸〜4軸の車軸を装備し、駆動軸を切り換えることで悪路走行などに対応できるパートタイム駆動方式〔通常、車軸は2軸で、前輪のみを駆動する方式 ×〕がある。

【問4】（4）が不適切。⇒1章3節_3．フロントアタッチメント（P.23）参照
　（4）箱形構造ジブには、2段目、3段目、4段目と順番に伸縮する順次伸縮方
　　　式のほかに、2段目、3段目、4段目が同時に伸縮する同時伸縮方式がある。

【問5】（1）が不適切。⇒1章3節_2．上部旋回体（P.20）参照
　（1）巻上装置は、ウインチ操作レバーを操作すると、油圧モータ、減速機、ク
　　　ラッチ、ドラムの順に〔クラッチ、ドラム、減速機の順に ✕〕駆動力が伝わり、
　　　荷の巻上げ、巻下げが行われる。

【問6】（2）が不適切。⇒1章3節_2．上部旋回体（P.20）参照
　（2）トラス（ラチス）構造ジブのクローラクレーンの旋回フレームには、ジブ
　　　以外のくい打ちリーダ用キャッチフォーク等〔補助ジブを ✕〕を取り付ける
　　　ための補助ブラケットが装備されているものがある。

【問7】（5）が不適切。⇒1章4節_3．ワイヤロープの測り方（P.28）参照
　（5）ストランド6よりのワイヤロープの径の測定は、ワイヤロープの同一断面
　　　の外接円の直径を3方向から測定し、その平均値〔最大値 ✕〕をとる。

【問8】（3）が適切。⇒1章6節_移動式クレーンの取扱い（P.33～）参照
　（1）クローラクレーンは、側方領域、前方領域及び後方領域の定格総荷重は同
　　　じである〔側方領域に比べ前方領域及び後方領域の定格総荷重が小さい ✕〕。
　（2）箱形構造ジブの場合、ジブを伸ばすとフックブロックが巻上げ〔巻下げ ✕〕
　　　の状態になるので、フックブロックの位置に注意して巻下げ〔ワイヤロープ
　　　が乱巻きにならないよう、ジブの伸ばしに合わせて巻上げ ✕〕を行う。
　（4）巻上げ操作による荷の横引きは絶対に行ってはならない。
　（5）つり荷を下ろしたときに玉掛け用ワイヤロープが挟まり、手で抜けなくなっ
　　　た場合に、危険なのでフックの巻上げによって荷から引き抜く行為は絶対に
　　　行ってはならない（玉掛け用ワイヤロープが荷に引っかかって荷崩れが起き
　　　る）。

【問9】（2）が適切。⇒1章5節_移動式クレーンの安全装置等（P.30～）参照
　（1）過負荷防止装置は、ジブの各傾斜角において、つり荷の荷重が定格荷重を
　　　超えようとしたときに警報を発して注意を喚起し、定格荷重を超えたときに
　　　転倒する危険性が高くなるつり荷の巻上げ、ジブの伏せ〔起こし ✕〕及び伸
　　　ばしの作動を自動的に停止させる装置である。
　（3）玉掛け用ワイヤロープの外れ止め装置は、フック〔シーブ ✕〕から玉掛け
　　　用ワイヤロープが外れるのを防止するための装置である。

(4) 油圧回路の<u>逆止め弁</u>〔安全弁 ✕〕は、起伏シリンダへの油圧ホースが破損した場合に、油圧回路内の油圧の急激な低下によるつり荷の落下を防止するための装置である。

(5) 移動式クレーンの旋回時などに周囲の作業員に危険を知らせるための警報装置は、通常、運転室内に設けられた<u>旋回操作レバーのスイッチ</u>〔足踏み式スイッチ ✕〕により操作し、運転者が任意の場所で警報を発することができるものである。

【問10】**(2)** の組み合わせが機体の安定によって定められた値。
　　　　　　　　　　　　⇒1章6節＿2．定格総荷重表の見方（P.34）参照
　移動式クレーンの定格総荷重は、<u>作業半径の大きい範囲では機体の安定により</u>規定されている。したがって、選択肢の組み合わせのうち表の境界線より下（作業半径が大きい）の欄を指しているものを選ぶ。

〔原動機及び電気に関する知識〕

【問11】**(2)** が適切。⇒2章1節＿2．ディーゼルエンジンの作動（P.42）参照

(1) エンジンは、<u>吸入⇒圧縮⇒燃焼⇒排気</u>〔吸入、燃焼、圧縮、排気 ✕〕の行程順の1循環で1回の動力を発生する。

(3) 4サイクルエンジンの排気行程では、<u>排気バルブが開く</u>〔吸気バルブと排気バルブは、ほぼ同時に開く ✕〕。

(4) ディーゼルエンジンは、<u>高温高圧</u>〔常温常圧 ✕〕の空気の中に高温高圧の軽油や重油を噴射して燃焼させる。

(5) ディーゼルエンジンは、ガソリンエンジンに比べ、一般に、運転経費は<u>安く熱効率も良い</u>〔安いが熱効率が悪い ✕〕。

【問12】**(1)** が不適切。
　　　　　　⇒2章1節＿4．ディーゼルエンジンの構造と機能（P.43）参照

(1) <u>ガバナ</u>〔燃料噴射ノズル ✕〕は、燃料の噴射量を加減して負荷の変動による回転速度を調整するものである。燃料噴射ノズルは、<u>燃料噴射ポンプから送られた高圧の燃料を、燃焼室内へ噴射させる装置</u>である。

【問13】**(5)** 81N　⇒2章2節＿2．油圧装置の原理（P.49）参照

- ピストンの断面積＝半径×半径×3.14（π）
- ピストンAの断面積＝$0.5 \times 0.5 \times 3.14 = 0.785$（cm²）
- ピストンBの断面積＝$1.5 \times 1.5 \times 3.14 = 7.065$（cm²）

$$\frac{\text{B の圧力}}{7.065 \text{（cm}^2\text{）}} = \frac{9 \text{（N）}}{0.785 \text{（cm}^2\text{）}}$$

$$\text{B の圧力} = 7.065 \times \frac{9}{0.785} = \textbf{81 (N)}$$

【問 14】(2) が不適切。⇒ 2 章 2 節 _ 5．油圧駆動装置（P.54）参照

(2) ラジアル形プランジャモータは、プランジャが回転軸と<u>直角方向</u>〔同一方向 ×〕に配列されている。回転軸と同一方向に配列されているのは<u>アキシャル形</u>。

【問 15】(1) が適切。⇒ 2 章 2 節 _ 6．油圧制御弁（P.55）参照

「移動式クレーンに使われる油圧制御弁を機能別に分類すると、圧力制御弁、流量制御弁及び方向制御弁の 3 種類がある。その例を挙げると、圧力制御弁には<u>シーケンス弁</u>があり、流量制御弁には<u>絞り弁</u>があり、方向制御弁には<u>逆止め弁</u>がある。

【問 16】(4) が不適切。⇒ 2 章 2 節 _ 7．付属機器等（P.56）参照

(4) <u>吸込み用フィルタ</u>〔ラインフィルタ ×〕は、作動油をろ過するための金網式のエレメントを備えたもので、ポンプ吸込み側に取り付けられる。<u>ラインフィルタはポンプ吐出し側に取り付けるもので</u>、圧力管路用と戻り管路用（リターンフィルタ）のものがある。

【問 17】(4) が不適切。⇒ 2 章 2 節 _10．油圧装置の保守（P.60）参照

(4) 正常な作動油は、通常 <u>0.05 %</u>〔1 % ×〕程度の水分を含んでいるが、オイルクーラーの水漏れなどにより更に水分が混入すると、<u>乳白色に変色する</u>〔作動油は泡立つようになる ×〕。

【問 18】(3) B、C、D が不適切。⇒ 2 章 2 節 _10．油圧装置の保守（P.60）参照

B　油圧ポンプの点検項目としては、ポンプを<u>作動した</u>〔停止した ×〕状態での異音及び発熱の有無、接合部及びシール部の油漏れの有無の検査などが挙げられる。

C　油圧配管系統の接続部は、特に緩みやすいので、圧油の漏れを<u>毎日</u>〔6 か月に 1 回程度 ×〕点検する。

D　ポンプの焼き付きの原因となるため、エンジン及び油圧ポンプの<u>全負荷運転は行わない</u>。

【問 19】(2) が不適切。⇒ 2 章 3 節 _ 1．電気の種類（電流）（P.63）参照

(2) 正しくは、<u>直流</u>（Direct Current "<u>DC</u>"）と<u>交流</u>（Alternating Current "<u>AC</u>"）。

【問 20】 (5) が適切。⇒2章3節 _ 7．絶縁（P.69）参照

	導体	絶縁体
(1)	鋳鉄	海水 ⇒ 導体
(2)	雲母 ⇒ 絶縁体	空気
(3)	鋼	黒鉛 ⇒ 導体
(4)	ステンレス	鉛 ⇒ 導体
(5)	アルミニウム	磁器

〔関係法令〕

【問 21】 (2) が誤り。⇒3章1節 _ 3．使用検査（P.77）参照
 (2) 使用検査は、都道府県労働局長〔所轄労働基準監督署長 ×〕が行う。

【問 22】 (4) が正しい。⇒3章5節 _ 4．検査証の返還（P.86）参照
 「つり上げ荷重3t以上の移動式クレーンを設置している者が当該移動式ク
レーンについて、その使用を廃止したとき、又はつり上げ荷重を3t未満に変
更したときは、その者は、遅滞なく、移動式クレーン検査証を所轄労働基準監
督署長に返還しなければならない。」

【問 23】 (3) が誤り。⇒3章2節 _ 7．特別の教育及び就業制限（P.79）参照
 (3) 移動式クレーンの運転の業務に係る特別の教育の受講で、つり上げ荷重1.5 t
のホイールクレーンの運転の業務に就くことができない〔できる ×〕。特別の
教育の受講で運転できるのは、つり上げ荷重1 t未満。

【問 24】 (3) が正しい。⇒3章2節 _ 9．傾斜角の制限（P.79）参照
 「事業者は、移動式クレーンについては、移動式クレーン明細書に記載されて
いるジブの傾斜角（つり上げ荷重が3 t未満の移動式クレーンにあっては、こ
れを製造した者が指定したジブの傾斜角）の範囲をこえて使用してはならない。」

【問 25】 (1) が正しい。⇒3章2節 _ 4．安全弁の調整（P.78）参照
 「事業者は、油圧を動力として用いる移動式クレーンの安全弁については、原
則として、最大の定格荷重に相当する荷重をかけたときの油圧に相当する圧力
以下で作用するように調整しておかなければならない。」

【問 26】 (1) が禁止されていない。⇒3章2節 _15．立入禁止（P.81）参照
 (1) 荷を吊り上げる際につりチェーンを用いて2箇所に玉掛けをした場合は、立
ち入り禁止事項に該当しない。

　（4）性能検査では、荷重試験を行い安定度試験は行わない。

【問28】（5）が誤り。⇒3章3節 _ 4．自主検査の記録（P.84）参照
　（5）1か月以内ごとに1回行う定期自主検査においても、結果の記録は3年間〔1年間 ✕〕保存しなければならない。

【問29】（5）が使用可能。⇒3章6節 _ 1．玉掛用具の安全係数（P.87）、
　　　　　　　　　　　　　　2．不適格な玉掛用具（P.88）、3．リングの具備等（P.91）参照
　（1）伸びが製造されたときの長さの6％〔5％をこえる ✕〕のつりチェーン
　（2）ワイヤロープ1よりの間において素線（フィラ線を除く。以下同じ。）の数の11％〔10％以上 ✕〕の素線が切断したワイヤロープ
　（3）エンドレスでないワイヤロープで、その両端にフック、シャックル、リング又はアイを備えていないものは使用できない。
　（4）使用する際の安全係数が4〔5未満 ✕〕となるシャックル

【問30】（2）が違反とならない。
　　　　　　　　　⇒3章7節 _ 移動式クレーンの運転士免許（P.93）参照
　（1）業務につくことができる者は、当該業務に従事するときは、これに係る免許証その他その資格を証する書面を携帯していなければならない。
　（3）免許の取消しの処分を受けた者は、遅滞なく、免許の取消しをした都道府県労働局長に免許証を返還しなければならない。
　（4）免許証の交付を受けた者で、当該免許に係る業務に現に就いているものまたは就こうとするものは、これを滅失し、または損傷したときは、免許証再交付申請書を免許証の交付を受けた都道府県労働局長またはその者の住所を管轄する都道府県労働局長に提出し、免許証の再交付を受けなければならない。
　（5）免許証の交付を受けた者で、当該免許に係る業務に現に就いているものまたは就こうとするものは、氏名を変更したときは、免許証書替申請書を免許証の交付を受けた都道府県労働局長またはその者の住所を管轄する都道府県労働局長に提出し、免許証の書替えを受けなければならない。

〔移動式クレーンの運転のために必要な力学に関する知識〕
【問31】（1）が不適切。⇒4章2節 _ 2．力の三要素（P.99）参照
　（1）力の大きさと向きが同様であっても、力の作用点が作用線上以外に変わると物体に与える効果も変わる。

【問 32】(3) **40kg** ⇒4章2節_7．力のつり合い（P.103）参照

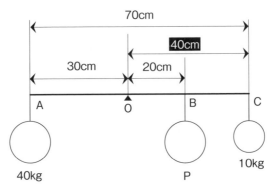

- 天秤棒の支点 O を中心とした力のつり合いを考える
- つり合いの条件

  左回りのモーメント M_1 ＝右回りのモーメント M_2

  M_1（40kg × 30cm）＝ M_2（P × 20cm ＋ 10kg × 40cm）

  $1200 = 20P + 400$

  $1200 - 400 = 20P$

  $800 = 20P$

  $800 ÷ 20 = P$

  P ＝ **40kg**

【問 33】(5) が不適切。⇒4章3節_3．体積（P.108）参照
 (5) 直方体の体積は「縦×横×高さ」で求める。

【問 34】(4) B、C、E が不適切。
     ⇒4章3節_4．重心（P.109）、5．物体の安定〈座り〉（P.112）参照
 B＆C　物体の中心は常に1つの点で、物体の位置や置き方を変えても重心の
     位置は変わらない
 E　重心が物体の底面を外れた場合、重心に働く重力は物体を倒そうとするモー
     メントとして働くため、元の位置に戻らないで倒れる。

【問 35】(3) が適切。⇒4章5節_1．荷重（P.119）参照
 (1) 巻上げドラムには、曲げ荷重とねじり荷重〔引張荷重 ✕〕がかかる。
 (2) 移動式クレーンのフックには、引張荷重と曲げ荷重〔ねじり荷重と圧縮荷
  重 ✕〕がかかる。

(4) 片振り荷重は、向き〔大きさ ✕〕は同じであるが、大きさ〔向き ✕〕が時間とともに変わる荷重である。

(5) 荷を巻き下げているときに急制動すると、玉掛け用ワイヤロープには、衝撃荷重〔圧縮荷重 ✕〕がかかる。

【問 36】(2) 100kg ⇒ 4章4節_2.摩擦力（P.117）参照

▪ 垂直力 Fw $= \dfrac{最大静止摩擦力 \, Fmax}{静止摩擦係数 \, \mu} = \dfrac{490N}{0.5} = 980N$

▪ 単位を kg に変換

$980N \div 9.8m/s^2 = 100$

W = **100kg**

【問 37】(5) が適切。⇒ 4章4節_1.運動（P.113）参照

(1) 運動している物体は、外部から力が作用しない限り、同一の運動状態を永久に続けようとする性質がある。

(2) 物体が円運動をしているとき、遠心力は、物体の質量が大きいほど大きくなる〔小さくなる ✕〕。

(3) 物体が速さや向きを変えながら運動する場合、その変化の程度を示す量を加速度〔速度 ✕〕という。

(4) 速さ (V) $= \dfrac{距離 \, (L)}{時間 \, (T)}$

(5) 加速度 $= \dfrac{17m/s - 8m/s}{6\,s} = \dfrac{9\,m/s}{6\,s} = $ **1.5m/s²**

【問 38】(1) A > B > C ⇒ 4章6節_2.つり角度（P.125）参照

▪ ワイヤロープ1本にかかる張力 $= \dfrac{つり荷の質量}{つり本数} \times 9.8m/s^2 \times 張力係数$

▪ 張力係数 ⇒ 60℃ = 1.16、90℃ = 1.41、120℃ = 2.0

$A = \dfrac{4\,t}{2\,(本)} \times 9.8m/s^2 \times 1.16 = 22.736$

$B = \dfrac{3\,t}{2\,(本)} \times 9.8m/s^2 \times 1.41 = 20.727kN$

$C = \dfrac{2\,t}{2\,(本)} \times 9.8m/s^2 \times 2.0 = 19.6kN$

= **A（22.736kN）> B（20.727kN）> C（19.6kN）**

【問 39】（5）が不適切。⇒４章５節＿２．応力（P.122）参照

(5) 圧縮応力は、材料に作用する圧縮荷重を材料の<u>断面積</u>〔長さ ×〕で割って求められる。

$$応力 = \frac{部材に作用する荷重}{部材の断面積} \ (N/mm^2)$$

【問 40】（4）490N ⇒４章７節＿３．組合せ滑車（P.130）参照

▪ 図ではロープの端が別の動滑車につられている。荷の質量は１つめの動滑車により $Fw/2$ ⇒２つめで $Fw/4$ ⇒３つめで $Fw/8$ となる。

▪ この組合せ滑車の場合、つり荷を動滑車の数毎に $1/2$ を掛けることで F の値を求めることができる。

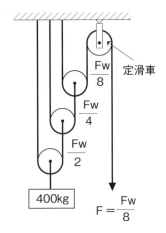

▪ 次の公式により求めることができる

$$F = \frac{質量 \times 9.8m/s^2}{2^n \ (n = 動滑車の数)}$$

$$= \frac{400kg \times 9.8m/s^2}{2^3} = \frac{3,920}{8} \ N$$

$$F = \underline{490N}$$

索　引

◎移動式クレーン免許 試験日程

◆受験会場

- 北海道 安全衛生技術センター
- 東北 安全衛生技術センター
- 関東（市原）安全衛生技術センター
- 中部 安全衛生技術センター
- 近畿 安全衛生技術センター
- 中国・四国 安全衛生技術センター
- 九州 安全衛生技術センター

※また、試験協会ではその他会場での出張特別試験の実施があります。

令和６年度　※予定（全センター共通日程）

令和６年
３月
3/13（水）

令和６年					
４月	５月	６月	７月	８月	９月
	5/23（木）		7/4（木）		9/4（水）

令和６年		
10月	11月	12月
	11/6（水）	

令和７年		
１月	２月	３月
1/17（金）		3/13（木）

※申込状況の確認や申請方法については、試験を実施している『公益財団法人 安全衛生技術試験協会』のHPを参照し、よく確認を行ってください。

⇒ https://www.exam.or.jp/index.htm

◆本書の正誤等について◆

本書の発刊にあたり、記載内容には十分注意を払っておりますが、誤り等が発覚した際は、弊社ホームページに訂正情報を掲載しています。

ご不明な点がございましたら、お手数ですが、ご確認をお願い致します。

https://www.kouronpub.com/book_correction.html

《写真提供》 ※50音順

◆株式会社 アクティオ

◆株式会社 越智運送店

◆株式会社 金沢柿田商店

◆城西運輸機工 株式会社

◆堀尾物産 株式会社

◆三国屋建設 株式会社

移動式クレーン運転士学科試験
令和6年版　図解テキスト&過去問6回

■発行所　株式会社 公論出版
〒110-0005
東京都台東区上野３－１－８
TEL 03-3837-5731　FAX 03-3837-5740

■定　価　2,420円　送料　300円（共に税込）

■発行日　初　版　令和６年３月１０日

ISBN978-4-86275-275-8